铜及铜合金开发与应用

王强松　娄花芬　马可定　张文芹　编著

北京
冶金工业出版社
2013

内容简介

本书从铜及铜合金的基本性能和特点出发，系统地介绍了铜及铜合金的应用领域、使用特点、主要产品、新材料和新产品的开发与应用等，并详细介绍了铜材在电力、电子、建筑、制造、交通运输、海洋工程、国防工业、装饰及艺术等八个应用领域的实际应用和开发，基本涵盖了铜及铜合金所涉及的应用领域和开发方向。

本书是铜加工生产企业工程技术人员和管理人员必备的技术读物，也可供从事有色金属材料与加工的科研、设计、教学、生产和应用方面的技术人员与管理人员使用，同时可作为大专院校有关专业师生的参考书。

图书在版编目（CIP）数据

铜及铜合金开发与应用/王强松等编著. —北京：冶金工业出版社，2013.8

ISBN 978-7-5024-6331-1

Ⅰ.①铜… Ⅱ.①王… Ⅲ.①铜—基本知识 ②铜合金—基本知识 Ⅳ.①TG146.1

中国版本图书馆 CIP 数据核字（2013）第 178687 号

出 版 人 谭学余
地　　址 北京北河沿大街嵩祝院北巷 39 号，邮编 100009
电　　话 (010)64027926 电子信箱 yjcbs@cnmip.com.cn
责任编辑 张登科 美术编辑 彭子赫 版式设计 孙跃红
责任校对 李 娜 责任印制 李玉山
ISBN 978-7-5024-6331-1
冶金工业出版社出版发行；各地新华书店经销；北京慧美印刷有限公司印刷
2013 年 8 月第 1 版；2013 年 8 月第 1 次印刷
169mm×239mm；15 印张；293 千字；228 页
48.00 元

冶金工业出版社投稿电话：(010)64027932 投稿信箱：tougao@cnmip.com.cn
冶金工业出版社发行部 电话：(010)64044283 传真：(010)64027893
冶金书店 地址：北京东四西大街 46 号(100010) 电话：(010)65289081（兼传真）
（本书如有印装质量问题，本社发行部负责退换）

前　　言

铜及铜合金的应用有四千多年的历史，是人类认识和使用最早的金属材料之一。铜及铜合金在国民经济中的实际应用非常广泛，从消费量上看，仅次于铁、铝而居第三位。随着我国铜加工行业的迅猛发展，近年来有关铜及铜合金生产技术、铜产品开发方面的专业书籍逐渐多了起来，这对铜工业的发展无疑具有积极的推动作用。但把铜及铜合金的性能和应用结合起来，系统而完整地介绍其应用与开发的书籍却不多见。本书作者从事铜及铜合金材料研究和生产技术研发工作多年，深感编著这样一本书的必要性和迫切性。

材料的应用取决于其性能特点。本书正是根据铜及铜合金的基本性能和特点，系统介绍其应用领域、使用特点、主要产品、新材料和新产品的开发与应用，并相应介绍了其相关的制备技术和新工艺等。

本书共分 11 章。概论主要讲述了铜及铜合金材料的作用、应用热点及开发方向；第 1、2 章分别介绍了铜及铜合金的性能特点和加工方法；第 3 ~10 章，结合铜及铜合金性能特点，分别介绍了铜及铜合金在电力、电子、建筑、机械制造、交通运输、海洋工程、国防工业、装饰及艺术等八个应用领域的实际应用和开发，基本上涵盖了铜及铜合金应用的方方面面。

本书旨在能够以合金性能—应用—开发为主线，结合其性能特点，对铜及铜合金的应用和开发进行全面、系统的分析和论述，希望能够对从事铜及铜合金生产的科技研发人员和专业技术人员，应用铜及铜合金的工程设计人员，以及所有对铜感兴趣的人士有所裨益和帮助。

本书在编写过程中，中铝洛阳铜业有限公司技术中心的赵万花、朱迎莉、丁顺德、黄国兴、刘海涛、任玉波等人给予了大力的支持与帮助，在此深表谢意。

由于作者水平有限，书中不妥之处，敬请读者批评指正。

作 者

2013 年 6 月 8 日

目　　录

0　概　　论 ·· 1

0.1　铜合金材料的重要地位和作用 ·· 1
0.2　我国铜合金材料及其生产技术的发展 ·· 2
0.2.1　产量规模 ·· 2
0.2.2　产品品种 ·· 3
0.2.3　产品质量 ·· 3
0.2.4　技术水平 ·· 4
0.2.5　产业发展程度 ·· 4
0.2.6　装备设计和制造能力 ·· 6
0.2.7　科技研发 ·· 6
0.3　铜合金材料应用开发的热点及方向 ·· 6
0.3.1　大规模集成电路引线框架用第三代铜合金的开发 ···································· 6
0.3.2　高速轨道交通接触线及附件用铜合金的开发 ·· 7
0.3.3　高纯化铜材的开发 ·· 7
0.3.4　铜合金热管的开发 ·· 7
0.3.5　高耐磨铜合金的开发 ·· 7
0.3.6　高强耐蚀铜合金的开发 ·· 8
0.3.7　环境友好型铜合金的开发 ·· 8
0.3.8　铜基复合材料开发 ·· 8

1　铜合金材料的性能 ·· 9

1.1　铜的基本性能 ·· 9
1.1.1　铜的基础数据 ·· 9
1.1.2　铜的物理性能 ·· 9
1.1.3　铜的化学性能 ·· 10
1.1.4　铜的工艺性能 ·· 10
1.2　铜合金的分类、牌号和成分 ·· 11
1.2.1　铜合金的分类方法 ·· 11

1.2.2 铜合金的牌号及化学成分…………………………………………………… 12
1.3 铜及其合金的物理性能………………………………………………………… 19
1.4 铜合金的耐蚀性………………………………………………………………… 27
1.4.1 黄铜的耐蚀性………………………………………………………………… 27
1.4.2 青铜的耐蚀性………………………………………………………………… 28
1.4.3 白铜的耐蚀性………………………………………………………………… 31
1.5 铜及铜合金的力学性能………………………………………………………… 33
1.5.1 纯铜的力学性能……………………………………………………………… 33
1.5.2 黄铜的力学性能……………………………………………………………… 35
1.5.3 青铜的力学性能……………………………………………………………… 38
1.5.4 白铜的力学性能……………………………………………………………… 46
1.6 铜及铜合金的工艺性能………………………………………………………… 48
1.6.1 压力加工性能………………………………………………………………… 48
1.6.2 铸造性能……………………………………………………………………… 49
1.6.3 可焊性………………………………………………………………………… 49
1.6.4 铜合金的切削性能…………………………………………………………… 51
1.6.5 电镀性………………………………………………………………………… 51

2 铜合金材料的加工方法……………………………………………………………… 52

2.1 铜合金熔炼和铸造……………………………………………………………… 52
2.1.1 熔炼…………………………………………………………………………… 52
2.1.2 铸造…………………………………………………………………………… 53
2.2 铜合金板带箔材的加工方法…………………………………………………… 56
2.2.1 热轧…………………………………………………………………………… 57
2.2.2 铣面…………………………………………………………………………… 58
2.2.3 冷轧…………………………………………………………………………… 59
2.2.4 热处理………………………………………………………………………… 60
2.2.5 表面处理……………………………………………………………………… 60
2.2.6 精整包装……………………………………………………………………… 62
2.3 铜合金管棒型线材的加工方法………………………………………………… 62
2.3.1 挤压…………………………………………………………………………… 62
2.3.2 轧制…………………………………………………………………………… 68
2.3.3 拉伸…………………………………………………………………………… 70
2.3.4 热处理………………………………………………………………………… 72
2.3.5 精整…………………………………………………………………………… 73

2.4 铜合金材料的特殊加工方法…………73
2.4.1 异种材料复合技术…………73
2.4.2 粉末冶金法…………75
2.4.3 快速凝固技术…………75
2.4.4 定向凝固及单晶制备技术…………76
2.5 铜加工技术的发展趋势…………76

3 铜材在电力系统中的应用…………78

3.1 铜材在电力传输方面的应用…………78
3.1.1 电线电缆…………78
3.1.2 电力汇流排…………80
3.1.3 变压器铜带…………82
3.1.4 开关、断路器等用铜材 …………83
3.2 铜材在发电设备中的应用开发…………84
3.2.1 空心铜导线…………84
3.2.2 整流子、集电环…………84
3.2.3 槽楔材料…………85
3.2.4 电站冷凝器用冷凝管及管板…………86
3.2.5 太阳能电池…………90
3.3 铜材在用电设备中的应用…………91
3.3.1 电动机…………91
3.3.2 电抗器（电感器） …………92
3.3.3 电容器…………92
3.3.4 变频器…………92
3.3.5 继电器…………93

4 铜材在电子、信息领域的应用…………95

4.1 铜材在真空电子管中的应用…………95
4.1.1 真空电子管…………95
4.1.2 真空电子器件用无氧铜材…………96
4.2 铜材在集成电路中的应用 …………101
4.2.1 集成电路（含分立器件）的用途和发展 …………101
4.2.2 引线框架用铜材 …………102
4.2.3 引线框架铜合金的发展趋势 …………105
4.2.4 异形铜带在功率管中的应用 …………106

4.2.5　铜材在晶体振荡管上的应用 …… 107
4.3　铜材在通讯电缆中的应用 …… 109
4.3.1　射频电缆的结构和制造工艺 …… 109
4.3.2　电缆铜带的技术要求和生产方法 …… 110
4.4　铜材在印刷线路板中的应用 …… 111
4.4.1　印刷电路板 …… 111
4.4.2　铜箔在印刷电路板中的应用 …… 112
4.4.3　铜箔的生产方法 …… 113
4.4.4　石磷铜球在印刷电路板中的应用 …… 115

5　铜材在建筑领域的应用 …… 117

5.1　空调与采暖系统 …… 117
5.1.1　空调设备和铜空调管 …… 117
5.1.2　太阳能集热器 …… 124
5.2　水气系统 …… 127
5.2.1　铜水（气）管 …… 127
5.2.2　覆塑铜管 …… 130
5.2.3　管接头及配件 …… 131
5.3　铜材在建筑五金及其他方面的应用 …… 135
5.3.1　建筑五金 …… 135
5.3.2　屋面板和幕墙 …… 137
5.3.3　地板条、防滑条 …… 138
5.3.4　铜门窗 …… 139
5.4　建筑防渗 …… 140
5.5　避雷装置 …… 141

6　铜材在机械制造业中的应用 …… 143

6.1　铜材在结构件中的应用 …… 143
6.2　铜材在耐磨器件中的应用 …… 143
6.2.1　蜗轮蜗杆 …… 143
6.2.2　齿轮 …… 144
6.2.3　摩擦副 …… 145
6.2.4　轴承 …… 145
6.3　铜材在弹性器件中的应用 …… 147
6.3.1　锡磷青铜 …… 147

6.3.2　铍青铜 …………………………………………………………… 148
6.4　铜材在热交换器上的应用 ………………………………………… 149
6.4.1　常规热交换器 …………………………………………………… 149
6.4.2　热管 ……………………………………………………………… 152
6.4.3　微热管 …………………………………………………………… 157
6.5　铜材在焊接中的应用 ……………………………………………… 158
6.5.1　电极 ……………………………………………………………… 158
6.5.2　焊丝 ……………………………………………………………… 160
6.6　铜材在冶金工业中的应用 ………………………………………… 160
6.6.1　高炉冷却壁板 …………………………………………………… 160
6.6.2　结晶器用铜材 …………………………………………………… 161
6.6.3　电炉感应器 ……………………………………………………… 164
6.7　铜材在轻工、制药、食品工业中的应用 ………………………… 165
6.7.1　模具 ……………………………………………………………… 165
6.7.2　反应釜 …………………………………………………………… 166
6.7.3　印刷制版 ………………………………………………………… 166
6.7.4　铜材在造纸业的应用 …………………………………………… 167
7　铜材在交通运输领域的应用 ………………………………………… 169
7.1　汽车用铜材 ………………………………………………………… 169
7.1.1　汽车用铜材的市场需求 ………………………………………… 169
7.1.2　汽车水箱用铜带 ………………………………………………… 170
7.1.3　同步器齿环材料 ………………………………………………… 173
7.1.4　汽车接插件材料 ………………………………………………… 177
7.1.5　汽车动力电池用铜材 …………………………………………… 180
7.1.6　气门芯管及其他 ………………………………………………… 181
7.2　轨道交通用铜材 …………………………………………………… 182
7.2.1　轨道交通用铜材市场需求 ……………………………………… 182
7.2.2　接触线 …………………………………………………………… 182
7.2.3　接触网线夹零件 ………………………………………………… 186
7.3　自行车用铜材 ……………………………………………………… 188
8　铜材在海洋工程中的应用 …………………………………………… 189
8.1　铜材在海洋运输中的应用 ………………………………………… 189
8.1.1　海洋运输的发展状况 …………………………………………… 189
8.1.2　铜材在舰船上的应用 …………………………………………… 190

8.2　海水淡化 ………………………………………………………………… 193
8.2.1　海水淡化发展趋势 ……………………………………………………… 193
8.2.2　铜材在海水淡化中的应用 ……………………………………………… 194
8.3　海水养殖 ………………………………………………………………… 195
8.3.1　我国海水养殖前景 ……………………………………………………… 195
8.3.2　铜材在海水养殖中的应用 ……………………………………………… 196
8.4　制盐 ……………………………………………………………………… 198
8.4.1　盐业发展趋势 …………………………………………………………… 198
8.4.2　铜材在盐业中的应用 …………………………………………………… 199

9　铜材在国防军工中的应用 ……………………………………………… 200

9.1　铜材在兵器中的应用 …………………………………………………… 200
9.1.1　穿甲弹专用铜板 ………………………………………………………… 200
9.1.2　雷管用铜带 ……………………………………………………………… 202
9.2　航空航天专用铜材 ……………………………………………………… 203
9.2.1　航空用铝青铜棒 ………………………………………………………… 203
9.2.2　机载天线用镁青铜线 …………………………………………………… 204
9.2.3　航天发动机用铬锆铜材 ………………………………………………… 205
9.2.4　火箭分离爆炸螺栓用铜材 ……………………………………………… 206
9.3　铜材在军用电子领域的应用 …………………………………………… 207
9.3.1　导波用波导管 …………………………………………………………… 207
9.3.2　高保真单晶铜线 ………………………………………………………… 209
9.4　铜材在加速器和对撞机上的应用 ……………………………………… 210
9.4.1　加速器和对撞机 ………………………………………………………… 210
9.4.2　外方内圆空心铜导线 …………………………………………………… 212
9.5　铜材在舰艇上的应用 …………………………………………………… 213
9.5.1　舰艇常用铜材概况和趋势 ……………………………………………… 213
9.5.2　舰艇用高阻尼铜合金 …………………………………………………… 215

10　装饰和艺术铜合金的应用 ……………………………………………… 217

10.1　铜及其合金的装饰和艺术价值 ………………………………………… 217
10.1.1　装饰和艺术对材料的要求 …………………………………………… 217
10.1.2　铜及其合金的装饰作用 ……………………………………………… 218
10.2　古代装饰与艺术用铜合金 ……………………………………………… 219
10.3　现代艺术与装饰铜合金 ………………………………………………… 222

参考文献 ……………………………………………………………………… 227

0 概　　论

0.1 铜合金材料的重要地位和作用

铜是人类应用最早的一种金属，已有四千多年的生产和应用历史；铜又是应用最广泛的金属材料之一，仅次于铁、铝而居第三位。

铜及铜合金具有一系列的优异特性：导电、导热、耐蚀、耐磨、抑菌、装饰、易加工、可铸造、可电镀、可焊接等，被广泛应用于电力、电子、通讯、化工、机械、交通运输、海洋工程、航空航天、建筑装饰、生活饰品等领域，在人类生活和国民经济建设中发挥着巨大的作用，为人类社会的进步作出了不可磨灭的贡献。同时，铜及其合金作为一种战略、战备物资，在军工、国防建设中具有重要的地位，并在很多应用领域都是不可替代的金属材料。

在铜合金的应用中，人们充分发挥铜材料的特性：良好的导电导热性，使铜合金大量应用于电气、电力行业；强度刚柔相济，富有弹性，使铜合金常用于结构件；在外观上色彩丰富、古朴典雅，常用于制作人们所喜爱的装饰和装潢材料等等。铜合金材料的使用，从拉链、纽扣到餐具、炊具；从螺钉、垫片到各种齿轮、机械；从建筑、装饰到交通工具；从电熨斗、热水器到发电站、输变电设备；从网络通讯到太空探测，可以说人类的一切生产活动及生活几乎都离不开铜及铜合金制品。

铜加工材作为一种基础材料，其首要用途也是最大的应用领域——电力工业。发电设备、输变电设备、电缆、电线等的铜材消费量已超过全部铜材消费量的50%。

铜加工材的第二大应用领域是机电业。各种电动机、电控仪器仪表、换热设备、齿轮/蜗轮及轴承等机电产品的铜材消费量约占15%。

现代通讯业方兴未艾，是铜材消费最具前途的领域。固定和移动电话发送和接收设备、网络工程、计算机等铜材的消费量急剧增长。

在国外，建筑业也是铜材的重要应用领域，约占15%。近年来，在中国建筑用铜材也有不断增加的趋势，特别是铜水管、空调已经进入寻常百姓家。

铜及铜合金作为特殊的功能合金材料，如记忆铜合金、阻尼铜合金、耐蚀铜合金、耐磨铜合金等，是军工、航天、高科技等领域不可或缺的材料。铜及铜合金材料的基本消费结构如图0-1所示。

随着人们物质文化生活水平的提高和信息化时代的到来，铜及铜合金已经并将继续成为与人类生活密不可分的重要基础材料。

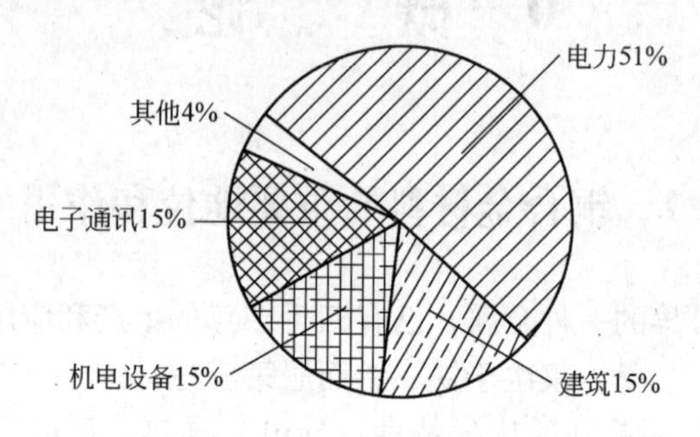

图0-1 铜及铜合金的基本消费结构

0.2 我国铜合金材料及其生产技术的发展

我国的先民们虽然在三千年前就创造了闻名世界的灿烂的古代青铜文化，但到近代，由于长期的封建统治，到中华人民共和国成立前夕，我国的铜加工几乎一片空白，只有十几家破败而又简陋的作坊，铜加工材仅有2000t。解放后，坚持自力更生、艰苦奋斗的方针，迅速建起了“沈阳有色金属加工厂”、“洛阳铜加工厂”、“西北铜加工厂”等骨干企业，为我国铜工业的发展奠定了基础。改革开放三十多年来，民营和集体铜加工企业如雨后春笋蓬勃发展，我国铜加工业发生了翻天覆地的变化，取得了举世瞩目的成就。

0.2.1 产量规模

近二十年来，特别是近几年，我国铜加工材产量快速增长，1985年铜加工材产量为59.07万吨，2004年为569.5万吨，增长近10倍，跃居世界首位。2008年产量又创新高，约750万吨，占世界铜总产量的一半。以后几年每年都以15%以上的速度递增。到2011年，铜材产量达到1028万吨，牢牢占据世界的半壁江山。同时，我国铜加工企业生产集中度不断提高，产量规模不断扩大。大型企业产能由不到10万吨扩大到20万~30万吨，实现了跨越式发展，逐步完成了从粗放式到现代化企业的转变。近二十年来我国铜加工材产量、出口量、进口量及消费量见表0-1。

表 0-1 中国近二十年铜加工材产量、出口量、进口量及消费量

年 份	1990	2000	2005	2008	2009	2010	2011
产量/万吨	60.24	196.33	466.8	748.59	888.4	1009.3	1028.15
进口量/万吨	3.02	73.7	118.7	93.49	82.38	91.05	78.1
出口量/万吨	8.39	13.7	46.4	51.75	45.5	58.8	50.03
消费量/万吨	55.87	256.33	539.1	790.33	925.3	1041.55	1056.22

注：消费量=产量+进口量-出口量。

0.2.2 产品品种

近年来，我国铜加工材品种发生了巨大变化，产品的规格不断向两端极限延伸，合金牌号更加系列化。目前，中国铜加工材约有250种合金，近千个产品品种，是世界上铜加工产品品种最丰富的国家之一。

在合金系列方面，目前常用的、大批量生产的加工铜及铜合金约150多个，纳入我国国家标准的加工铜及铜合金牌号为110个（美国ASTM标准公布的有134个）。其中紫铜9个，黄铜43个，青铜40个，白铜18个。但是各铜加工企业实际生产的牌号远不止这些，各研究机构开发的合金牌号也数倍于此，多达1000多个。据不完全统计，仅近十年来，申请专利的新型铜合金就达170个以上。

在开发新的合金品种的同时，根据实际需要，对原来的合金也进行了调整和删减。如紫铜系列，纯铜中淘汰了T4，无氧铜中增加了铜含量99.99%的零号无氧铜；磷脱氧铜由一个牌号变为两个，去除了锰脱氧铜；增加了含银无氧铜。同时合金品种开发的产业化进度大大加快，合金的系列化程度也在不断提高。无氧铜电缆带、变压器铜带、框架铜带、超薄水箱铜带、锌白铜带、空调铜管、同步齿环铜管、弥散强化铜合金等一大批新材料迅速实现了产业化，开始大批量生产。一些特殊用途的功能性材料的开发，为我国高新技术和国防军工的发展提供了有力的支撑。

0.2.3 产品质量

我国铜加工材的产品质量与过去的二十年相比发生了重大的变化。从整体上看，基本改变了“脏、乱、差”（表面不净、长短不齐、精度差）的面貌，光亮、清洁的产品已成为铜加工产品的总体面貌，基本实现了普通铜加工材向高精度铜加工材的转变，许多产品已成为国内外知名品牌。如我国的空调铜管，铜水（气）管，白铜管，黄铜棒、线等受到国外的欢迎，近几年出口量均保持在50万吨以上。

产品的技术标准大多进行了一次或二次修订升级（由行业标准上升为国家标准），产品的技术质量指标更严格、精度更高。同时对一些可以量化而原来没有量化的指标进行了量化，使产品质量指标的可操作性、可执行性更强，大部分产品标准达到国际先进水平。

在产品的性能指标控制上，从过去注重某一指标改变为更重视产品的综合指标及指标的均匀稳定性，使产品的综合性能朝更高、更优的方向发展。

现代企业不但注重产品的内在质量，同时也重视产品包装的防护性和美观性。铜加工材已由原来的简单、粗放捆扎式包装改变为现在的分类、个性化产品包装，能够针对不同的产品特点、不同的用户要求，进行包装方案设计、选材制作及包装分类等，使产品包装更科学合理、防护性更强，并方便用户后续加工使用。

0.2.4 技术水平

近二十年来，通过大量的引进、消化、吸收国外先进技术及技术自主创新，大大缩小了我国铜加工技术与发达国家的差距，并迅速发展到了一个新阶段。各企业不断着力进行新技术开发，涌现出了诸多铜加工技术创新成果。这些创新成果的快速产业化转化，为铜加工技术的发展奠定了坚实的基础，同时也为其提供了可持续发展的原动力。我国铜加工业也因此实现了由模仿国外先进技术向原创性技术的重大转变。如两段式（连铸-冷加工）加工大量取代传统的三段式（熔铸-热加工-冷加工），生产工艺流程发生根本性改变；光亮铜杆的连铸连轧技术，已成为铜线杆生产的主流方法；管材卷式法生产技术由单纯的倒立式圆盘拉伸向圆盘拉伸与多连直拉相结合的技术全面推进；连续挤压技术在异形材、窄薄带和汇流排生产中的迅速推广应用，水平连铸技术在紫铜和其他合金宽薄带坯生产中的应用，上引连铸技术在紫铜以外合金及中小规格管材生产中的应用等都取得了重大成果突破，走在了世界前列。

同时，为了改善产品质量、节能降耗，还涌现出许多所谓小技术，如潜流式熔炼转炉技术、超多线（头）水平连续铸造技术、电磁搅拌铸造技术等。这些新技术的应用，不但大大改善了产品质量，而且在降低生产成本、提高生产效率、提高成材率及现场文明生产方面都作出了积极的贡献。

特别值得一提的是，我国多项自主创新的原创性铜加工技术已处于国际领先地位，并被世界公认为铜加工技术的重大进步，如水平连铸—行星轧制—内螺纹管成型技术、铜材连续挤压技术及再生铜棒型材潜流多面连铸技术等。

0.2.5 产业发展程度

纵观我国铜加工发展的历史，我国铜加工产业不断进行结构调整，其中包括产品结构、产业结构、企业规模、产业链的布局等。也正是如此，我国的铜加工产业实力明显得到增强。我国的铜加工业生产集中度显著提高、规模不断扩大，大型企业产能由不足10万吨扩大到20万～30万吨；国内前十大铜加工企业的总产量占全国总产量的近20%；铜加工产业由内地逐渐向市场经济发达的东南沿海地区及长江三角洲和珠江三角洲地区集中，前十大铜材生产省区全都在东、中部地区，其加工材产量占全国总产量的90%以上（2008年达92.1%）；全国产量前十大企业基本上都集中在东、中部地区。同时投资主体呈多元化，特别是民营企业的迅速崛起，其总产能已大大超过国有企业，所占比例已超过全国产能的82%以上，在全国前10大铜加工企业中，民营企业占了8席，起着举足轻重的作用。同时民营企业以延长产业链为思路，向铜加工的上游和下游纵深发展，这是市场经济发展的必然。表0-2所示为我国铜加工材产地分布及近年产量，表0-3所示为2008年中国十大铜加工企业产量及销售额。

表0-2　中国铜加工材主要产地及近年产量　（万吨）

序号	产地	2007年	2008年	2011年
1	江苏	143.59	139.21	155.61
2	浙江	138.49	151.16	189.06
3	广东	95.70	113.25	137.97
4	江西	55.80	108.73	156.46
5	安徽	43.08	56.76	126.00
6	河南	40.07	43.52	41.69
7	天津	22.47	26.47	12.84
8	辽宁	17.34	18.92	14.99
9	上海	14.61	14.15	37.93
10	山东	14.68	17.38	28.67
全国总计		628.80	748.59	1028

表0-3　2008年中国十大铜加工企业产量及销售额

序号	企业名称	产量/万吨	销售额/亿元
1	宁波金田铜业集团公司	24	201
2	金龙精密铜管集团股份有限公司	21	160
3	海亮股份有限公司	14.7	79
4	安徽楚江投资集团有限公司	10.9	38.5
5	中铝洛阳铜业有限公司	10.4	51
6	安徽鑫科新材料股份有限公司	9.1	35.3

续表 0-3

序号	企业名称	产量/万吨	销售额/亿元
7	浙江宏磊铜业股份有限公司	8	38
8	山东奥博特铜铝有限公司	7.2	49
9	沈阳星河铜业有限公司	6.6	40
10	广东华鸿铜业有限公司	6.2	35.2

0.2.6 装备设计和制造能力

铜加工产业化的发展，使我国的铜加工工艺设计、装备设计与制造能力迅速提高。改革开放三十年来，所有新建铜加工厂均由国内自行设计。中国设计制造的装备如感应电炉、水平连铸机、轧机、挤压机、轧管机、倒立式圆盘拉伸机、光亮退火炉、清洗机列、拉弯矫直机等，不但单机水平达到了较高水准，而且整条生产线配套能力也大大增强。

目前，我国首创的具有结构简单、节能、环保的中小型潜流式联体感应炉组在世界上得到了较广泛的应用；管棒型线生产设备已完全国产化，并实现出口，大大降低了投资成本，受到国内外客户的欢迎；高精度铜板带热轧机、四辊精轧机已经基本实现国产化，多辊精轧机尤其是六辊轧机的研制取得了重大突破，轧机自动化水平进入了国际先进行列，关键零部件质量水平与国外的差距正逐步缩小。

0.2.7 科技研发

随着经济全球化的不断深入，自主创新是一个国家和企业的核心竞争力的理念深入人心。因此，近二十年来大中型铜加工企业都加大了科技创新的投入。除了积极引进新技术、新设备外，还大力招揽人才，建立自己的技术中心或科研机构，一个以市场为导向、以企业为主体、产学研紧密结合的研发体系已经基本形成。

0.3 铜合金材料应用开发的热点及方向

0.3.1 大规模集成电路引线框架用第三代铜合金的开发

为适应集成电路器件高密度、小型化和高可靠性的要求，继 Cu-Fe-P 系、Cu-Ni-Si 系之后，发达国家材料研发大多致力于开发高强高导的 Cu-Cr-Zr 系合金，其目标性能是抗拉强度在 600MPa 以上、电导率在 80% IACS 以上。为了提高强度，除进一步研究 Cr 和 Zr 在析出过程中的交互作用外，还主要集中在非真空加 Zr 技术研究和产业化，以及添加 Ti、Si、Mg 等元素，进行微合金化以提高其综合性能等。我国对 Cu-Ni-Si 和 Cu-Cr-Zr 系合金开发也已经起步。

0.3.2 高速轨道交通接触线及附件用铜合金的开发

为了适应 300km/h 及 350km/h 以上列车时速的要求，法、德、日等发达国家都开发了自己的接触线用铜合金系，如 Cu-Ag、Cu-Sn、Cu-Mg、Cu-Ag-Sn、Cu-Cd 等十几种铜合金，目前正在开发 Cu-Cr-Zr、Cu-Ag-Zr、Cu-Ag-Cr 等，全面提高材料的强度、导电性、耐磨、耐蚀及抗蠕变和疲劳性能。接触网线夹类零件主要以铝青铜、硅青铜为主，目前主要开发 Cu-Ni-Si 系合金，逐步取代硅锰青铜和铝青铜，以满足更高的使用要求。

0.3.3 高纯化铜材的开发

当今半导体设计的法则进入了纳米水平。为防止 RC 延迟（芯片上导线电阻和层间寄生电容会产生 RC 延迟，电阻和电容越大，延迟时间就越长）对动作准确性的影响，要求铜线必须有更小的电阻率，提供纯度为 6N 甚至 7N 级（99.99999% Cu）的超高纯铜成为市场的现实要求。高纯无氧铜是这类高纯铜产品中需求量最大、涉及领域最多的合金。除航天、航空、军用电真空器件外，民用微波磁控器件（微波炉）、超导器件（如核磁共振）等也大量使用。我国已经能够批量供应 4N 级高纯铜和氧含量不超过 $5\times10^{-4}\%$ 的无氧铜，国外已有可以供应氧含量精确到 $3\times10^{-4}\%$、$2\times10^{-4}\%$ 甚至 $1\times10^{-4}\%$ 的超纯无氧铜和 6N 级超高纯铜。

0.3.4 铜合金热管的开发

随着人们生活水平的提高和科学技术的进步，各种高效散热设备和器件的使用越来越多。除开发各种内螺纹、外翅片大中型热管外，利用毛细现象实现自循环的“热管”也在研究开发中。由于这种“热管”为相变换热，传热具有结构的紧凑性、极强的导热性、热流密度的可变性、热流方向的可逆性等特点，可以满足电子产品对散热装置紧凑、可靠、高散热效率等要求而受到越来越多的重视。因而针对在太阳能和地热利用、电脑、手机、移动通讯机站等大容量、小型化器件散热方面的潜在应用而开展的“微热管”开发正成为研究的热点。“微热管”开发对材料工作者提出了两项任务：一是铜基材的高度纯净化、致密化，不允许有任何疏松、气孔；二是微米尺度微细管的加工成型。

0.3.5 高耐磨铜合金的开发

目前，高耐磨铜合金的开发主要集中在汽车同步器齿环和工程机械（包括航空、航天机械）液压泵摩擦副材料等方面，要求材料具有很高的硬度（强度）、良好的热锻性和切削加工性以及较低的生产成本。因而，合金开发集中在多元复杂黄铜方面，如添加铁、镍、锡、铅等元素的锰黄铜或铝黄铜替代铝青铜、硅青铜和镍铜合金。

0.3.6 高强耐蚀铜合金的开发

随着海水淡化、海水养殖、滨海核电、远洋运输和海洋矿产资源开发及海军舰艇等海洋工程技术的发展，对耐海水腐蚀的新材料的需求愈加迫切。而目前使用的耐蚀铜合金材料，国内外基本上都是 HAl77-2、HSn70-1、BFe10-1-1 和 BFe30-1-1 四种铜合金。虽然发达国家都投入大量人力物力，努力开发新型合金，但进展都不大，没有取得根本性的突破。目前，研究的重点仍然集中于在铁白铜（Cu-Ni-Fe 合金系）基础上提高铁含量、添加微量 Zr、Cr、Nb、Si 或 Mg 等元素，改善合金材料的综合性能。铝青铜具有较高的耐蚀性，以铁、锰、铝青铜为基础开发添加镍、硅等元素的多元复杂铝青铜也是一个方向。

0.3.7 环境友好型铜合金的开发

环境友好型材料是 21 世纪的新要求。环境友好型材料是指材料本身及其制备、使用、回收过程中对人体或动植物及周围环境不产生有害作用的材料。铜合金中铍、铅、镍、镉、砷等对人体有害，正在或已经被一些国家和国际组织禁用或限制使用。因此，人们正在大力开展无铅易切削黄铜、无铍弹性铜合金、无镍白铜等替代铅黄铜、铍青铜、镍白铜的研究开发活动。在无铅易切削黄铜方面，开发了以铋、锑、碲、硅等替代铅的多种材料，有的已形成了工业化生产。但生产成本高和回收管理难度大仍是亟待解决的问题。在无铍弹性铜合金方面，主要集中在高锡青铜、铜-钛合金、镍硅青铜等新型弹性材料的开发方面，并取得了一定的进展。

0.3.8 铜基复合材料开发

虽然铜及铜合金具有许多优良的特性，但也有其局限性。随着科学技术的发展，现有铜及铜合金的导电性与强度及高温性能难以兼顾，不能同时满足航天、航空、微电子等高技术对其综合性能的高要求。而铜基复合材料是一种具有优良综合性能的新型结构性材料，它通过内氧化法、粉末冶金法、烧结法、机械合金化法、喷射沉积法等制备而得，不但继承了铜的高导电性，同时具备高的强度和高温性能。铜基复合材料应用的领域广泛，如高压真空开关、触头材料等。铜基复合材料的开发由于产业化进程缓慢，制造成本居高不下，严重影响了材料应用的推广。

综合来看，当今铜合金材料开发正朝着高纯化、微合金化、多元复杂合金化和复合材料化方向发展。

1　铜合金材料的性能

1.1　铜的基本性能

1.1.1　铜的基础数据

铜，元素符号为 Cu，在化学元素周期表中位于第 4 周期，属 IB 族，铜的原子序数为 29，相对原子质量为 63.57，原子半径为 0.157nm。原子结构为原子核外有 4 层电子层，从内向外每层的电子数分别为 8、18、8、2。纯铜的密度为 $8900kg/m^3$，熔点为 1083.4℃，沸点为 2360℃。铜的熔化潜热为 205.4kJ/kg。铜无磁性，室温磁化率为 -0.085×10^{-6}。铜无同素异性转变。铜中的扩散系数 D_0 为 $0.468cm^2/s$，扩散激活能 $Q=197.99kJ\cdot mol$。99.9% Cu（$\rho=8910kg/m^3$）在室温时通过自身固定频率振动传播的声速为 3846m/s。铜对可见光（630～430nm）的反射率为 80%～50%。在熔融状态下对全波长的光谱辐射率约为 14%。固态时铜为面心立方（fcc）晶体结构，在{1 1 1}面系，各有〈110〉、〈101〉、〈011〉滑移方向，组成 12 个滑移系，塑性极好。

铜在地壳中的含量不高，仅占 0.01%，排第 17 位，列在铁、铝、镁之后。铜是一种典型的亲硫元素，在自然界中主要形成硫化物，只有在强氧化条件下形成氧化物，在还原条件下可形成自然铜。目前，在地壳上已发现铜矿物和含铜矿物约 250 多种，主要是硫化物及其类似的化合物、铜的氧化物、自然铜以及铜的硫酸盐、碳酸盐、硅酸盐类等矿物。其中，有 16 种适合当前选冶条件，可作为工业矿物原料。我国选冶铜矿物原料主要是黄铜矿、辉铜矿、斑铜矿、孔雀石等。

我国是贫铜国家，而且铜矿的品位较低。每年需从国外进口约 1000 万吨的精铜矿砂、几百万吨的阴极铜和废杂铜。降低消耗、有效用铜，是铜加工业领域和铜材的消费者共同的原则和目标。

1.1.2　铜的物理性能

铜的物理性能列于表 1-1 中。

铜的密度为 $8900kg/m^3$，在有色金属分类中与锡、锌、铅同属重有色金属。

铜的熔点为 1083.4℃，比铝（660.37℃）、镁（649℃）、锌（419.58℃）都高得多，但低于铁（1538℃）、镍（1455℃）、钛（1672℃）。

表 1-1　铜的主要物理性能

物理性能	符号	数　值	物理性能	符号	数　值
熔点/℃	T_m	1083	电阻率/μΩ·m	ρ_e	0.017
沸点/℃		约 2600	电导率/%IACS		101.5(退火的)
熔化潜热/kJ·kg^{-1}		205.4	弹性模量/GPa	E	100~130
质量热容/J·(kg·K)$^{-1}$	c_p	385	抗拉强度/MPa	σ_b	200~360
热导率/W·(m·K)$^{-1}$	λ	388	屈服强度/MPa	$\sigma_{0.2}$	60~250
线膨胀率/%		2.25	伸长率/%	A	2~45
线膨胀系数/℃$^{-1}$	α	$(17.0\sim17.7)\times10^{-6}$	布氏硬度	HB	55~110
密度/kg·m^{-3}	ρ	8930			

铜无磁性，在某些场合可用来作为屏蔽电磁场的材料。

在铜的物理性能中，最具应用价值的是其导电、导热性能。在元素周期表中，铜列于银、金之前，同属 IB 族，与银、金一样具有极好的导电、导热性能。铜的导电性稍逊于银、金而高于其他元素，所以人们通常用退火后的纯铜在20℃时的电导率作为100%IACS，其他材料的电导率则以其相当于纯铜的百分数来表示，并作为一种标准。由于铜比银的储量丰富，价格低廉，因此应用更广泛。铜被制成电线电缆、接插件、端子、汇流排、引线框架等，从而广泛应用于电力、电子、电气、通讯行业。铜是各种热交换设备如热交换器、冷凝器、散热器的关键材料，被广泛应用于电站、空调、制冷、汽车水箱、太阳能集热器等各种热交换场合。

1.1.3　铜的化学性能

铜的电极电位是+0.34V，在正常电位序中铜的电位比氢高，是电位较正的金属，所以在很多介质中稳定性好，具有较好的耐蚀性。铜基本上被认为是一种惰性金属，其耐蚀性能远优于普通钢材。在碱性气氛中铜的耐蚀性又优于铝。在大气中，因在铜表面可形成一层主要由碱式硫酸铜组成的保护膜，阻断了金属的进一步氧化，因而其耐大气腐蚀性极好。不含二氧化碳和氧的结晶水对铜的腐蚀实际上不起作用。铜在淡水中的腐蚀速度很低，约为每年0.05mm。

由于铜具有良好的耐蚀性，因此被广泛应用于建筑屋面板、雨水管、上下水管道、管件；化工和医药容器、反应釜、纸浆滤网；舰船设备、螺旋桨、生活和消防管网；冲制各种硬币、装饰物、奖杯、奖牌、雕塑和工艺品等。

1.1.4　铜的工艺性能

铜在固态时为面心立方晶体结构，有 12 个滑移系，因而塑性非常好，易于变形加工，可以方便地进行弯折、锻造、挤压、轧制、深冲、拉伸，冷变形率可超过98%，很容易被加工成板、带、箔、管、棒、型、线和细丝。这也是铜被广泛应用在各个工业部门的重要原因。

铜具有良好的铸造性能，可铸造制作各种像、鼎、钱币等。铜的加工产品都是通过对铸坯的加工变形实现的。

铜具有较好的可焊性，特别适合于软、硬钎焊。

铜还具有良好的电镀性能，因此，铜件表面镀铬、镀镍、镀银在工业生产中得到广泛应用。

纯铜的切削性能远不如黄铜等其他铜合金（约为 HPb63-3 的20%），但它不像钢铁那样坚硬，也不像纯铝那样软，高速车削时易粘刀。

铜的色泽亮丽典雅、丰富多彩，颇受人类青睐，被认为是庄重、尊严、古朴、典雅、高贵的象征。因此，几千年来，铜被广泛用作装饰材料。

铜具有抑菌性，这是其他金属材料所没有的。铜离子浓度超过 0.002mg/L 即可抑制细菌的生长。实验证明，在 5h 内铜器皿水中 99% 的细菌都会被杀灭。铜可抑制水生物在铜质船只上的附着和生长，这种能力是铜被大量应用在船只、网箱及其他海洋工程上的重要原因。

1.2 铜合金的分类、牌号和成分

1.2.1 铜合金的分类方法

铜合金的分类方法主要有如下三种：

（1）按成型方法分。分为铸造铜合金和变形（或加工）铜合金两大类。部分铸造铜合金只适合于铸造成型而不能加工成型，也有的铸造铜合金既适合于铸造成型也可以加工成型。而变形铜合金都是先进行铸造成坯而后进行变形加工。

（2）按合金系分。分为紫铜（纯铜）、黄铜、青铜和白铜四大类。每个大类又分若干个小类，如紫铜分为普通纯铜、韧铜、脱氧铜和无氧铜等；黄铜分为普通黄铜和复杂黄铜，复杂黄铜又分为铅黄铜、铝黄铜、锡黄铜、铁黄铜、硅黄铜、锰黄铜、镍黄铜等；青铜分为锡青铜、铝青铜、硅青铜、镁青铜、钛青铜、铬青铜、锆青铜和镉青铜等；白铜分为普通白铜、锌白铜、铁白铜等。该分类方法使用较为普遍，我国铜合金国家标准即采用该方法。

（3）按功能（或特性）分类。分为结构用铜合金、导电导热用铜合金、耐蚀铜合金、阻尼铜合金、易切削铜合金、记忆铜合金、超塑性铜合金、艺术（装饰）铜合金等。此分类法多用于研制新合金申报项目、成果及学术文章中。

1.2.2　铜合金的牌号及化学成分

铜及铜合金的牌号及化学成分如表 1-2 ~ 表 1-30 所示。

表 1-2　常用普通纯铜的化学成分（质量分数）　（%）

合金牌号	Cu+Ag（不小于）	P	Bi	Sb	As	Fe	Ni	Pb	Sn	S	Zn	O	杂质总和（不大于）
		（不大于）											
T1	99.95	0.001	0.001	0.002	0.002	0.005	0.002	0.003	0.002	0.005	0.005	0.02	0.05
T2	99.90	—	0.001	0.002	0.002	0.005	—	0.005	—	0.005	—	—	0.1
T3	99.70	—	0.002	—	—	—	—	0.01	—	—	—	—	0.3

注：1. 表中未列入的杂质包括在杂质总和内。

2. T2 ~ T3 的磷含量在杂质总和内控制，对导电用 T2，杂质磷含量不大于 0.001%。

3. T3 在杂质总和中的铅含量，经需方同意可不超过 0.025%。

表 1-3　无氧铜化学成分（质量分数）　（%）

名　称	合金牌号	Cu+Ag	P	Ag	Bi①	Sb①	As①	Fe	Ni	Pb	Sn	S	Zn	O	杂质总和（不大于）
零号无氧铜	TU0②（C10100）	Cu 99.99	0.0003	0.0025	0.0001	0.0004	0.0005	0.0010	0.0010	0.0005	0.0002	0.0015	0.0001	0.0005	0.01
			Se：0.0003　Te：0.0002　Mn：0.00005　Cd：0.0001												
一号无氧铜	TU1	99.97	0.002	—	0.001	0.002	0.002	0.004	0.002	0.003	0.002	0.004	0.003	0.002	0.03
二号无氧铜	TU2	99.97	0.002	—	0.001	0.002	0.002	0.004	0.002	0.004	0.002	0.004	0.003	0.003	0.05

注：经双方协商，可限制表中未规定的元素或要求加严限制表中规定的元素。

①砷、铋、锑可不分析，但供方必须保证不大于界限值。

②TU0（C10100）铜量为差减法所得。

表 1-4　磷脱氧铜的化学成分（质量分数）　（%）

名　　称	合金牌号	Cu+Ag	P	杂质总和（不大于）
一号脱氧铜	TP1（C12000）	99.90	0.004 ~ 0.012	0.10
二号脱氧铜	TP2（C12200）	99.90	0.015 ~ 0.040	0.10

表 1-5　含银无氧铜的化学成分（质量分数）　（%）

名称	合金牌号	Cu+Ag	Ag	Bi	Sb	As	Fe	Ni	Pb	Sn	S	O	杂质总和（不大于）
0.1 银铜	TAg0.1	99.5	0.06 ~ 0.12	0.002	0.005	0.01	0.05	0.2	0.01	0.05	0.01	0.1	0.10

表 1-6 普通黄铜的化学成分（质量分数） （%）

合金牌号	Cu	Fe	Pb	Ni	Zn	杂质总和（不大于）
H96	95.0～97.0	0.10	0.03	0.5	余量	0.2
H90	88.0～91.0	0.10	0.03	0.5	余量	0.2
H85	84.0～86.0	0.10	0.03	0.5	余量	0.3
H80	79.0～81.0	0.10	0.03	0.5	余量	0.3
H70	68.5～71.5	0.10	0.03	0.5	余量	0.3
H68	67.0～70.0	0.10	0.03	0.5	余量	0.3
H65	63.5～68.0	0.10	0.03	0.5	余量	0.3
H63	62.0～65.0	0.15	0.08	0.5	余量	0.5
H62	60.5～63.5	0.15	0.08	0.5	余量	0.5
H59	57.0～60.0	0.30	0.50	0.5	余量	1.0

表 1-7 铅黄铜的化学成分（质量分数） （%）

合金牌号	Cu	Fe	Pb	Ni	Zn	杂质总和（不大于）
HPb89-2	87.5～90.5	0.10	1.3～2.5	0.7	余量	—
HPb66-0.5	65.0～68.0	0.07	0.25～0.7	—	余量	—
HPb63-3	62.0～65.0	0.10	2.4～3.0	0.5	余量	0.75
HPb63-0.1	61.5～63.5	0.15	0.05～0.3	0.5	余量	0.50
HPb62-0.8	60.0～63.0	0.20	0.5～1.2	0.5	余量	0.75
HPb62-3	60.0～63.0	0.35	2.5～3.7	—	余量	—
HPb62-2	60.0～63.0	0.15	1.5～2.5	—	余量	—
HPb61-1	60.0～63.0	0.15	0.6～1.2	—	余量	—
HPb60-2	58.0～61.0	0.30	1.5～2.5	—	余量	
HPb59-3	57.5～59.5	0.50	2.0～3.0	0.5	余量	1.2
HPb59-1	57.0～60.0	0.50	0.8～1.9	1.0	余量	1.0

表 1-8 无铅（易切削）黄铜的化学成分（质量分数） （%）

合金牌号	Cu	Pb	Fe	Sn	Ni	Bi	Te	P	Si	Cd	Sb	As	Zn	杂质总和（不大于）
HBi59-1	58.0～60.0	0.1	0.2	0.2	0.3	0.8～2.0	—	—	—	0.01	—	—	余量	0.3
HBi60-1.3	59.0～62.0	0.2	0.1	—	—	0.3～2.3	—	—	—	0.01	—	—	余量	0.5
HBi60-2	59.0～62.0	0.1	0.2	0.3	0.3	2.0～3.5	—	—	—	0.01	—	—	余量	0.5
HBi60-0.5-0.01	58.5～61.5	0.1	—	—	—	0.45～0.65	0.010～0.015	—	—	0.01	—	0.01	余量	0.5
HBi60-0.8-0.01	58.5～61.5	0.1	—	—	—	0.70～0.95	0.010～0.015	—	—	0.01	—	0.01	余量	0.5
HBi60-1.1-0.01	58.5～61.5	0.1	—	—	—	1.00～1.25	0.010～0.015	—	—	0.01	—	0.01	余量	0.5
HMg60-1	59.0～61.0	0.1	0.2	0.3	0.3	0.3～0.8	Mg 0.5～2.0	—	—	0.01	—	—	余量	0.5
HSi75-3	73.0～77.0	0.1	0.1	0.2	0.1	—	Mn <0.1	0.04～0.15	2.7～3.4	0.01	—	—	余量	0.5

续表 1-8

合金牌号	Cu	Pb	Fe	Sn	Ni	Bi	Te	P	Si	Cd	Sb	As	Zn	杂质总和（不大于）
HSi80-3	79.0~81.0	0.1	0.6	—	0.5	—	—	—	2.5~4	0.01	—	—	余量	1.5
HSb60-0.9	58.0~62.0	0.2	0.05~0.96	—	—	—	—	—	—	0.01	0.3~1.5	—	余量	0.2
HSb61-0.8-0.5	59.0~63.0	0.2	—	—	—	—	—	—	0.3~1.0	0.01	0.4~1.2	—	余量	0.2

表 1-9 铝黄铜的化学成分（质量分数） （%）

合金牌号	Cu	Al	Fe	Pb	Mn	Ni	Si	As	Zn	杂质总和（不大于）
HAl77-2	76.0~79.0	1.8~2.5	0.06	0.07	—	—	—	0.02~0.06	余量	—
HAl67-2.5	66.0~68.0	2.0~3.0	0.6	0.5	—	0.5	—	—	余量	1.5
HAl66-6-3-2	64.0~68.0	6.0~7.0	2.0~4.0	0.5	1.5~2.5	0.5	—	—	余量	1.5
HAl61-4-3-1	59.0~62.0	3.5~4.5	0.3~1.3	—	—	2.5~4.0	0.5~1.5	Co0.5~1.0	余量	1.0
HAl60-1-1	58.0~61.0	0.70~1.50	0.70~1.50	0.40	0.1~0.6	0.5	—	—	余量	0.7
HAl59-3-2	57.0~60.0	2.5~3.5	0.50	0.10	—	2.0~3.0	—	—	余量	0.7

表 1-10 锰黄铜的化学成分（质量分数） （%）

合金牌号	Cu	Mn	Fe	Pb	Al	Sn	Si	Ni	Zn	杂质总和（不大于）
HMn62-3-3-0.7	60.0~63.0	2.7~3.7	0.11	0.05	2.4~3.4	0.1	0.5~1.5	0.5	余量	1.2
HMn58-2	57.0~60.0	1.0~2.0	1.0	0.1	—	—	—	0.5		1.2
HMn57-3-1	55.0~58.5	2.5~3.5	1.0	0.2	0.5~1.5	—	—	0.5		1.3
HMn55-3-1	53.0~58.0	3.0~4.0	0.5~1.5	0.5	—			0.5		1.5

表 1-11 锡黄铜的化学成分（质量分数） （%）

合金牌号	Cu	Sn	Fe	Pb	Ni	As	Zn	杂质总和（不大于）
HSn90-1	88.0~91.0	0.25~0.75	0.10	0.03	0.5	—	余量	0.2
HSn70-1	69.0~71.0	0.8~1.3	0.10	0.05	0.5	0.02~0.06	余量	0.3
HSn62-1	61.0~63.0	0.7~1.1	0.10	0.10	0.5	—	余量	0.3
HSn60-1	59.0~61.0	1.0~1.5	0.10	0.30	0.5	—	余量	1.0

表 1-12 铁黄铜的化学成分（质量分数） （%）

合金牌号	Cu	Fe	Pb	Al	Mn	Sn	Ni	Zn	杂质总和（不大于）
HFe59-1-1	57.0~60.0	0.6~1.2	0.20	0.1~0.5	0.5~0.8	0.3~0.7	0.5	余量	0.3
HFe58-1-1	56.0~58.0	0.7~1.6	0.7~1.3	—	—	—	0.5	余量	0.3

表 1-13　镍黄铜的化学成分（质量分数）　（%）

合金牌号	Cu	Ni	Zn	Pb	Fe	Al	P	杂质总和（不大于）
HNi65-5	64.0～67.0	5.0～6.5	余量	0.03	0.15		0.01	0.3
HNi56-3	54.0～58.0	2.0～3.0	余量	0.2	0.15～0.5	0.3～0.5	—	0.6

表 1-14　硅黄铜 HSi80-3 的化学成分（质量分数）　（%）

合金牌号	Cu	Si	Fe	Pb	Ni	Zn	杂质总和（不大于）
HSi80-3	79.0～81.0	2.5～4.0	0.6	0.1	0.5	余量	1.5

表 1-15　加砷黄铜的化学成分（质量分数）　（%）

合金牌号	Cu	As	Fe	Pb	Ni	Zn	杂质总和（不大于）
H85A	84.0～86.0	0.02～0.08	0.10	0.03	0.5	余量	0.3
H70A	68.5～71.5	0.02～0.08	0.05	0.05	—	余量	—
H68A	79.0～81.0	0.03～0.06	0.10	0.03	0.5	余量	0.3

表 1-16　锡磷青铜的化学成分（质量分数）　（%）

合金牌号	数值	Sn	Al	Zn	Mn	Fe	Pb	Ni	As[①]	Si	P	Cu	杂质总和（不大于）
QSn6.5-0.1	最小值	6.0	—	—	—	—	—	—	—	—	0.10	余量	—
	最大值	7.0	0.002	0.3	—	0.05	0.2	0.2	—	—	0.25		0.10
QSn6.5-0.4	最小值	6.0	—	—	—	—	—	—	—	—	0.26	余量	—
	最大值	7.0	0.002	0.3	—	0.02	0.2	0.2	—	—	0.40		0.10
QSn7-0.2	最小值	6.0	—	—	—	—	—	—	—	—	0.10	余量	—
	最大值	8.0	0.01	0.3	—	0.05	0.2	0.2	—	—	0.25		0.15
QSn4-0.3（C51100）	最小值	7.10	—	—	—	—	—	—	—	—	0.03	余量[②]	—
	最大值	4.9	—	0.3	—	0.01	0.05	0.2	0.002	—	0.35		—
QSn8-0.3（C52100）	最小值	7.0	—	—	—	—	—	—	—	—	0.03	余量[②]	—
	最大值	9.0	—	0.2	—	0.1	0.05	0.2	—	—	0.35		—
QSn4-3	最小值	3.5		2.7								余量	
	最大值	4.5	0.002	3.7		0.05	0.02	0.2			0.03		0.2

注：1. 杂质镍计入铜含量中。

2. 抗磁用的锡青铜，铁含量不大于0.020%。

①砷、铋和锑可不分析，但供方必须保证不大于界限值。

②Cu+所列出元素总和不小于99.5%。

表 1-17 锡锌铅青铜合金的化学成分（质量分数） （%）

合金牌号	Sn	Zn	Pb	Cu	Fe	Sb	Bi	P	Al	杂质总和
QSn4-4-2.5	3.0～5.0	3.0～5.0	1.5～3.5	余量	0.05	0.002	0.002	0.03	0.002	0.2
QSn4-4-4	3.0～5.0	3.0～5.0	3.5～4.5	余量	0.05	0.002	0.002	0.03	0.002	0.2

表 1-18 铝青铜合金的化学成分（质量分数） （%）

合金牌号	Al	Mn	Ni	Cu	Sn	Zn	Fe	Pb	Si	P	杂质总和（不大于）
QAl 9-2	8.0～10.0	1.5～2.5	—	余量	0.1	1.0	0.5	0.03	0.1	0.01	1.7
QAl 9-4	8.0～10.0	2.0～4.0	—	余量	1.0	0.5	0.01	0.1	0.01	0.1	1.7
QAl10-3-1.5	8.5～10.0	1.0～2.0	Fe：2.0～4.0	余量	—	0.5	—	0.03	0.1	0.01	0.75
QAl10-4-4	9.5～11.0	7.10～5.5	7.10～5.5	余量	0.1	0.5	0.3	0.02	0.1	0.01	1.0
QAl11-6-6	10.0～11.5	5.0～6.5	5.0～6.5	余量	0.1	0.6	0.5	0.05	0.2	0.1	1.5
QAl9-5-1-1	8.0～10.0	0.5～1.5	4.0～6.0	余量	0.1	0.3	0.5～1.5	0.01	0.1	0.01	0.6
QAl10-5-5	8.0～11	0.5～2.5	4.0～6.0	余量	0.20	0.50	4.0～6.0	0.05	0.25	Mg 0.10	1.2

表 1-19 铁青铜的化学成分（质量分数） （%）

合金牌号	Fe	Zn	P	Pb（最大）	Sn（最大）	Cu	杂质总和（不大于）
QFe0.1	0.05～0.15		0.025～0.040	—	—	余量	0.2
QFe2.5	2.1～2.6	0.05～0.20	0.015～0.15	0.03	0.03	余量	0.15（最大）

表 1-20 硅青铜化学成分（质量分数） （%）

合金牌号	Mn	Si	Ni	Cu	Sn	Al	Zn	Fe	Pb	杂质总和（不大于）
QSi3-1	1.0～1.5	2.7～3.5	0.2	余量	0.25	—	0.5	0.3	0.03	1.1
QSi1-3	0.1～0.4	0.6～1.1	2.4～3.4	余量	0.1	0.02	0.2	0.1	0.15	0.5
QSi0.6-2	0.1	0.4～0.8	1.6～2.5	余量	—	—	Cd 0.005	0.2	0.02	0.3

表 1-21 镍青铜化学成分（质量分数） （%）

合金牌号	Si	Ni	Cu	Mg	Zn	Mn	Fe	Pb	Mo	杂质总和（不大于）
QNi3-0.8	0.25～1.2	2.2～4.2	余量	0.05～0.3	1.0	—	0.2	0.05	0.1	0.5

表 1-22 铬青铜的化学成分（质量分数） （%）

合金牌号	Cr	Cu	Mg	Al	Zr	Si	Pb	Li	Zn	As	Ca	P	Fe	Ni	杂质总和（不大于）
QCr0.5	0.4~1.1	余量	—	—	—	—	—	—	—	—	—	—	0.1	0.05	0.5
QCr0.5-0.2-0.1	0.4~1.0	余量	0.1~0.25	0.1~0.25	—	—	—	—	—	—	—	—	—	—	0.5
QCr0.6-0.4-0.05	0.4~0.8	余量	0.04~0.08	—	0.3~0.6	0.05	—	—	—	—	—	0.01	0.05	—	0.5
QCr1.0-0.1	0.50~1.5	余量	—	—	0.05~0.25	—	—	—	—	—	—	—	—	—	—
QCr0.8	0.6~1.2	余量	—	—	—	0.10	0.05	—	—	—	—	—	0.10	—	0.5
QCr0.8-0.7	0.40~1.2	余量	—	—	—	0.10	—	0.05	0.7	0.005	0.005	0.05	0.15	—	0.5

表 1-23 铍青铜化学成分（质量分数） （%）

类型	合金牌号	Al	Be	Si	Ni	Fe	Pb	Ti	Mg	Co	Ag	Cu	杂质总和（不大于）
高强度铍青铜	QBe2	0.15	1.80~2.1	0.15	0.2~0.5	0.15	0.005	—	—	—	—	余量	0.5
	QBe1.9	0.15	1.85~2.1	0.15	0.2~0.4	0.15	0.005	0.1~0.25	—	—	—	余量	0.5
	QBe1.9~0.1	0.15	1.85~2.1	0.15	0.2~0.4	0.15	0.005	0.1~0.25	0.07~0.13	—	—	余量	0.5
	QBe1.7	0.15	1.6~1.85	0.15	0.2~0.4	0.15	0.005	0.1~0.25	—	—	—	余量	0.5
高传导铍青铜	QBe0.6-2.5	0.20	0.4~0.7	0.20	—	0.10	—	—	—	2.4~2.7	—	余量	—
	QBe0.4-1.8	0.20	0.20~0.6	0.20	1.4~2.2	0.10	—	—	—	0.30	—	余量	—
	QBe0.3-1.5	0.20	0.25-0.5	0.20	—	0.10	—	—	—	1.4~1.7	0.9~1.1	余量	—

表 1-24 镁青铜 QMg0.8 的化学成分（质量分数） （%）

主成分		杂质（不大于）								
Mg	Cu	Sn	Zn	Fe	Pb	Sb	Bi	Ni	S	杂质总和
0.70~0.85	余量	0.002	0.005	0.005	0.005	0.005	0.002	0.006	0.005	0.03

表 1-25 钛青铜的化学成分（质量分数） （%）

合金牌号	Ti	Cr	Al	Cu	杂质总和（不大于）
QTi7.10	4.0~7.10	—	—	余量	0.5
QTi7.10-0.2	4.0~7.10	0.15~0.25	—	余量	0.5
QTi6-1	5.8~7.4	—	0.5~1.0	余量	0.5

表 1-26　锆青铜的化学成分（质量分数）　　（%）

合金牌号	主成分		杂质（不大于）							
	Zr	Cu	Sn	Fe	Pb	Sb①	Bi①	Ni	S	杂质总和
QZr0.2	0.15~0.30	余量	0.05	0.05	0.01	0.005	0.002	0.2	0.01	0.5
QZr0.4	0.30~0.50	余量	0.05	0.05	0.01	0.005	0.005	0.2	0.01	0.5

①Bi 和 Sb 可不分析，但供方必须保证不大于最大值。

表 1-27　镉青铜的化学成分（质量分数）　　（%）

合金牌号	Cd	Cu	杂质总和（不大于）
QCd1.0	0.8~1.3	余量	0.3

表 1-28　Al_2O_3弥散强化无氧铜化学成分（质量分数）　　（%）

合金牌号	元素	Cu	Al_2O_3	Fe	Pb	O
C15710	最小值	99.69	0.15	—	—	—
(99.8Cu-0.2Al_2O_3)	最大值	99.85	0.25	0.01	0.01	0.04
C15720	最小值	99.49	0.35	—	—	—
(99.6Cu-0.4Al_2O_3)	最大值	99.6	0.45	0.01	0.01	0.04
C15735	最小值	99.19	0.65	—	—	—
(99.3Cu-0.7Al_2O_3)	最大值	99.35	0.75	0.01	0.01	0.04
Glidcop Al-10	标准组成	99.8	0.2	—	—	—
Glidcop Al-35	标准组成	99.3	0.7	—	—	—
Glidcop Al-60	标准组成	98.8	1.2	—	—	—

表 1-29　白铜化学成分（质量分数）　　（%）

合金牌号	Ni+Co	Fe	Mn	Zn	Pb	Al	Si	P	S	C	Mg	Sn	Cu	杂质总和（不大于）
B0.6	0.57~0.63	0.005	—	—	0.005	—	0.002	0.002	0.005	0.002	—	—	余量	0.1
B5	4.4~5.0	0.20	—	—	0.01	—	—	0.01	0.01	0.03	—	—	余量	0.5
B19	18.0~20.0	0.5	0.5	0.3	0.005	—	0.15	0.01	0.01	0.05	0.05	—	余量	1.8
B25	24.0~26.0	0.5	0.5	0.3	0.005	—	0.15	0.01	0.01	0.05	0.05	0.03	余量	1.8
B30	29~33	0.9	1.2	—	0.05	—	0.15	0.006	0.01	0.05	—	—	余量	—
BFe5-1.5-0.5	4.8~6.2	1.3~1.7	0.3~0.8	1.0	0.05	—	—	—	—	—	—	—	余量	
BFe10-1-1	9.0~11.0	1.0~1.55	0.5~1.5	0.3	0.02	—	0.15	0.006	0.01	0.05	—	0.03	余量	0.7
BFe30-1-1	29.0~32.0	0.5~1.0	0.5~1.2	0.3	0.02	—	0.15	0.005	0.01	0.05	—	0.03	余量	0.7
BMn3-12	2.0~3.5	0.20~0.50	11.5~13.5	—	0.020	0.2	0.1~0.3	0.005	0.020	0.05	0.03	—	余量	0.7
BMn40-1.5	39.0~41.0	0.50	1.0~2.0	—	0.005	—	0.10	0.005	0.02	0.10	0.05	—	余量	0.9

续表 1-29

合金牌号	Ni+Co	Fe	Mn	Zn	Pb	Al	Si	P	S	C	Mg	Sn	Cu	杂质总和（不大于）
BMn43-0.5	42.0~44.0	0.15	0.10~1.0	—	0.002	—	0.10	0.002	0.01	0.10	0.05	—	余量	0.6
BZn15-20	13.5~16.5	0.5	0.3	余量	0.02	—	0.15	0.005	0.01	0.03	0.05	—	62.0~65.0	0.9
BZn15-21-1.8	14.0~16.0	0.3	0.5	余量	1.5~2.0	—	0.15	—	—	—	—	—	60.0~63.0	0.9
BZn15-24-1.5	12.5~15.5	0.25	0.05~0.5	余量	1.4~1.7	—	—	0.02	0.005	—	—	—	58.0~60.0	0.75
BAl13-3	12.0~15.0	1.0	0.50	—	0.003	2.3~3.0	—	0.01	—	—	—	—	余量	1.9
BAl6-1.5	5.5~6.5	0.50	0.20	—	0.003	1.2~1.8	—	—	—	—	—	—	余量	1.1

注：BZn15-20 中 As 应小于 0.010%、Sb 应小于 0.002%、Bi 应小于 0.002%。

表 1-30 镍铜合金化学成分（质量分数） （%）

合金牌号	As	Bi	Si	Ni+Co	Fe	Pb	C	Mn	Mg	Sb	S	P	Cu	杂质总和（不大于）
NCu28-2.5-1.5	0.010	0.002	0.10	余量	2.0~3.0	0.003	0.20	1.2~1.8	0.10	0.002	0.02	0.005	27.0~29.0	0.6
NCu40-2-1	—	—	0.15	余量	0.2~1.0	0.006	0.30	1.25~2.25	—	—	0.02	0.005	38.0~42.0	0.6
NCu30-4-2-1	—	—	3.9~4.7	余量	1.5~2.5	—	0.20	0.8~1.5	0.10	0.30	—	0.02	—	29.0~31.0

1.3 铜及其合金的物理性能

铜及铜合金的主要物理性能见表 1-31~表 1-55。

表 1-31 纯铜的物理性能

合金牌号	T1	T2	TU1	TU2	TP1	TP2
熔点/℃	1084.5	1065~1082.5	1083	1083	1083	1083
沸点/℃	2350~2600					
密度/kg · m^{-3}	8940	8890	8940	8940	8940	8940
熔化潜热/kJ · kg^{-1}	205.4~212.5					
质量热容/J · (kg · K)$^{-1}$	385~420					
线膨胀系数/℃$^{-1}$	$(16.92 \sim 17.0)\times10^{-6}$		17.0×10^{-6}		17.0×10^{-6}	
电阻率/μΩ · m	0.0172	0.017~0.01724	0.0171	0.0171	0.0187	
电导率/%IACS	100	97~101.5	101	101	99	
热导率/W · (m · K)$^{-1}$	388	388	391	391	350	

表 1-32　普通黄铜的物理性能

合金牌号	熔化温度		沸点/℃	密度/kg·m^{-3}	质量热容/J·(kg·℃)$^{-1}$	线膨胀系数/℃$^{-1}$	热导率/W·(m·K)$^{-1}$	电导率/%IACS	电阻率/μΩ·m		电阻温度系数/℃$^{-1}$
	液相线温度/℃	固相线温度/℃							固态	液态	
H96	1071.4	1056.4	~1600	8850	0.093	18.0×10^{-6}	243.9	57	0.031	0.24	0.0027
H90	1046.4	1026.3	~1400	8800	0.095	18.4×10^{-6}	187.6	44	0.040	0.27	0.0018
H85	1026.3	991.0	~1300	8750	0.095	18.7×10^{-6}	151.7	37	0.047	0.29	0.0016
H80	1001.2	966.0	~1240	8660	0.093	19.1×10^{-6}	141.7	32	0.054	0.33	0.0015
H75	981.2	—	—	8630	—	19.6×10^{-6}	120.9	30	0.057	—	—
H70	951.0	916.0	~1150	8530	0.09	19.9×10^{-6}	120.9	28	0.062	0.39	0.0015
H68	939.0	910.0	—	8500	—	20.0×10^{-6}	116.7	27	0.064	—	0.0015
H65	936.0	906.0	—	8470	—	20.1×10^{-6}	116.7	27	0.069	—	—
H63	911.0	901.0	—	8430	—	20.6×10^{-6}	116.7	27	—	—	—
H62	906.0	899.0	—	8430	—	20.6×10^{-6}	116.7	27	0.071	—	0.0017
H59	896.0	886.0	—	8400	—	21.0×10^{-6}	125.1	—	—	—	0.0025

表 1-33　铅黄铜的物理性能

合金牌号	液相线温度/℃	固相线温度/℃	密度/g·cm^{-3}	线膨胀系数/℃$^{-1}$	热导率/W·(m·K)$^{-1}$	电导率/%IACS	电阻率/μΩ·m
HPb89-2	1040	1010	8.85	18.4×10^{-6}	190	42	0.041
HPb66-0.5	940	905	8.50	20.2×10^{-6}	115	26	0.066
HPb63-3	906	886	8.50	20.5×10^{-6}	117	26	0.066
HPb63-0.1	910	895	8.44	20.3×10^{-6}	115	26	0.066
HPb62-0.8	915	895	8.47	20.3×10^{-6}	115	26	0.066
HPb62-3	900	885	8.50	20.5×10^{-6}	115	26	0.066
HPb62-2	905	885	8.50	20.5×10^{-6}	115	26	0.066
HPb61-1	900	885	8.41	20.8×10^{-6}	120	27	0.064
HPb60-2	895	880	8.44	20.7×10^{-6}	120	27	0.064
HPb59-1	900	885	8.50	20.6×10^{-6}	105		0.068

表 1-34　锡黄铜的物理性能

合金牌号	液相线温度/℃	固相线温度/℃	密度/g·cm^{-3}	线膨胀系数/℃$^{-1}$	热导率/W·(m·K)$^{-1}$	电阻率/μΩ·m	电导率/%IACS	弹性模量/GPa
HSn90-1	1016	906	8.80	18.4×10^{-6}	126	0.054	41	105
HSn70-1	936	891	8.58	20.2×10^{-6}	110	0.069	25	110
HSn62-1	907	886	8.45	19.3×10^{-6}	116	0.066	26	100
HSn60-1	901	885	8.45	21.2×10^{-6}	116	0.066	26	100

表 1-35 HFe59-1-1 的物理性能

液相线温度/℃	固相线温度/℃	密度/g·cm^{-3}	线膨胀系数/℃$^{-1}$	热导率/W·(m·K)$^{-1}$	电阻率/μΩ·m	电导率/%IACS	弹性模量/GPa
901	886	8.50	22×10^{-6}	20.1	0.093	18.5	106

表 1-36 铝黄铜的物理性能

合金牌号	液相线温度/℃	固相线温度/℃	密度/g·cm^{-3}	线膨胀系数/℃$^{-1}$	热导率/W·(m·K)$^{-1}$	电阻率/μΩ·m	弹性模量/GPa
HAl77-2	971	931	8.60	18.5×10^{-6}	208.4	0.075	102
HAl67-2.5	971	932	8.50	18.5×10^{-6}	—	0.077	—
HAl66-6-3-2	900	—	8.50	19.8×10^{-6}	208.4	—	—
HAl61-4-3-1	921	903	7.91	19.0×10^{-6}	—	0.090	—
HAl60-1-1	905	—	8.20	21.6×10^{-6}	315.2	0.090	105
HAl59-3-2	957	893	8.40	19.0×10^{-6}	350.1	0.079	100

表 1-37 锰黄铜的物理性能

合金牌号	液相线温度/℃	固相线温度/℃	密度/g·cm^{-3}	线膨胀系数/℃$^{-1}$	热导率/W·(m·K)$^{-1}$	电阻率/μΩ·m	弹性模量/GPa
HMn57-3-1	870	—	8.10	21.0×10^{-6}	67	0.121	104
HMn58-2	881	866	8.50	21.2×10^{-6}	70.6	0.108	100
HMn62-3-3-0.7	901	855	8.02	19.3×10^{-6}		0.113	

表 1-38 HSi80-3 的物理性能

液相线温度/℃	固相线温度/℃	密度/g·cm^{-3}	线膨胀系数/℃$^{-1}$	热导率/W·(m·K)$^{-1}$	电阻率/μΩ·m	弹性模量/GPa
900	886	8.60	17.0×10^{-6}	17.51	0.20	98

表 1-39 HNi65-5 的物理性能

液相线温度/℃	固相线温度/℃	密度/g·cm^{-3}	线膨胀系数/℃$^{-1}$	热导率/W·(m·K)$^{-1}$	电阻率/μΩ·m	弹性模量/GPa
960	—	8.65	18.2×10^{-6}	58.4	0.146	112

表 1-40 锡磷青铜的物理性能

合金牌号	熔化温度范围/℃	热导率/W·(m·℃)$^{-1}$	质量热容/J·(kg·℃)$^{-1}$	凝固线收缩率/%	线膨胀系数/℃$^{-1}$	电阻温度系数/℃$^{-1}$	电导率/%IACS
QSn4-0.3	974～1062	87.6	377	1.45	$\alpha=17.3\times10^{-6}$(20～100℃) $\alpha=19.4\times10^{-6}$(20～400℃)		20

续表 1-40

合金牌号	熔化温度范围/℃	热导率/W·(m·℃)$^{-1}$	质量热容/J·(kg·℃)$^{-1}$	凝固线收缩率/%	线膨胀系数/℃$^{-1}$	电阻温度系数/℃$^{-1}$	电导率/%IACS
QSn6.5-0.1	约 996	54.4	307	1.45	$\alpha=17.3\times10^{-6}$(20℃) $\alpha=18.9\times10^{-6}$(400℃)	6.23×10^{-4}	13
QSn6.5-0.4	约 996	87.12	370	1.45	$\alpha=17.0\times10^{-6}$(20℃) $\alpha=19.0\times10^{-6}$(20～300℃)	6.23×10^{-4}	10
QSn7-0.2	约 1025	54.4	376.8	1.5	$\alpha=18.1\times10^{-6}$(20℃) $\alpha=19.0\times10^{-6}$(400℃)	6.23×10^{-4}	12

表 1-41　加工锡锌铅青铜的物理性能

合金牌号	液相线温度/℃	固相线温度/℃	密度/g·cm^{-3}	线膨胀系数(20℃)/℃$^{-1}$	热导率/W·(m·℃)$^{-1}$	质量热容/J·(Kg·℃)$^{-1}$	电阻率/μΩ·m	电导率/%IACS
QSn4-4-2.5	999	927	9.0	18.0×10^{-6}	87.12	376	0.087	20
QSn4-4-4	1000	928	9.0	18.0×10^{-6}	87.12	377	0.087	20

表 1-42　铝青铜的物理性能

合金牌号	液相线温度/℃	固相线温度/℃	密度/g·cm^{-3}	线膨胀系数(20℃)/℃$^{-1}$	热导率/W·(m·℃)$^{-1}$	质量热容/J·(kg·℃)$^{-1}$	电阻率/μΩ·m	电导率/%IACS
QAl9-2	1061	—	7.6	17.0×10^{-6}	71.2	—	0.11	—
QAl9-4	1048	1037	7.4	19.0×10^{-6}	58.6	376.3	0.123	14.2
QAl10-3-1.5	1046	1020	7.4	16.0×10^{-6}	58.6	356	0.190	9.1
QAl10-4-4	1054	1038	7.68	16.56×10^{-6}	77.13	376.8	0.193	9.0
QAl11-6-6	1141	—	8.1	14.9×10^{-6}	67.11	—	—	—

表 1-43　铁青铜的物理性能

合金牌号	液相线温度/℃	固相线温度/℃	密度/g·cm^{-3}	线膨胀系数(20℃)/℃$^{-1}$	热导率/W·(m·℃)$^{-1}$	质量热容/J·(kg·℃)$^{-1}$	电阻率/μΩ·m	电导率/%IACS
QFe0.1	1082	—	8.94	16.9×10^{-6}	—	—	0.0216	80
QFe2.5	1090	1080	8.78	16.3×10^{-6}	260	385	0.0290①	60①

①为 O（60）状态下数据。

表 1-44 加工硅青铜的物理性能

合金牌号	液相线温度/℃	固相线温度/℃	密度/$kg \cdot m^{-3}$	线膨胀系数/$℃^{-1}$		热导率/$W \cdot (m \cdot K)^{-1}$	电阻率/$\mu\Omega \cdot m$	电导率/%IACS	凝固时线收缩率/%
				200～300℃	20℃				
QSi3-1	1026.3	971	8400	18×10^{-6}	18.5×10^{-6}	37.68	—	6.4%（加工率80%的硬态带材）；7%（600℃退火的软态带材）	1.6
QSi1-3	1051.4	—	8600		18×10^{-6}	105	0.046（硬态） 0.083（时效态）	—	—

表 1-45 铬青铜的物理性能

合金牌号	液相线温度/℃	固相线温度/℃	密度/$g \cdot cm^{-3}$	线膨胀系数(20℃)/$℃^{-1}$	热导率/$W \cdot (m \cdot ℃)^{-1}$	质量热容/$J \cdot (kg \cdot ℃)^{-1}$	电阻率/$\mu\Omega \cdot m$	电导率/%IACS
QCr0.5	1080	1073	8.89	17.64×10^{-6}	171（固溶） 324（时效）	385 385		40（固溶） 80（时效）
QCr0.6-0.4-0.05	1075	—	8.88	16.7×10^{-6}	324	—	0.0217（退火状态）	80（退火状态）

表 1-46 锆青铜的物理性能

合金牌号	液相线温度/℃	固相线温度/℃	密度/$kg \cdot m^{-3}$	线膨胀系数/$℃^{-1}$			热导率/$W \cdot (m \cdot ℃)^{-1}$	电导率/%IACS
				20～100℃	20～300℃	20～600℃		
QZr0.2	1081.5	—	8930	16.27×10^{-6}	18.01×10^{-6}	20.13×10^{-6}	339.13	97.1
QZr0.4	1066.4	966	8850	16.32×10^{-6}	19.80×10^{-6}	19.80×10^{-6}	334.94	84.5

表 1-47 铍青铜的物理性能

合金牌号	熔化温度范围/℃	密度/$kg \cdot m^{-3}$	质量热容（室温）/$J \cdot (kg \cdot K)^{-1}$	线膨胀系数/K^{-1}	室温热导率/$W \cdot (m \cdot K)^{-1}$
QBe2	856～956	8250	418.7	16.6（20～100℃） 17.0（20～200℃）	87.12（固溶态） 104.7（时效态）
QBe1.9，QBe1.7，QBe1.9-0.1	865～980	8250	418.7		
QBe0.6-2.5，QBe0.6-1.8	1000～1070	8750	420		
QBe0.3-1.5	1000～1110	8750	420	17.6（20～200℃）	201（时效态）

表 1-48 铍青铜加工材的电学性能

合金牌号	材料状态[①]			电阻率/μΩ·m	电导率/% IACS
	状 态	时效温度/℃	时效时间/min		
QBe2	C	—	—	0.086~0.082	19.9~20.9
	CY (40)	—	—	0.089	19.2
	CY (61)	—	—	0.096~0.094	18.0~18.4
	CS	300	60	0.082	20.9
			120	0.074	27.7
			180	0.073	27.11
			240	0.071	24.2
			360	0.068	25.2
	CS	360	10	0.088	19.6
			20	0.087	19.8
			30	0.082	21.1
			60	0.081	21.2
			90	0.066	26.0
			120	0.058	29.4
			180	0.053	32.5
QBe1.9	C	—	—	0.106	15~19
		300	180	0.087	
	CY_2(ε=20%)	—	—	0.114	
		300	180	0.083	
	CY(ε=50%)	—	—	0.114	15~19
		300	180	0.080	
	C(780℃退火)	—	—	0.060	22~28[②]
		300	180	0.055	
	退火后 ε=20%	—	—	0.064	
		300	180	0.057	
	退火后 ε=50%	—	—	0.068	
		300	180	0.058	
	C	370	20	0.070	—
	CY_2(ε=20%)			0.068	—
	CY(ε=50%)			0.064	—
QBe1.7	C, CY	—	—	—	15~19
	CS	320	100	0.06~0.078	26.85

续表 1-48

合金牌号	材料状态①			电阻率/μΩ·m	电导率/% IACS
	状态	时效温度/℃	时效时间/min		
QBe1.9-0.1	C	—	—	0.106	15～19
	CY	—	—	0.114	15～19
	CYS	300～370	20～180	0.06～0.08	22～28
QBe0.6-2.5	C，CY	—	—	—	20～30
	CS	480	120～180	0.036	45～60
	CYS	480	120～180	0.031	48～60
QBe0.4-1.8	C，CY	—	—	—	20～30
	CS	480	120～180	0.034	45～60
	CYS	480	120～180	0.029	48～60
QBe0.3-1.5	C，CY	—	—	—	20～30
	CS	480	180	0.034	50～60
	CYS	480	180	0.029	50～60

①材料状态：C 为固熔处理状态；CY 为固熔处理后冷轧；CY_4为固熔处理后冷轧加工率 10%；CY_2为固熔处理后冷轧加工率 20%；CS 为淬火（软时效）；CYS 为淬火+冷变形+时效（硬时效）。

②该数据在 CS 及 CYS 态热处理 320℃（2～3h）下获得。

表 1-49 镉青铜的物理性能

合金牌号	液相线温度/℃	固相线温度/℃	密度/$g \cdot cm^{-3}$	线膨胀系数（20℃）/$℃^{-1}$	热导率/$W \cdot (m \cdot ℃)^{-1}$	质量热容/$J \cdot (kg \cdot ℃)^{-1}$	电阻率/μΩ·m	电导率/%IACS
QCd1	1076	1040	8.4	16.92×10^{-6}	345	376.8	0.0192（20℃）	90（20℃）

表 1-50 钛青铜的物理性能

合金牌号	液相线温度/℃	固相线温度/℃	密度/$g \cdot cm^{-3}$	线膨胀系数（20℃）/$℃^{-1}$	电阻率/μΩ·m	电导率/%IACS
QTi6-1	—	—	8.4	1.504×10^{-6}	0.097	—
QTi7.10	—	—	8.59	1.66×10^{-6}	0.12～0.57	13～18

表 1-51 普通白铜的物理性能

性 能	合 金 牌 号			
	B0.6	B5	B19	B30
液相点/℃	1085.5	1121.5	1191.7	1228.7
固相点/℃	—	1087.5	1131.5	1172.6

续表 1-51

性　能	合 金 牌 号			
	B0.6	B5	B19	B30
密度/kg·m^{-3}	8960	8700	8900	8900
质量热容(20℃)/J·(kg·K)$^{-1}$	—		378	387
线膨胀系数(20℃)/℃$^{-1}$	—	16.4×10^{-6}	16×10^{-6}	15.3×10^{-6}
热导率(20℃)/W·(m·K)$^{-1}$	272.14	130.0	38.5	36.8～37.3
电阻率(20℃)/μΩ·m	0.31	0.70	0.289	—
电阻温度系数/℃$^{-1}$	0.002758(0℃) 0.003147(20℃)	—	0.00029(100℃) 0.000199(300℃) 0.000127(500℃)	—
弹性模量/GPa	120	—	140	150

表 1-52　锌白铜 BZn15-20 的物理性能

性　能	数　据	性　能	数　据
液相点/℃	1081.5	密度/kg·m^{-3}	8700
固相点/℃	—	电阻率(20℃)/μΩ·m	0.260
质量热容/J·(kg·K)$^{-1}$	399	电阻温度系数/℃$^{-1}$	2×10^{-4}
线膨胀系数(20～100℃)/℃$^{-1}$	16.6×10^{-6}	弹性模量/GPa	126～140
热导率(20℃)/W·(m·K)$^{-1}$	25.2～35.7		

表 1-53　铁白铜 BFe30-1-1 的物理性能

性　能	数　据	性　能	数　据
液相点/℃	1231.7	密度/kg·m^{-3}	8900
固相点/℃	1171.6	电阻率(20℃)/μΩ·m	0.420
质量热容/J·(kg·K)$^{-1}$	—	电阻温度系数/℃$^{-1}$	20.012
线膨胀系数(20～100℃)/℃$^{-1}$	16×10^{-6}	弹性模量/GPa	154
热导率(20℃)/W·(m·K)$^{-1}$	37.3		

表 1-54　锰白铜的物理性能

性　能	合 金 牌 号		
	BMn3-12	BMn40-1.5	BMn43-0.5
液相点/℃	1011.2	—	1291.8
固相点/℃	961	1261.7	1221.7
密度/kg·m^{-3}	8400	8900	8900

续表 1-54

性　能	合 金 牌 号		
	BMn3-12	BMn40-1.5	BMn43-0.5
质量热容(18℃)/J·(kg·K)$^{-1}$	409.5	410.3	
线膨胀系数(100℃)/℃$^{-1}$	16×10^{-6}	14.4×10^{-6}	14×10^{-6}(20℃)
热导率(20℃)/W·(m·K)$^{-1}$	21.8	20.9	24.4
电阻率(20℃)/μΩ·m	0.435	0.480	0.49～0.50(0℃,软状态)
电阻温度系数/℃$^{-1}$	3×10^{-5}	2×10^{-5}(20～100℃)	1.4×10^{-4} (0℃)
和铜配对时每1℃的热电势/mV	1	电极电位0.35	—
直径0.03～0.54mm线材的击穿电压/V	400	—	—
弹性模量/GPa	126.5	166	95(软态),120(硬态)
热膨胀(150℃)/mm·m^{-1}	—	—	2
热膨胀(500℃)/mm·m^{-1}	—	—	8

表 1-55　铝白铜的物理性能

性　　能	合 金 牌 号	
	BAl13-3	BAl6-1.5
熔点/℃	1184.7	1141.6
密度/kg·m^{-3}	8500	8700

1.4　铜合金的耐蚀性

1.4.1　黄铜的耐蚀性

在大气中，黄铜腐蚀得很慢；在淡水中，黄铜的腐蚀速度也不大；在海水中，则有可能达到0.1mm/a。随着温度的升高，腐蚀速度会加快。湿饱和蒸汽在高速时能引起冲击腐蚀。在坑内地下水中有$Fe_2(SO_4)_3$离子时，黄铜极易腐蚀。黄铜在某些介质中的腐蚀速率见表1-56。

表 1-56　黄铜在介质中的腐蚀速率

合金牌号	腐蚀介质	腐蚀速度/mm·a^{-1}	介质浓度/%	温度/℃	试验时间/h
各种黄铜	农村大气	0.0001～0.00075	—	—	—
各种黄铜	城市和海滨大气	0.0012～0.0038	—	—	—
各种黄铜	低速干燥纯净蒸汽	≤0.0025	—	—	—
各种黄铜	常温纯净淡水	0.0025～0.025	—	—	—
各种黄铜	常温海水	0.0075～0.1	—	20	—
各种黄铜	土壤水	3.0	—	—	—
各种黄铜	纯磷酸溶液	0.5	—	—	—

续表 1-56

合金牌号	腐蚀介质	腐蚀速度/mm · a^{-1}	介质浓度/%	温度/℃	试验时间/h
各种黄铜	苛性钠溶液	0.5	—	—	—
各种黄铜	含空气或较高温苛性钠溶液	1.8	—	20	—
各种黄铜	脂肪酸	0.25～1.3	—	—	—
各种黄铜	静置醋酸	0.025～0.75	—	—	—
各种黄铜	甲醇、乙醇、乙二醇	0.0005～0.006	—		—
各种黄铜	苦味酸	4.3		250	
H62	硫酸	0.01～0.2	0.01～0.05	20	336～840
H68	硫酸	0.05	0.01	50	336
HFe59-1-1	硫酸	0.14	0.5	190	100
HSn70-1	硫酸	0.6～1.0（增速）	浓的	20～40	720
HSn60-1	硫酸	0.36	2	80	500

黄铜特别是高锌黄铜易发生脱锌腐蚀和应力腐蚀破裂。为防止脱锌腐蚀，可在黄铜中加入不大于0.05%的砷。为防止应力腐蚀，黄铜制品和半成品必须进行低温退火，以消除内应力。

黄铜不应和铁、铝、锌接触。因为它们的电位不同，会发生电化学反应而迅速腐蚀。反过来，用铁、铝、锌作牺牲阳极可以保护黄铜。

1.4.2　青铜的耐蚀性

青铜的耐蚀性通常都优于纯铜，在大气、淡水和海水中有较高的耐蚀性。QSn4-0.3、QSn6.5-0.1和QSn6.5-0.4在天然海水中的腐蚀速度分别为0.03mm/a、0.03mm/a和0.04mm/a，QSn7-0.2合金在海水中腐蚀速度小于0.0018mm/a。铝青铜可在其表面生成一层保护膜，因而有优良的耐海水腐蚀性能。QAl10-4-4在海水中的腐蚀量为0.0075g/(m^2 · h)，在10%硫酸溶液中为0.024g/(m^2 · h)。QAl11-6-6在35%硫酸溶液中的腐蚀量为0.04g/(m^2 · h)。

铁青铜QFe2.5合金抗腐蚀能力强，基本上无应力腐蚀开裂倾向。

铍青铜的抗氧化性优于紫铜。合金在大气、淡水和海水中有很高的化学稳定性，晶间腐蚀倾向性小并能耐冲击腐蚀，在稀盐酸、乙酸和磷酸等介质中也有良好的耐蚀性。但在潮湿氨、硝酸、铬酸盐溶液中腐蚀速度较快。

硅青铜对大气、水蒸气、天然淡水、海水有很强的抗蚀性，因为其表面会形成一层致密而坚固的氧化膜。这层保护膜在上述介质流速不超过1.5m/s时，不会被破坏，但当流速过快、温度升高（如水温度超过60℃）或者水中含有二氧化碳和氧时，合金的腐蚀速度加快。

硅青铜在硫酸、盐酸、醋酸、柠檬酸等稀溶液中很稳定，升高温度则腐蚀速度加快，尤其是在浓酸中。

硅青铜对低浓度和温度不高的碱溶液有高的抗蚀性。此外，$Fe_2(SO_4)_3$有阴极去极化作用，所以含$Fe_2(SO_4)_3$的酸性矿泉水对硅青铜将产生强烈腐蚀；铬酸盐、氯化铁溶液和浓氯化锌溶液会强烈腐蚀硅青铜。

硅青铜在干燥的氯、溴、氟化氢、硫化氢、氯化氢、二氧化硫、氨等气氛中以及四氯化碳中均耐蚀。当这些介质中含有水汽时，合金耐蚀性降低。乙炔、潮湿氨、氢氧化铵、氯化铵、硝酸铵、铬酸、氯化铁、硫酸铁、潮湿硫化氢、汞、汞盐、硝酸、氰化钾、氢化钠、重铬酸钾、银盐、氢氧化钠、熔融硫、氰酸都会腐蚀硅青铜。

部分青铜合金在某些介质中的腐蚀速度见表1-57～表1-63。

表1-57　QSn4-4-2.5合金在不同介质中的腐蚀速度

介　质	温度/℃	腐蚀速度/$mm \cdot a^{-1}$
天然海水	—	0.028
人造海水	20	0.031
	40	0.07
10%硫酸溶液	20	0.242
30%乙酸溶液	20	0.03
10%盐酸溶液	20	7.39

表1-58　锡青铜对酸的抗蚀性

合金牌号	酸	浓度/%	温度/℃	腐蚀速度	
				质量/$g \cdot (m^2 \cdot h)^{-1}$	深度/$mm \cdot a^{-1}$
QSn6.5-0.4	硫酸	10	20	0.213	—
		10	80	0.746	—
		55	20	0.040	—
		55	80	0.217	—
QSn6.5-0.1	硫酸	0.5	190(1.2～1.4MPa)①	0.17	0.19
		12.5(发烟硫酸)	190(1.2～1.4MPa)①	0.58	0.55
		浓的	20	0.06	0.06
			40	0.13	0.13
	醋酸酐	生产过程中获得的冰醋酸		可　用	可　用
	硝酸铵	结　晶		—	有爆炸危险
	安叶林	纯　的		—	不可用
	氟化铵	溶　液		—	不可用
	乙　炔	潮湿的		—	（在480℃试验）不可用
	苯　胺	纯　的		—	不可用
	硫	熔　体		—	不可用
	甲　醇	—		—	可　用
	乙　醇	96		—	可　用
	丁　醇	—		—	可　用
	苯	纯　苯		—	可　用
	砷　酸	溶　液		—	可　用

①溶液蒸气压。

表 1-59　QAl9-2 合金在海水中的腐蚀速度

介　质	腐蚀速度		备　注
	质量/g·(m²·h)⁻¹	深度/mm·a⁻¹	
20℃人造海水	0.02	0.02	加工试样
40℃人造海水	0.03	0.03	加工试样

表 1-60　QAl9-2 合金在其他介质中的腐蚀速度

腐蚀介质	试验温度/℃	试验持续时间/h	腐蚀速度	
			质量/g·(m²·h)⁻¹	深度/mm·a⁻¹
30%乙酸溶液	20	720	0.03	0.03
30%乙酸溶液	40	720	0.24	0.28
铸造试样在10%盐酸溶液中	20	720	2.16	2.46
铸造试样在10%盐酸溶液中	40	720	7.44	5.86
压力加工试样在10%盐酸溶液中	20	720	1.31	1.50
压力加工试样在10%盐酸溶液中	40	720	6.28	7.36
浓硫酸	20	720	0.06	0.07
浓硫酸	40	720	0.31	0.36
20%硫酸铵溶液	20	720	0.03	0.03
40%硫酸铵溶液	40	720	0.05	0.054

表 1-61　QAl10-3-1.5 合金在不同介质中的腐蚀速度

介　质	温度/℃	腐蚀速度	
		质量/g·(m²·h)⁻¹	深度/mm·a⁻¹
人造海水	20	0.007	0.008
	40	0.012	0.013
30%乙酸溶液	20	0.03	0.03
	40	0.104	0.12
10%硫酸溶液	20～80	<0.20	<0.20
35%硫酸溶液	80	0.404	0.45
浓硫酸	20	0.03	0.033
	40	0.166	0.190

表 1-62　铬青铜的高温氧化性能

合金牌号	试样在不同温度下平均质量增加值/mg·$(cm^2 \cdot h)^{-1}$			
	500℃	600℃	700℃	800℃
纯铜	0.58	1.40	2.47	4.50
QCr 0.5	0.50	0.7	2.04	4.0
QCr 0.5-0.2-0.1	0.23	0.57	0.80	1.21

表 1-63　QSi3-1 硅青铜在不同介质中的腐蚀速度

介　质	温度/℃	腐蚀速度/mm·a^{-1}	介　质	温度/℃	腐蚀速度/mm·a^{-1}
大气	—	0.00025～0.0018	30%苛性钠溶液	60	0.048
矿井水	—	0.05～7.122	3%盐酸溶液	70	0.780
海水（静止）	20	0.01	10%盐酸溶液	25	0.091
海水（流动）	50	0.05	30%乙酸溶液	20	0.008
水蒸气	20	0.015		40	0.323
5%柠檬酸	20	0.04	10%硫酸溶液	25	0.058
10%硫酸铵	20	0.43	25%硫酸溶液	25	0.036
	40	0.59		70	0.094
氯化锌	20	0.013	浓硫酸溶液	20	0.390

1.4.3　白铜的耐蚀性

一般说来，白铜的耐蚀性均优于黄铜、紫铜和青铜等其他铜合金。而且，就普通白铜而言，随着镍含量的增加，耐蚀性能提高。

部分白铜在某些介质中的耐蚀性见表 1-64～表 1-66。

表 1-64　B19 在不同介质中的腐蚀速度

介　　质	温度/℃	浓度/%	腐蚀速度/mm·a^{-1}
工业大气	—	—	0.0022
海洋大气	—	—	0.001
农村大气	—	—	0.00035
淡水	—	—	0.03
海水	—	—	—
蒸汽冷凝水	—	—	0.1
蒸汽冷凝水	—	含 30% CO_2	
水蒸气	—	干的和湿的	
硝酸	—	50	
盐酸	—	2mol	

续表 1-64

介　质	温度/℃	浓度/%	腐蚀速度/mm · a^{-1}
盐酸	20	1	0.3
盐酸	20	10	0.8
硫酸	20	10	0.1
亚硫酸	—	饱和	2.6
氢氟酸	110	38	0.9
氢氟酸	38	98	0.05
无水氢氟酸	—	—	0.13
磷酸	20	8	0.58
醋酸	20	10	0.028
柠檬酸	20	5	0.02
酒石酸	20	5	0.019
脂肪酸	100	60	0.066
氨水	30	7	0.5
苛性钠	100	10 ~ 15	0.13

表 1-65　B30 白铜在氯化钠溶液中的腐蚀速度

介质	温度/℃	流速/m · s^{-1}	质量损失/g · $(m^2 \cdot h)^{-1}$	腐蚀速度/mm · a^{-1}
3% NaCl	40	静止	0.01323	0.0102
	40 ~ 50	8 ~ 11	0.0193	0.019

表 1-66　部分介质对铁白铜的腐蚀速度

合金牌号	介　质	温度/℃	腐蚀速度/mm · a^{-1}	介　质	温度/℃	腐蚀速度/mm · a^{-1}
BFe10-1-1	3% NaCl 溶液	40（静止）	0.0102 ~ 0.0164	3% NaCl 溶液	40 ~ 50（流速 8 ~ 11m/s）	0.048
BFe30-1-1	工业大气	—	0.002	水蒸气	—	0.0025
	海洋大气	—	0.0011	10% 硫酸水溶液	20	0.08
	乡村大气	—	0.00035	10% ~ 50% 苛性钠溶液	100	0.005
	淡水	—	0.03	7% 氨水	30	0.25
	海水	—	0.03 ~ 0.13			

B30 白铜在 50℃ 的 10% H_2SO_4 溶液中和 10% HNO_3 溶液中的腐蚀速度分别见图 1-1 和图 1-2。

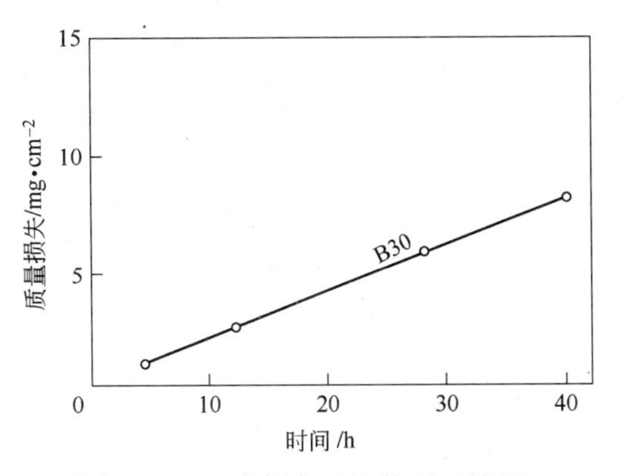

图 1-1 B30 白铜在 50℃的 10% H_2SO_4 溶液中的腐蚀速度

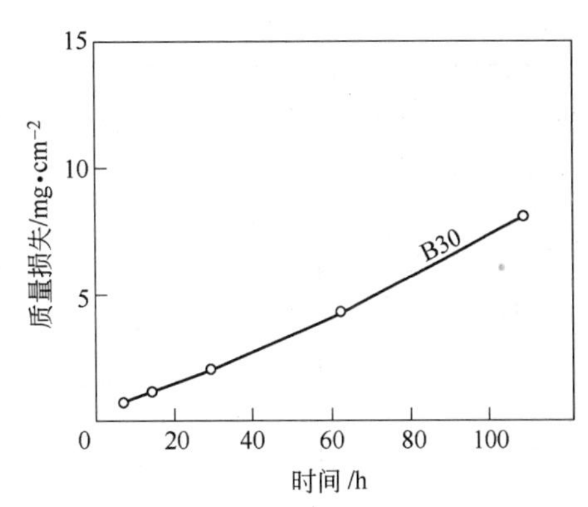

图 1-2 B30 白铜在 50℃的 10% HNO_3 溶液中的腐蚀速度

1.5 铜及铜合金的力学性能

1.5.1 纯铜的力学性能

纯铜的力学性能如表 1-67～表 1-70 所示。

表 1-67 普通纯铜的常规力学性能

品种	牌号	状态	δ 或 d/mm	σ_b/MPa	δ_{10}/%	δ_5/%
				不小于		
带材	T2 T3	M	0.05～2.0	206	30	—
		Y_2		245～345	8	—
		Y		294	3	—
板材	T2 T3	R	4～14	196	30	—
		M	0.5～10	196	32	—
		Y_2	0.5～10	245～343	8	—
		Y	0.5～10	295	—	—
棒材	T2 T3	Y	5～40	275	5	10
			>40～60	245	8	12
			>60～80	210	13	16
		M	5～80	200	35	40
		R	30～120	186	30	40
管材	T2 T3	Y	D≤100	315	—	—
			D>100～360	295	—	—
		Y_2	D≤100	235～345	—	—
		M	3～360	205	35	49

续表 1-67

品种	牌号	状态	δ 或 d/mm	σ_b/MPa	δ_{10}/%	δ_5/%
				不小于		
管材	T2 T3	R	D：30 ~ 300 S：5 ~ 30	186	35	42
	T2	M	D：0.5 ~ 3.0 d：0.3 ~ 2.5	205	35	
		Y_2		245 ~ 370	—	
		Y		345	—	
线材①	T2 T3	M	0.1 ~ 0.3	196	15	
			>0.3 ~ 1.0	196	20	
			>1.0 ~ 2.5	205	25	
			>2.5 ~ 6.0	205	30	
		Y	0.1 ~ 2.5	380	—	
			>2.5 ~ 4.0	365	—	
			>4.0 ~ 6.0	365	—	
		Y_2	1.0 ~ 6.0	235	15	

①线材伸长率实验的 $L_0 = 100$mm。

表 1-68　普通纯铜的典型力学性能

性　能	数　值		
	加工铜	退火铜	铸造铜
弹性极限 σ_e/MPa	280 ~ 300	20 ~ 50	—
屈服点 σ_s/MPa	340 ~ 350	50 ~ 70	—
抗拉强度 σ_b/MPa	370 ~ 420	220 ~ 240	170
伸长率 δ/%	4 ~ 6	45 ~ 50	—
断面收缩率 ψ/%	35 ~ 45	65 ~ 75	—
布氏硬度 HBS	110 ~ 130	35 ~ 45	40
剪切强度 σ_τ/MPa	210	150	—
冲击韧性 a_K/J	—	16 ~ 18	—
抗压强度 σ_y/MPa	—	—	157
镦粗率 φ /%	—	—	65

表 1-69　无氧铜的常规力学性能

品　种	牌　号	状　态	σ_b/MPa	δ_{10}/%
			不小于	
δ>0.3mm 的 板、带材	TU1 TU2	M	196	35
		Y	275	—

表 1-70　磷脱氧铜（TP2）的常规力学性能

品　种	状　态	δ，d 或 $D \times S$/mm	σ_b/MPa	伸长率/%	
				δ_{10}	δ_5
			不小于		
带　材	M	0.5～2.0	206	30	—
	Y_2		245～343	8	—
	Y		294	3	—
板　材	R	4～14	196	30	—
	M	0.5～10	196	32	—
	Y_2		245～343	8	—
	Y		295	—	—
棒　材	R	16～120	—	—	—
	Y	5～80	—	—	—
拉制铜管	M	(3～360)×(0.5～10)	206	35	40
	Y_2	≤100×(0.5～10)	235～343	—	—
	Y	≤100×(0.5～10)	314	—	—
		(100～360)×(0.5～10)	294	—	—
挤制铜管	R	(30～300)×(5～30)	186	35	42
毛细管	M	ϕ(0.5～3.0)×(0.3～2.5)	205	35	—
	Y_2		245～370	—	—
	Y		345	—	—
换热器铜管	M	(5～10)×(0.3～0.8)	206	40	—
	Y_2		245～314	—	—
	Y		294	—	—

1.5.2　黄铜的力学性能

黄铜的力学性能见表 1-71～表 1-79。

表 1-71　普通黄铜的室温力学性能

合金牌号	弹性模量/GPa	抗拉强度/MPa	屈服强度/MPa	弹性极限/MPa	疲劳强度/MPa	疲劳试验循环次数/次	伸长率/%	断面收缩率/%	冲击韧性/J·cm^{-2}	硬度HRB
H96	115	240/450	—/390	35/360	—	—	50/2	—	220	—
H90	115	260/480	120/400	40/380	8.5/12.6	$(50/50)\times10^6$	45/4	80	180	53/130
H85	115	280/550	100/450	40/450	10.6/14	$(100/300)\times10^6$	45/4	85	—	54/126

续表 1-71

合金牌号	弹性模量/GPa	抗拉强度/MPa	屈服强度/MPa	弹性极限/MPa	疲劳强度/MPa	疲劳试验循环次数/次	伸长率/%	断面收缩率/%	冲击韧性/J·cm^{-2}	硬度HRB
H80	1110	320/640	120/520	80/420	10.5/15.4	(90/50)×10^6	52/5	70	160	53/145
H75	110	340/590	110/540	80/450	12/15	—	58/6	—	—	—
H68	106	320/660	90/520	70/500	12/15	(100/100)×10^6	55/3	70	170	—/150
H65	105	320/700	91/450	70/450	12/13.5	(100/100)×10^6	48/4	—	—	—
H63	100	300/630	110/500	70/420	—	—	49/4	66	140	56/140
H62	100	330/600	150/200	80/420	12/15.4	(100/300)×10^6	49/3	66	140	56/164
H60	98	390/500	—	80/—	12/18.2	(100/500)×10^6	44/10	62	140	—/163

注：斜杠（/）前数据为软态，斜杠（/）后数据为硬态。

表 1-72　铅黄铜的典型力学性能

合金牌号	状　态	抗拉强度/MPa	屈服强度/MPa	伸长率/%	硬　度
HPb89-2	退火的	255	86	45	55HRF
	半硬的	360	310	18	58HRB
HPb66-0.5	退火 0.025mm	325	105	60	64HRF
	退火 0.050mm	360	135	50	75HRF
	拉制的	450	345	32	100HRF
	拉制硬态的	515	415	7	85HRB
HPb63-3	退火的	350	9	45	40HRB
	硬的	580	45	5	86HRB
HPb62-3	退火的	340	125	53	68HRB
	1/2 硬	400	310	25	28HRF
HPb59-1	退火的	420	148	45	44
	1/4 硬	620	420	5	80

表 1-73　无铅（易切削）黄铜的力学性能

合金牌号	状态	直径（或对边距）/mm	抗拉强度/MPa	伸长率/%
			不小于	
HBi59-1 HBi60-2 HBi60-1.3 HMg60-1 HSi75-3	Y_2	3～20	350	10
		>20～40	330	12
		>40～80	320	15
HBi60-0.5-0.01 HBi60-0.8-0.01 HBi60-1.1-0.01	Y_2	5～20	400	20
		>20～40	390	22
		>40～60	380	25

续表 1-73

合金牌号	状态	直径（或对边距）/mm	抗拉强度/MPa	伸长率/%
			不小于	
HSb60-0.9 HSb61-0.8-0.5	Y_2	4～12	390	8
		12～25	370	10
		25～80	300	18
	Y	4～12	480	4
		12～25	450	6
		25～40	420	10
HSi80-3	Y_2	4～80	295	28

注：矩形棒按短边长分档。

表 1-74 铝黄铜的典型力学性能

合金牌号	抗拉强度/MPa	屈服强度/MPa	伸长率/%	硬度 HRB	断面收缩率/%	冲击韧性/J · cm^{-2}
HAl77-2	360/600	80/540	50/10	65/170	58	
HAl66-6-3-2	740①	400①	7①			
HAl61-4-3-1	745②		6.5②	230②		
HAl60-1-1	450/760	200	50/9	80/170	30	
HAl59-3-2①	380/650	304	45/12	75/155	20	41

注：斜杠（/）前的数据是软态的，斜杠（/）后的数据是硬态的。
①铸态的。
②挤制的。

表 1-75 锰黄铜的典型力学性能

合金牌号	抗拉强度/MPa	屈服强度/MPa	伸长率/%	硬度 HRB
HMn62-3-3-0.7	600～700		10～20	170～200
HMn57-3-1	550/700	200/—	35/5	115/175
HMn58-2	440/600	156（铸态）	36/10	85/120

注：斜杠（/）前数据为软态，（/）后数据为硬态。

表 1-76 锡黄铜的典型力学性能

合金牌号	弹性极限/MPa	抗拉强度/MPa	屈服强度/MPa	伸长率/%	断面收缩率/%	硬度 HRB
HSn90-1	70/380	280/520	85/450	40/4	55	13/82
HSn70-1	85/450	350/580	110/500	62/10	70	16/95
HSn62-1	110/480	380/700	150/550	40/4	52	50/95
HSn60-1	100/360	380/560	130/420	40/12	46	50/80

注：斜杠（/）前的数据为600℃退火的，斜杠（/）后的数据为加工率50%的。

表 1-77　HFe59-1-1 的典型力学性能

抗拉强度 /MPa	屈服强度 /MPa	伸长率 /%	断面收缩率 /%	硬度 HRB	冲击韧性 /J · cm^{-2}
450/600	170/—	40/6	45	80/160	120

表 1-78　HNi65-5 合金力学性能

抗拉强度/MPa	屈服强度/MPa	伸长率/%	硬度 HB
380/800	140（软）	65/1.5（软/硬）	64/110（软/硬）

表 1-79　HSi80-3 的典型力学性能

抗拉强度/MPa	伸长率/%	硬度 HRB	硬度 HV	冲击韧性/J · cm^{-2}
300/600	58/4（软硬）	90/110（软/硬）	60/180（软/硬）	120 ~ 160

1.5.3　青铜的力学性能

青铜的力学性能见表 1-80 ~ 表 1-97。

表 1-80　加工锡青铜的典型室温力学性能

合金牌号	状态	弹性模量 E/GPa	抗拉强度 σ_b/MPa	比例极限 σ_p/MPa	屈服强度 $\sigma_{0.2}$/MPa	伸长率 δ/%	断面收缩率 ψ/%	冲击韧性 a_K/J	布氏硬度 HB	摩擦系数	
										有润滑剂	无润滑剂
QSn6.5-0.1	软态	—	350 ~ 450	—	200 ~ 250	60 ~ 70	—	—	70 ~ 90	0.01	0.12
	硬态	124	700 ~ 800	450	590 ~ 650	7.4 ~ 12	—	—	160 ~ 200	0.01	0.12
QSn6.5-0.4	铸件	—	250 ~ 350	100	140	15 ~ 30	—	50 ~ 60	—	0.01	0.12
	软态	—	350 ~ 450	—	200 ~ 250	60 ~ 70	—	—	70 ~ 90	0.01	0.12
	硬态	112	700 ~ 800	450	590 ~ 650	7.4 ~ 12	—	—	160 ~ 200	0.01	0.12
QSn7-0.2	软态	108	360	85	230	64	50	178	75	—	—
	硬态	—	500	—	—	15	20	70	180	0.0125	0.2
QSn4-0.3	软态	100	340	—	—	52	—	—	55 ~ 70	—	—
	硬态	—	600	350	540	8	—	—	160 ~ 180	—	—

表 1-81　加工锡锌铅青铜的拉伸性能

品　种	状 态	σ_b/MPa		$\sigma_{0.2}$/MPa	δ/%	ψ/%
		最小	最大			
QSn4-4-2.5（板材）	M	295	335	130	41 ~ 63	
	Y_3	420	480	—	10 ~ 22	
	Y_2	440	490	—	11 ~ 16	
	Y	540	620	275	5 ~ 11	

续表 1-81

品种	状态	σ_b/MPa		$\sigma_{0.2}$/MPa	δ/%	ψ/%
		最小	最大			
QSn4-4-4	M	294	343	127	46	34
	Y	539	637	274	2~4	—

表 1-82 铝青铜合金的拉伸性能

合金牌号	材料状态	σ_b/MPa	δ/%
QAl 9-2	M	441	20~40
	Y	588~784	4~5
QAl 9-4	R（棒）	540~686	18~41
	R（管）	520~657	19~38
QAl10-3-1.5	R（棒）	590~685	16~34
	R（管）	560~725	11~38
QAl10-4-4	R（棒）	657~843	8~38
	R（管）	657~814	7~30

表 1-83 QFe0.1 合金的典型力学性能

状态	σ_b/MPa	$\sigma_{0.2}$/MPa		δ_5/%	硬度 HRB
		负荷下延伸 0.5% 时	残余变形 0.2% 时		
带材（厚度 1mm）					
O60（软退火态）	310	—	140	25	38
O82（退火到 1/2 硬）	395	—	305	20	55
H02（冷轧到 1/2 硬）	395	—	305	9	55
H04（冷轧到 1/2 硬）	450	—	415	7	72
H06（冷轧到硬态）	485	—	460	3	75
H08（冷轧到弹性）	510	—	490	2	76
H10（冷轧到大弹性）	530	—	510	2	77
管材（外径 48mm×壁厚 3mm）					
O50（光亮退火）	290	160	150	30	—
O60（软退火）	255	83	76	40	—
H80（冷拔，40%）	385	360	360	7	—
管材（外径 5mm×壁厚 0.8mm）					
H55（小变形量冷加工）	290	215	205	35	

表 1-84　QFe2. 5 合金的典型力学性能

状　态	σ_b/MPa	$\sigma_{0.2}$/MPa	δ_5/%	硬度 HRB	疲劳强度/MPa
板带材（厚度 0. 64mm）					
O60（软退火）	310	150（最大）	29（最小）	38	110
O50（光亮退火）	345	160	28	45	—
O82（退火到 1/2 硬）	400	255	15	—	—
板带材（厚度 1mm）					
H02（1/2 硬）	400	315	18	68	—
H04（硬态）	450	380	7	73	145
H06（超硬）	485	465	3	74	—
H08（弹性）	505	486	3	75	148
H10（大弹性）	530	507	2（最大）	77	141
H14（超级弹性）	500（最小）	530（最小）	2（最大）	—	—
管材（外径 25mm×壁厚 0. 9mm）					
O60（软退火）	310	165	28	28	—
O50（光亮退火）	345	205	16	45	—
H55（小变形量冷拔）	400	380	9	61	—
H80（冷拔 35%）	470	455	2	73	—

表 1-85　硅青铜 QSi3-1 的拉伸性能

品种	状态	δ 或 d/mm	σ_b/MPa			δ/%		
			$\overline{X}$	最小	最大	$\overline{X}$	最小	最大
带材	M	0. 15 ~ 0. 4	480	450	540	53	46	62
	Y	0. 2 ~ 0. 7	7. 4	635	785	11	5	22
	T	0. 2 ~ 0. 6	810	755	885	7	5	13
板材	M	2. 0	420	—	—	61	—	—
	Y	0. 6 ~ 1. 0	665	600	735	14	8	19
	T	0. 8 ~ 2. 0	780	755	835	10	8	12
棒材	Y	5 ~ 12	595	500	685	19	11	29
		14 ~ 40	540	480	655	27	19	36
	R	20 ~ 60	435	390	480	51	36	53
线材	Y	0. 4 ~ 2. 0	1005	921	1078	—	—	—
		3 ~ 4	960	890	1060	2	1	4
		5 ~ 6	915	845	980	3	2	5

表 1-86　QSi1-3 的拉伸性能

品　种	状态	直径/mm	σ_b/MPa	δ_{10}/%
棒　材	R	20 ~ 80	490	10

表 1-87 铬青铜的拉伸性能

<table>
<tr><th>品种</th><th>状态</th><th>厚度或直径/mm</th><th>σ_b/MPa</th><th>δ_{10}/%</th><th>硬度 HBS</th></tr>
<tr><td>板材</td><td>Y</td><td>0.5～15</td><td></td><td></td><td>≥110</td></tr>
<tr><td rowspan="2">棒材</td><td>Y</td><td>5～40</td><td>≥390</td><td>≥5</td><td rowspan="2"></td></tr>
<tr><td>M</td><td>5～40</td><td>≥230</td><td>≥38</td></tr>
</table>

表 1-88 QBe1.9 合金加工材的力学性能

<table>
<tr><th>品种</th><th>材料状态</th><th>δ 或 d/mm</th><th>σ_b/ MPa</th><th>δ_{10}/%
（不小于）</th><th>硬 度</th></tr>
<tr><td rowspan="8">板带材</td><td>C</td><td rowspan="8">厚度 0.25
～6.0</td><td>390～590</td><td>30</td><td>≤140HV</td></tr>
<tr><td>CY_4</td><td>520～630</td><td>10</td><td>120～220HV</td></tr>
<tr><td>CY_2</td><td>570～695</td><td>6</td><td>140～240HV</td></tr>
<tr><td>CY</td><td>≥635</td><td>2.5</td><td>≥170HV</td></tr>
<tr><td>CS</td><td>≥1125</td><td>2.0</td><td>≥320HV</td></tr>
<tr><td>CY_4S</td><td>≥1135</td><td>2.0</td><td>320～420HV</td></tr>
<tr><td>CY_2S</td><td>≥1145</td><td>1.5</td><td>340～440HV</td></tr>
<tr><td>CYS</td><td>≥1175</td><td>1.5</td><td>≥370HV</td></tr>
<tr><td rowspan="10">棒材</td><td>M</td><td>5～40</td><td>400</td><td>30</td><td>≥100HB</td></tr>
<tr><td>R</td><td>20～120</td><td>400</td><td>20</td><td></td></tr>
<tr><td>D</td><td>35～100</td><td>500～660</td><td>8</td><td>≥78HRB</td></tr>
<tr><td>Y_2</td><td>5～40</td><td>500～660</td><td>8</td><td>≥78HRB</td></tr>
<tr><td rowspan="3">Y</td><td>5～10</td><td>660～900</td><td>2</td><td rowspan="3">≥150HB</td></tr>
<tr><td>>10～25</td><td>620～860</td><td>2</td></tr>
<tr><td>>25</td><td>590～830</td><td>2</td></tr>
<tr><td>TF00
（时效：(320±5)℃×3h）</td><td>5～40</td><td>1000～1380</td><td>2</td><td>30～40HRC</td></tr>
<tr><td rowspan="3">TH04
（时效：(320±5)℃×2h）</td><td>5～10</td><td>1200～1500</td><td>1</td><td>35～45HRC</td></tr>
<tr><td>>10～25</td><td>1150～1450</td><td>1</td><td>35～44HRC</td></tr>
<tr><td>>25</td><td>1100～1400</td><td>1</td><td>34～44HRC</td></tr>
</table>

表 1-89 QBe2 合金加工材的力学性能

<table>
<tr><th>品种</th><th>材料状态</th><th>δ 或 d/mm</th><th>σ_b/ MPa</th><th>δ_{10}/%
（不小于）</th><th>硬 度</th></tr>
<tr><td rowspan="8">板带材</td><td>C</td><td rowspan="8">厚度 0.25
～6.0</td><td>390～590</td><td>30</td><td>≤140HV</td></tr>
<tr><td>CY_4</td><td>520～630</td><td>10</td><td>120～220HV</td></tr>
<tr><td>CY_2</td><td>570～695</td><td>6</td><td>140～240HV</td></tr>
<tr><td>CY</td><td>≥635</td><td>2.5</td><td>≥170HV</td></tr>
<tr><td>CS</td><td>≥1125</td><td>2.0</td><td>≥320HV</td></tr>
<tr><td>CY_4S</td><td>≥1135</td><td>2.0</td><td>320～420HV</td></tr>
<tr><td>CY_2S</td><td>≥1145</td><td>1.5</td><td>340～440HV</td></tr>
<tr><td>CYS</td><td>≥1175</td><td>1.5</td><td>≥360HV</td></tr>
</table>

续表 1-89

品种	材料状态	δ 或 d/mm	σ_b/ MPa	δ_{10}/%（不小于）	硬　度
棒材	M	5~40	400	30	≥100HB
	R	20~120	400	20	
	D	35~100	500~660	8	≥78HRB
	Y_2	5~40	500~660	8	≥78HRB
	Y	5~10	660~900	2	≥150HB
		>10~25	620~860	2	
		>25	590~830	2	
	TF00（时效：(320±5)℃×3h）	5~40	1000~1380	2	30~40HRC
	TH04（时效：(320±5)℃×2h）	5~10	1200~1500	1	35~45HRC
		>10~25	1150~1450	1	35~44HRC
		>25	1100~1400	1	34~44HRC
线材	材料状态	硬化调质 σ_b/MPa			
		硬化调质前		硬化调质后	
	M	380~580		>1050	
	Y_2	550~800		>1200	
	Y	>80		>1300	

注：1. M 为软态，R 为挤制，D 为锻造。

2. TF00 为软时效态。

3. TH04 为硬时效态。

表 1-90　QBe1.9-0.1 加工铍青铜的力学性能

品种	材料状态	δ 或 d/mm	σ_b/MPa	δ_{10}/%（不小于）	硬度(不小于)
棒材	M	5~40	400	30	100HB
	R	20~120	400	20	
	D	35~100	500~660	8	78HRB
	Y_2	5~40	500~660	8	78HRB
	Y	5~10	660~900	2	150HB
		>10~25	620~860	2	
		>25	620~830	2	
	TF00（时效：(320±5)℃×3h）	5~40	1000~1380	2	30~40HRC

续表 1-90

品种	材料状态	δ 或 d/mm	σ_b/MPa	δ_{10}/%（不小于）	硬度（不小于）
棒材	TH04 （时效：(320±5)℃×3h）	5~10	1200~1500	1	35~45HRC
		>10~25	1150~1450	1	35~44HRC
		>25	1100~1400	1	34~44HRC

表 1-91 QBe1.7 合金加工材的力学性能

品种	材料状态	δ 或 d/mm	σ_b/ MPa	δ_{10}/%（不小于）	硬 度
板带材	CY_2	厚度 0.25~6.0	570~695	6	140~240HB
	CY		≥590	2.5	≥150HB
	CY_2S		≥1030	2.0	340~440HB
	CYS		≥1080	2.0	≥340HB
棒材	M	5~40	400	30	≥100HB
	R	20~120	400	20	
	D	35~100	500~660	8	≥78HRB
	Y_2	5~40	500~660	8	≥78HRB
	Y	5~10	660~900	2	≥150HB
		>10~25	620~860	2	
		>25	590~830	2	
	TF00 （时效：(320±5)℃×3h）	5~40	1000~1380	2	30~40HRC
	TH04 （时效：(320±5)℃×3h）	5~10	1200~1500	1	35~45HRC
		>10~25	1150~1450	1	35~44HRC
		>25	1100~1400	1	34~44HRC

表 1-92 其他加工铍青铜的力学性能

合金牌号	品种	材料状态	δ 或 d/mm	σ_b/MPa	屈服强度/MPa	δ/%	硬 度	
							HRB	表面
QBe 0.6-2.5	板带材	C		240~390	140~220	20~40	20~45	30T28~45
		CY		490~600	380~570	2~10	78~88	30T69~75
		CS (时效:480℃×(2~3)h)		700~920	560~710	10~25	92~100	30T77~82
		CYS (时效:480℃×(2~3)h)		770~950	660~850	8~20	95~102	30T79~83

续表 1-92

合金牌号	品种	材料状态	δ 或 d/mm	σ_b/MPa	屈服强度/MPa	δ/%	硬度	
							HRB	表面
QBe 0.6-2.5	棒材	M	5 ~ 40	240		20 *	≤50	
		Y		450		2 *	60	
		TF00（时效：(480±5)℃×3h）	5 ~ 40	690 ~ 895		6 *	92 ~ 100	
		TH04（时效：(480±5)℃×3h）	5 ~ 40	760 ~ 965		3 *	95 ~ 102	
QBe 0.4-1.8	板带材	C		240 ~ 290	140 ~ 220	20 ~ 40	20 ~ 45	30T28 ~ 45
		CY		490 ~ 600	380 ~ 570	2 ~ 10	78 ~ 88	30T69 ~ 75
		CS（时效：480℃×(2 ~ 3)h）		700 ~ 920	560 ~ 710	10 ~ 25	92 ~ 100	30T77 ~ 82
		CYS（时效：480℃×(2 ~ 3)h）		770 ~ 950	660 ~ 850	8 ~ 20	95 ~ 102	30T79 ~ 83
	棒材	M	5 ~ 40	240		20 *	≤50	
		Y		450		2 *	60	
		TF00（时效：(480±5)℃×3h）	5 ~ 40	690 ~ 895		6 *	92 ~ 100	
		TH04（时效：(480±5)℃×3h）		760 ~ 965		3 *	95 ~ 102	
	棒材	M	5 ~ 40	240		20 *	≤50	
		Y		450		2 *	60	
		TF00（时效：(480±5)℃×3h）	5 ~ 40	690 ~ 895		6 *	92 ~ 100	
		TH04（时效：(480±5)℃×2h）		760 ~ 965		3 *	95 ~ 102	

注：* 表示 δ_5 数据。

表 1-93　QMg0.8 的力学性能

品　种	d/mm	状态	σ_b/MPa	δ_{10}/%	$\delta_i/\sigma_b \times 100$
线材	0.34，0.37	Y	≥788	≥0.5	≥48

注：δ_i 为打结强度。

表 1-94　Glidcop（$Cu-Al_2O_3$）的力学性能

合金＼性能	室温性能		高温性能							
			220℃		420℃		650℃		925℃	
	σ_b/MPa	δ/%	σ_b/MPa	δ/%	σ_b/MPa	δ/%	σ_b/MPa	δ/%	σ_b/MPa	δ/%
Al-10	500	10	500	11	440	24	415	26	395	27
Al-35	585	11	570	12	545	12	535	13	510	13
Al-60	620	3	620	3	600	4	600	4	550	5

注：Al-10 数据取自 90% 冷加工度，Al-35、Al-60 数据均取自 55% 冷加工。

表 1-95　加工钛青铜的室温力学性能

合金牌号	状　态	抗拉强度 σ_b/MPa	屈服强度 $\sigma_{0.2}$/MPa	伸长率 δ/%	维氏硬度 HV	纵向弹性模量/GPa
QTi7.10-0.2（1mm 板材）	冷加工 60%	750～800	700～720	4.0～7.10	230～250	—
	850℃淬火	400～420	200～250	35～42	90～150	—
	400℃时效 2h	1000～1050	950～980	7.0～9.0	350～360	—
QTi7.10（1mm 板材）	冷加工 60%	700～750	650～700	2.5～7.10	220～228	—
	850℃淬火	400～450	250～270	30～35	120～130	—
	400℃时效(2～3)h	650～750	450～500	24～28	210～215	—
QTi7.10（0.35mm 带材）	冷加工 50%	700～750	600～650	3.0～4.0	230～240	125
	850℃淬火	380～420	250～300	15～25	—	—
	400℃时效 5h	380～700	500～550	15～25	220～230	118
QTi7.10（0.15mm 带材）	冷加工 50%	800～850	—	4.0～4.5	—	—
	850℃淬火	300～350	—	15～20	—	—
	400℃时效 2h	850～900	—	10～12	—	—
QTi6-1	850℃淬火	470～510	—	40～41	140	—
	冷加工	900～1080	—	1.5～7.10	297	—
	淬火时效①	1020	—	6.0	257	121
	冷加工后时效	1300	—	4.0	461	130

① 800～850℃淬火，350～400℃时效(2～3)h。

表 1-96　QZr0.2 合金力学和物理性能

材料状态	σ_b/MPa	$\sigma_{0.2}$/MPa	δ/%	硬度 HV	弹性模量/GPa	电导率/%IACS
980℃淬火，500℃时效 1h	260	134	19.0	83	—	90
900℃淬火，500℃时效 1h	230	160	40.0	—	—	83
900℃加热 30min 淬火，冷变形 90%	450	385	3.0	137	136①	70
900℃加热 1h，冷变形 90%，400℃时效 1h	470	430	10.0	140	—	90
980℃淬火，冷变形 90%，400℃时效 1h	492	428	10.0	150	133	83

①950℃固溶处理后，冷变形 54%，425℃时效 1h。

表 1-97　QCd1 合金的力学性能

品种	状态	厚度或直径/mm	σ_b/MPa（不小于）	δ_{10}/%（不小于）	硬度 HBS
带材	Y	0.3～1.2	392	—	—
板材	Y	0.5～10	390	—	—
棒材	R	20～120	196	35	≤75
	M	5～60	215	35	≤75
	Y	5～60	370	4	≥100
线材	M	0.1～6.0	275	20（1～100mm）	—
	Y	0.1～0.5	590～880	—	—
		>0.5～4.0	490～735	—	—
		>4.0～6.0	170～685	—	—

1.5.4　白铜的力学性能

白铜的力学性能见表 1-98～表 1-105。

表 1-98　普通白铜的典型力学性能

性　能	B0.6	B5	B10	B19	B30
抗拉强度 σ_b（软状态）/MPa	250～300	270（板）	350	400	380
（硬状态）/MPa	450（加工率 80%）	470（板）	585	800（加工率 80%）	—
伸长率 δ（软状态）/%	<50	50（板）	35	35	23
（硬状态）/%	2（加工率 80%）	4（板）	3	5（加工率 60%）	—
比例极限	—	—	—	100（软状态）	—
屈服强度	—	—	—	600（硬状态）	—
布氏硬度 HB①	50～60	38（软状态）	—	70（软状态）	—

①硬状态（加工率 70%）为 128。

表 1-99　锌白铜 BZn15-20 的力学性能

性　能	数据	性　能	数据
抗拉强度 σ_b（软状态）/MPa	380～450	弹性极限 σ_e（软状态）/MPa	100
（硬状态，加工率 80%）/MPa	800	屈服强度 $\sigma_{0.2}$（软状态）/MPa	140
伸长率 δ（软状态）/%	35～45	布氏硬度 HB（软状态）	70
（硬状态）/%	2～4	（硬状态）	160～175

表 1-100　BFe10-1-1 铁白铜典型的力学性能

合　金	品种	状态	δ 或 $D \times S$/mm	σ_b/MPa	δ/%
BFe10-1-1	板材	R	7～75	实测	实测
		M	0.5～10.0	275	28
		Y		373	3

续表1-100

合　金	品种	状态	δ或$D\times S$/mm	σ_b/MPa	δ/%	
BFe10-1-1	带材	M	0.05~1.20	275	25	
		Y		373	3	
	管材	M	(10~35)×(0.75~3.0)	300	δ_5/%	δ_{10}/%
					—	25
		Y_2		345	—	8
		M	(8~159)×(1~5.0)	290 ($\sigma_{0.2}$为90MPa)	30	25

表1-101　BFe30-1-1铁白铜典型的力学性能

性　　能	数　据	性　　能	数　据
抗拉强度σ_b(软状态)/MPa	380	疲劳强度σ_{-1}(软状态)/MPa	180
伸长率δ(软状态)/%	23~26	(硬状态)/MPa	220
(硬状态)/%	4~9	布氏硬度HB(软状态)	60~70
比例极限σ_p(软状管)/MPa	90	(硬状态)	100
弹性极限σ_e(软状态)/MPa	80		

表1-102　BMn3-12锰白铜的力学性能

性　　能	数据	性　　能	数据
抗拉强度σ_b(硬状态,加工率60%)/MPa	900	屈服强度$\sigma_{0.2}$(铸造状态)/MPa	140
(软状态)/MPa	400~550	(软状态)/MPa	200
伸长率δ(软状态)/%	30	布氏硬度HB(软状态)	120
(硬状态)/%	2		

表1-103　BMn40-1.5锰白铜的力学性能

性　　能	数据	性　　能	数据
抗拉强度σ_b(硬状态,加工率80%)/MPa	700~850	疲劳强度σ_{-1}(热轧棒材)/MPa	243
(软状态)/MPa	400~500	冲击功(铸造状态)/J	87
伸长率δ(软状态)/%	30	布氏硬度HB(铸造状态)	68
(硬状态,加工率80%)/%	2~4	(软状态)	75~90
面缩率ψ(铸造状态)/%	26	(硬状态)	155
(软状态)/%	71	电阻元件最高工作温度/℃	400
比例极限σ_p(软状态)/MPa	87	热电偶最高工作温度/℃	900

表 1-104　BMn43-0.5 锰白铜的力学性能

性　能	数据	性　能	数据
抗拉强度 σ_b（硬状态，加工率 80%）/MPa	700	弹性极限 σ_e（硬状态，加工率 50%）/MPa	100
（软状态）/MPa	400	8×10^6 次循环时的疲劳强度 σ_N（软状态）/MPa	190
伸长率 δ（硬状态，加工率 80%）/%	2	屈服强度 $\sigma_{0.2}$（铸造状态）/MPa	220
（软状态）/%	30	布氏硬度 HB（软状态）	85～90
断面收缩率 ψ（软状态）/%	72	（硬状态，加工率 80%）	185

表 1-105　铝白铜的力学性能

合金牌号	BAl13-3	BAl6-1.5
抗拉强度（软状态）/MPa	380	360
（硬状态）/MPa	900～950	650～750
伸长率（软状态）/%	13	28
（硬状态）/%	5	7
屈服强度（软状态）/MPa	—	80
布氏硬度 HB	260	210

1.6　铜及铜合金的工艺性能

1.6.1　压力加工性能

纯铜是面心立方晶体结构（fcc），常温下有 12 个滑移系，塑性变形能力极强，可以在冷、热状态下进行各种压力加工成型，如弯折、挤压、轧制、拉拔、旋压、冲压及自由锻、模锻等，可加工成各种形状，如板、带、箔、管、棒、线、型及其他特殊形状的产品。

热轧后的纯铜坯料冷轧总加工率可达 98% 以上。纯铜热挤压棒坯可以经过 85% 加工率冷拉成小直径棒材。完全退火后的纯铜线坯拉成细线的加工率可达 98%。

大多数铜合金都是单相 α 固溶体，因而大多数铜合金具有极好的冷、热压力加工性能，如普通黄铜、普通白铜和大部分高铜合金。普通黄铜在两次退火中间的冷加工率可达 65%～95%。铝青铜、普通白铜的变形抗力虽然较大，但在轧制带材时，连续轧制加工率可达到 70% 以上而不必进行中间退火。正因为如此，连续轧制、连续拉伸是铜加工生产最重要、最常用的方法之一。

具有第二相（如 β 相等）的高铅黄铜、高锡青铜、锌白铜等少数铜合金不宜热轧，但可以进行热挤压和各种冷加工。因此，几乎所有铜合金都可以采用连铸-冷轧或连铸-冷拔这样近终成型的短流程加工成材。

各种复杂铜合金受其合金特性影响，易产生成分和结晶组织偏析，给加工过程带来一定困难。但是，如果在铸造时采取低速、缓冷等工艺措施，减少铸造应力和偏析程度，并进行适当的均匀化热处理，这些合金仍然可以进行热、冷加工。

1.6.2　铸造性能

铜合金的铸造具有悠久的历史，自古以来，考古出土的各种青铜器种类繁多，大到铜鼎、铜钟等大型器物，小到铜槲、铜钱币等。目前，各种大型铜像、铜雕塑等仍然采用铸造的方式进行生产。同时，所有的加工铜合金均首先进行了铸造，而后进行了加工，因此铜及铜合金具有优良的铸造性能。

1.6.3　可焊性

铜合金适合于软钎焊和硬钎焊，许多铜及铜合金还可以用各种气焊、保护电弧焊和电阻焊进行焊接。添加少量磷可以提高铜合金材料的焊接性能。表 1-106 列出了主要铜合金所适宜的焊接方法。

表 1-106　主要铜合金所适宜的焊接方法

铜合金种类		熔化极气体保护焊	钨极气体保护焊	埋弧焊	电子束焊	电渣焊	激光焊	点焊	缝焊	硬钎焊	软钎焊	黏接	机械紧固
铜	无氧铜	B	B	D	B、E	D	E	D	D	A	A	C	A
	脱氧铜	A	A	D	B、E	D	E	D	D	A	A	C	A
高铜合金	镉铜合金	B	B	D	—	D	—	D	D	A	A	C	A
	铍铜合金	B	B	D	—	D	—	B	C	B	B	C	A
	铬铜合金	B	B	D	—	D	—	D	D	B	B	C	A
黄铜	红色黄铜	B	B	D	—	D	—	C	D	A	A	C	A
	普通黄铜	C	C	D	—	D	—	B	D	A	A	C	A
青铜	磷青铜	B	B	D	—	D	—	B	C	A	A	C	A
	铝青铜	A	A	D	—	D	—	B	B	C	C	C	A
	硅青铜	A	A	D	—	D	—	A	A	A	A	C	A

注：A 为最满意，B 为满意，C 为限制使用，D 为禁止使用，E 为试验性。

与其他金属相比，铜及铜合金在化学成分、物理性能方面有独特之处，焊接时有以下特点：

（1）热导率对铜及铜合金焊接性能的影响很大，焊接铜及铜合金时，焊接热量很快传入母材中，填充金属与熔池金属不易很好地熔合，易产生焊不透的现象，焊后变形比较严重，外观成型差。这是由于铜的高导热造成的，铜的热导率在20℃和1000℃时分别为393.6W/(m·K)和326.6W/(m·K)，比普通碳钢大7～11倍，使母材与填充物难以熔合。即使采用热输入集中的电弧焊方法来焊接导热系数较低的铜合金，也需要预热或焊接过程中同步加热。母材厚度越大，散热越严重，越难达到熔化温度。焊道层间温度应与预热温度相同。铜合金不像合金钢那样常进行焊后热处理，但可控制冷却速度以尽量减小残余应力和热脆性。焊接高导热的工业铜和低合金铜时，必须选用能保证最大热输入量的电流种类和保护气体，以补偿从焊接区迅速散失的热量。

（2）焊接时，铜能与其中的杂质生成熔点为270℃的（Cu+Bi）、熔点为326℃的（Cu+Pb）、熔点为1064℃的（Cu_2O+Cu）、熔点为1067℃的（Cu+Cu_2S）等多种低熔点共晶物。它们在结晶过程中分布在枝晶间或晶界处，使铜及铜合金具有明显的热脆性。同时铜和铜合金的膨胀系数和收缩率较大，增加了焊接接头的应力，更增加了接头的热裂倾向。为避免接头裂纹的出现，焊接时可采取一些冶金措施：严格限制铜中的杂质含量；增强对焊缝的脱氧能力，通过焊丝加入硅、锰、磷等合金元素；选用能获得双相组织的焊丝，使焊缝晶粒细化，晶界增多，使易熔共晶物分散、不连续。

（3）熔焊铜及铜合金时，气孔出现的倾向比低碳钢要严重得多。由于铜及其合金导热系数大，熔池停留时间短，使得焊缝中出现气孔的倾向加剧，成为铜及其合金熔焊的主要困难之一。所形成的气孔几乎分布在焊缝的各个部位。铜中的气孔主要是由溶解的氢直接引起的扩散性气孔和氧化还原反应引起的反应性气孔。减少或消除铜焊缝中的气孔，主要的措施是减少氢和氧的来源和用余热来延长熔池存在时间，使气体易于逸出。采用含铝、钛等强脱氧剂的焊丝，或在铜合金中加入铝、锡等元素都会获得良好的效果。

另外，铜中的镉、锌、磷等元素的沸点低，在焊接过程中这些元素的蒸发可能会形成气孔。因此，当焊接含有这些元素的铜合金时，可采用快速焊和含有这些元素的填充丝。

（4）铜及铜合金在熔焊过程中，由于晶粒严重长大、杂质和合金元素的渗入、有用合金元素的氧化、蒸发等，使焊接头性能发生很大的变化，如塑性严重变坏、电导率下降、耐蚀性能下降及接头力学性能降低等。改善接头性能的措施，除了减弱热作用、焊后进行消除应力热处理外，主要的冶金措施是控制杂质含量和通过合金化对焊缝进行变质处理。但有时这些措施是相互矛盾的。例如变质处理、细化焊缝组织可改善塑性，提高耐蚀性能，但会带来导电性能的下降，因此需要根据不同铜合金接头的要求来选用。

1.6.4 铜合金的切削性能

当铜合金加入铅等不溶于铜且易以游离质点状态分布在晶界上的元素，造成铜合金在切削时屑料在晶界处断裂，此时铜合金具有良好的切削性。由于游离的铅质点具有润滑和减磨的特性，因此，铅黄铜都具有最高的切削性能，切屑易碎，工件表面光洁，适宜于自动高速车床加工零件，同时可用作减磨零件。铜合金的切削性以 HPb63-3（C36000）的切削性为100%，其他则是相对于 HPb63-3 的切削性的比例。切削性最好的铅黄铜铅含量在3%左右。

总体说来，铜及铜合金的切削性能良好，紫铜类和大多数青铜、普通白铜约为20%，铝青铜、硅青铜等约为30%。而黄铜的切削性能则优于紫铜和一般青铜及白铜。含铅和锌的锡锌铅青铜如 QSn4-4-4 的切削性能可达 HPb63-3 的90%。主要黄铜合金的切削性能见表1-107～表1-109。

表1-107 普通黄铜相对于 HPb63-3 的可切削性

合金牌号	H96	H90	H85	H80	H70	H68	H65	H63	H62	H60
切削性/%	20	20	30	30	30	30	30	40	40	45

表1-108 铅黄铜相对于 HPb63-3 的可切削性

合金牌号	HPb89-2	HPb66-0.5	HPb63-3	HPb63-0.5	HPb62-3	HPb62-2	HPb61-1	HPb60-2	HPb59-1
切削性/%	80	60	100	40	100	90	70	80	80

表1-109 其他黄铜相对于 HPb63-3 的可切削性

合金牌号	HSn90-1	HSn70-1	HSn62-1	HSn60-1	HMn58-2	HSi80-3	HNi65-5
切削性/%	20	30	40	40	22.1	15	30

1.6.5 电镀性

铜具有良好的可镀性。铜合金可以被高熔点金属如 Ni、Ag、Cr 等电镀，也可以被低熔点的金属如 Sn、Zn 等电镀。

2 铜合金材料的加工方法

2.1 铜合金熔炼和铸造

2.1.1 熔炼

铜合金的熔炼是将原料（电解铜、铜合金废旧料等）熔化成金属液体，通过配制合金和精炼，使熔体化学成分符合要求并保持一定温度的过程。它包括配料—加料—熔化—（配制合金）—精炼—静置等作业过程。目前铜合金的熔炼一般采用感应熔炼电炉。

感应电炉适合于各种铜及铜合金的熔炼，具有熔体洁净、有利于保证熔体质量的特点。感应电炉根据炉型结构，分为有芯感应电炉和无芯感应电炉。其结构示意图见图 2-1 和图 2-2。有芯感应电炉具有生产效率高、热效率高的特点，适合于单品种连续化生产，如紫铜、黄铜。无芯感应电炉具有加热速度快、容易更换合金牌号的特点，适合于熔炼高熔点、多品种的铜合金，如青铜、白铜等。

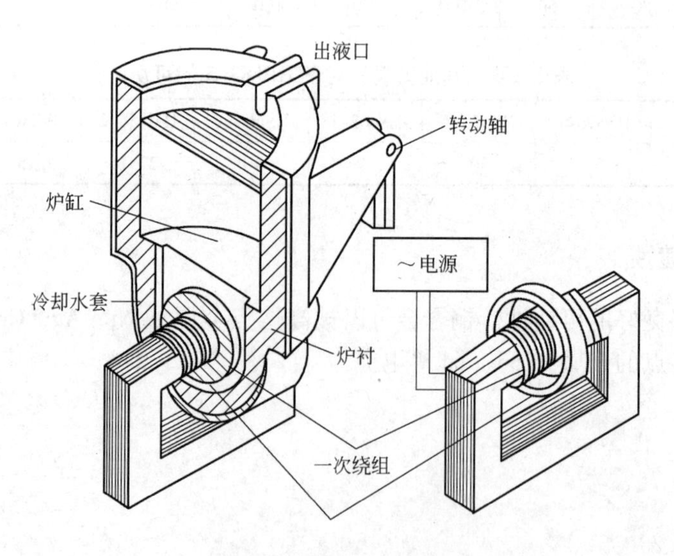

图 2-1　有芯感应电炉

真空感应电炉是为感应电炉配置了真空系统，适合于熔炼易吸气、易氧化的铜及铜合金，如电真空用无氧铜、锆青铜、铍青铜、镁青铜等。

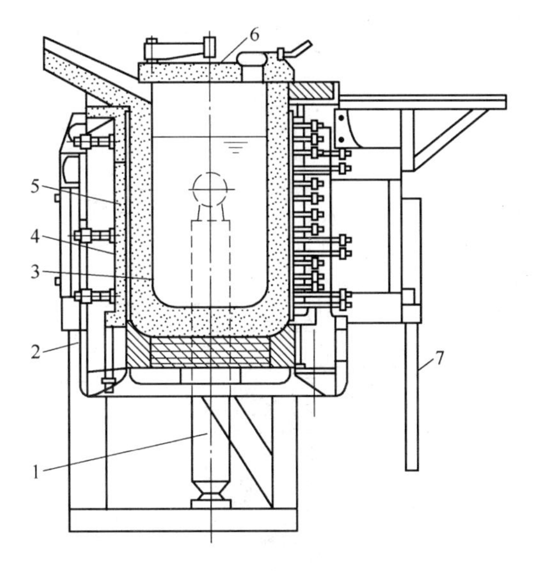

图 2-2　无芯感应电炉

1—倾动油缸；2—支架；3—炉衬；4—磁轭；5—感应器；6—炉盖；7—输电母线

反射炉和竖式炉仅适合于纯铜熔炼。反射炉熔炼可以对熔体进行精炼去杂，主要应用于废杂铜再生熔炼。竖式炉是一种快速连续化熔化炉，具有热效率高、熔化速度快、停开炉方便的特点，可采用燃气作为燃料。熔炼过程没有精炼，因此要求原料绝大多数为阴极铜。竖炉一般配合连续铸造机进行连续铸造，也可以配合保温炉进行半连续铸造。竖式炉结构如图 2-3 所示。

近年来铜及其合金无芯感应炉的容量有了较大的变化，以前一般容量较小，多为 0.5 ~ 1t，少有 3t 以上的；近年来随着技术的不断进步，无芯感应电炉 3 ~ 6t 的炉子已经多有应用。有芯感应炉通常在 3 ~ 5t，近年有大型化的趋势，20 ~ 30t 的已不少见。铜加工用反射炉一般在 30t 以上。一台竖炉可保证年产 6 万 ~ 10 万吨的线坯。

熔体除气及净化技术、感应体技术、炉衬及筑炉技术、转流及熔体保护技术是铜合金熔炼的四大关键技术，无论过去还是现在都是从业人员关注的重点。

2.1.2　铸造

铜及铜合金的铸造是将化学成分合格的熔体通过一定的铸型（结晶器）冷凝结晶成锭坯以便进行后续压力加工的过程。铜及铜合金的铸造一般分为立式半连续铸造、立式全连续铸造、水平连续铸造、上引连续铸造和铁模铸造等铸造方法。它们的示意图见图 2-4。

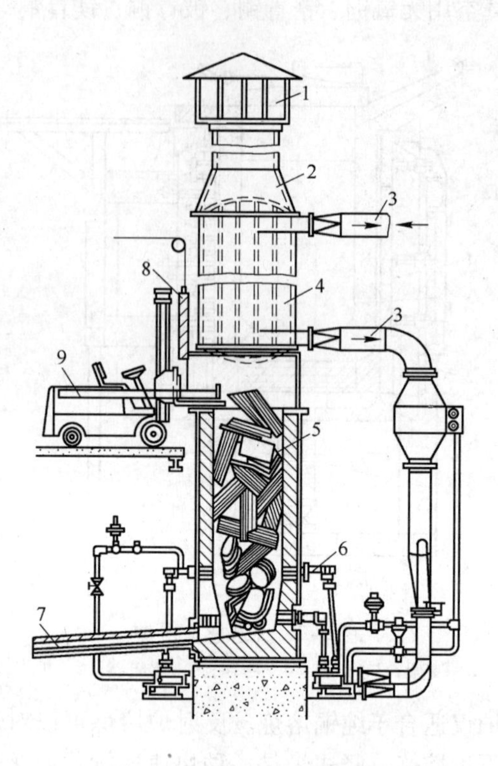

图 2-3　竖式炉结构示意图

1—烟罩；2—烟囱；3—冷热风管；4—护筒；5—炉膛；6—热风烧嘴；7—流槽；8—装料门；9—装料小车

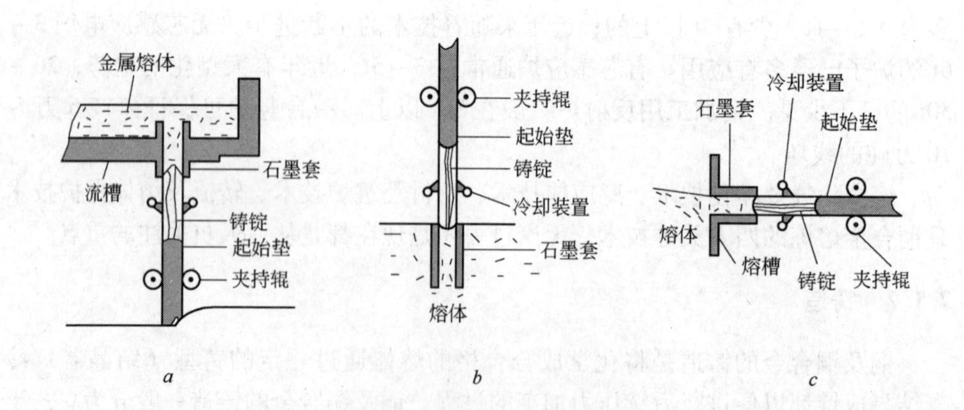

图 2-4　几种连续铸造示意图

a—下引式连续铸造示意图；*b* —上引式连续铸造示意图；*c* —水平式连续铸造示意图

2.1.2.1 立式半连续铸造

立式半连续铸造由于设备简单、生产灵活，适合于铸造各种铜合金圆锭、扁锭，是目前铜合金铸造生产广泛采用的铸造方法。该铸造机传动方式分为液压、丝杠和钢丝绳三种。液压铸造机因运行平稳，目前被广泛采用。

2.1.2.2 立式全连续铸造

立式全连续铸造具有产量大、成品率高（约达98%）的特点，适合于大规模、连续化生产品种、规格单一的铸锭，已成为现代大型铜板带生产线上熔铸工序的主要生产方式之一。该铸造结晶器采用非接触式激光液面控制，铸造机采用液压夹持、机械传动、在线锯切等，设备结构复杂，自动化程度高。

2.1.2.3 水平连续铸造

水平连铸可以生产带坯、管棒线坯。水平连铸带坯原本为生产热轧困难、易开裂的铜合金，如锡磷青铜、铅黄铜等产品而开发的，而目前为了减少设备投入，缩短工艺流程，紫铜类合金也开始采用该方法生产。为了提高生产效率，水平连铸带坯变一头（流）铸造为多头（流）铸造。一般带材的厚度为14～20mm，宽度为350～650mm。管棒线坯的水平连铸根据不同合金和规格可以同时铸造1～20根坯料。一般棒线坯的直径为6～400mm；管坯外径为25～300mm，壁厚为5～50mm；方锭边长为20～300mm。水平连铸的优点在于生产工序短、制造成本低、生产效率高，但存在石墨工具消耗量大、铸坯在横断面上的结晶组织上下均匀性不易控制等缺点。

2.1.2.4 上引连铸法

上引连续铸造是近20年来迅速发展起来的铸造技术，被广泛应用于光亮铜线杆的生产。它利用真空（负压）吸铸原理，采用停-拉技术实现连续多头铸造。该方法具有设备简单、投资少、金属损耗少、环境污染程度低等特点。上引连铸一般适宜于紫铜、无氧铜线坯的生产。近年来正在开发大直径管坯和黄铜、白铜的上引连铸技术，并在ϕ100mm以上管坯的上引铸造、二元普通黄铜和锌白铜等三元合金线坯的上引连铸上得到应用，取得良好效果。

2.1.2.5 铁模铸造

该方法多用于单个铸件和铸坯的生产、试验，生产效率较低。

2.1.2.6 其他铸造技术

近年来，电磁辅助铸造技术得到了长足的发展和应用，其主要特点是改善铸锭内部组织的均匀性，降低工模具费用；定向凝固铸造技术由于具有表面质量优良、组织更加均匀纯净等特点，其定向铸造管坯技术的开发已基本完成；轮带式连铸紫铜线坯技术已在大型生产上普遍采用，生产效率极高。

铜合金的铸造新技术的发展方向是根据凝固理论通过定向凝固、快速凝固、半固态成形、电磁搅拌、变质处理、液面自动控制等多种技术手段和改进结晶器结构，使铸坯的组织更加细化、致密、均匀、纯净，并实现连续化作业和近终成形。

2.2　铜合金板带箔材的加工方法

轧制是生产金属板带的基本方法，它是一种使轧件在两根互有一定压力且旋转方向相反的轧辊形成的缝隙之间产生由厚变薄的碾压变形过程，如图 2-5 所示。

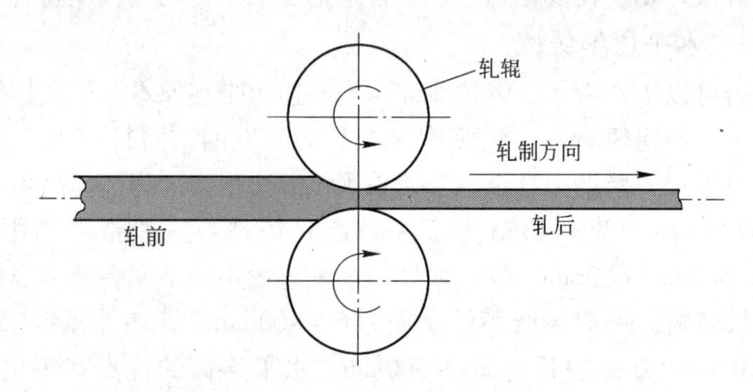

图 2-5　轧制变形示意图

铜合金板带生产根据供坯方法的不同可以分为铸锭轧制法、铸锭锻造轧制法、连铸带坯轧制法、挤压坯料轧制法四种。

（1）铸锭轧制法，通常为热轧制，是先将铜及铜合金铸成尺寸较大的铸锭，将其加热到一定的温度（即高于合金材料的再结晶温度，一般相当于合金熔点温度的 0.8～0.9），热轧成板坯或带坯。这是铜加工板带材传统的制坯方法，也是至今仍普遍应用的方法。它产能大、效率高，适宜多品种、大规模生产。

（2）连铸带坯轧制法，一般指水平连铸的方法生产带坯。近年来，有厂家利用上引法铸出了 320mm 及更宽的带坯。连铸法供坯较薄，一般为 14～16mm，直接进行冷轧及其后续工序而省去了加热和热轧。这种方法制坯流程短、节能、成本低。由于连铸速度慢，生产效率较低。一套双流连铸 400mm 宽带坯机组，年产带坯也只有 1 万吨左右。当然，相比减少了加热和热轧，其设备投资也较少。

（3）挤压轧制法，主要指利用上引连铸杆经连续挤压成带坯的方法。这种方法已经在铜排生产中显示出明显优势。目前，一些厂家已完成生产 300mm 宽带坯试验。人们之所以对该方法感兴趣，主要是由于该方法的投资较铸锭热轧法低得多的缘故。

(4) 铸锭锻造轧制法，仅用于少数特殊情况，如高强度、高导电的铜-铬-锆合金板坯等。铸锭经过热锻改善了塑性；也可以通过镦粗加大截面面积，为保证冷变形加工率创造条件；还可以通过改变锻造方向改善加工材组织的方向性，等等。

铜合金板带箔材的生产流程主要由热轧、铣面、冷轧、热处理、表面清洗、拉弯矫、剪切等工序组成。其中箔材的生产除了采用压力加工的方法外，还可以用电解的方法获得。

2.2.1　热轧

热轧是板带箔材生产中铸锭开坯的主要手段。充分利用合金材料在高温条件下具有优异的塑性这一特点，从而以较小的轧制力实现较大程度的变形。热轧的铸锭一般由半连续、连续铸造或铁模铸造提供。铸锭规格的选择应考虑产品的品种、规格、生产规模、轧机设备条件及铸造方式等。铸锭的厚度一般与轧辊的直径之比为1：(3.5～7)，同时不超过轧机的开口度；在设备、工艺条件允许的情况下增大铸锭的厚度，可以提高生产效率和成品率。铸锭宽度通常等于或数倍于成品宽度，并适当考虑宽展量及切边量；一般铸锭宽度还应控制在轧辊长度的80%以内。铸锭的长度在满足终轧温度及辊道长度的条件下，尽量增加铸锭的长度，以提高生产效率和成品率。

中小型铜加工厂铸锭规格一般为(60～150)mm×(220～450)mm×(2000～3200)mm，锭重为1.5～3.0t；大型铜加工厂的铸锭规格一般为(150～250)mm×(620～1250)mm×(2400～9000)mm，锭重为4.5～20t。

热轧机一般为两辊轧机，轧辊润滑采用水或乳液。热轧加工率一般为90%～95%。由于热轧后带坯需要铣面，因此热轧带坯的厚度不宜太薄，一般为9～16mm。

铸锭的加热温度通常根据合金材料的高温性能曲线确定，加热时间则根据加热炉的情况、铸锭大小和装炉量确定，应保证铸锭加热温度均匀。合金组织偏析严重的铸锭在加热时应适当延长时间。现代加热炉常采用步进式燃气加热炉，空气预热、空-燃比自动调节、平焰烧嘴。这种加热炉加热速度快、热效率高。

为适应某些时效强化型合金板带在生产过程中固溶淬火的需要，在热轧出口侧设置了冷水喷淋系统（亦称在线淬水系统）。它可以在较短的时间内使带坯的温度从700℃左右或更高的温度迅速降至300℃以下甚至更低。

为提高产品精度和表面质量，现代热轧机本体应用了电动压下、液压微调的压下系统、轧辊分段冷却系统、液压弯辊或液压垫系统、强力夹持对中系统、立辊轧边系统及厚度自动控制系统，进一步提高了热轧机的装机水平和控制精度，为生产高精度薄板带提供了可靠的保障。

2.2.2 铣面

为了去除热轧带坯表面的氧化皮及带坯的表面缺陷，从而获得良好的冷轧坯料，通常要对热轧后的带坯进行表面和侧面的铣削。单道次铣削量为0.25～0.5mm/面，侧边铣削量为2～5mm，铣面机的铣削带坯厚度一般为7～20mm。

现代铣面机多为双面铣。包括开卷机、矫直机、侧铣装置、上面铣、下面铣、收屑装置、清刷装置、卷取机等，见图2-6。在铣面机组布置上，对于采用铸锭热轧供坯，铣面机为独立机组；对水平连铸带坯可以在线铣削（只有一套连铸生产线时），也可以独立成线（有两套以上连铸生产线时）。

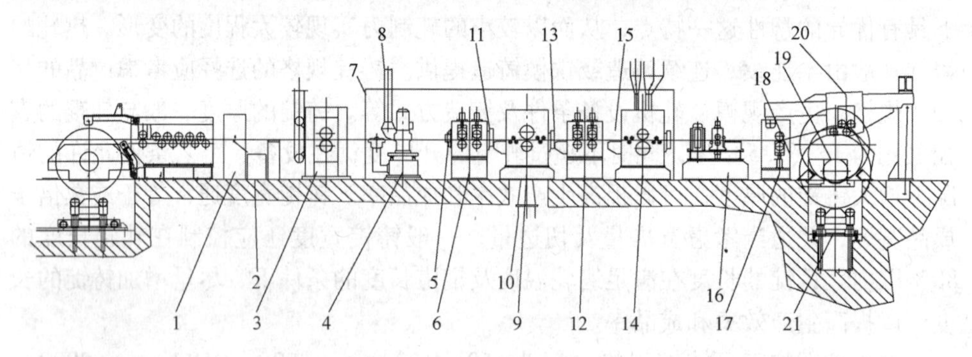

图2-6 双面铣机列的组成

1—液压剪；2—废料箱；3—除氧化皮辊刷；4—铣边机；5—边部倒角装置；6—喂料辊（1）；7—隔声罩；8，10—抽屑装置；9—下面铣；11—测厚仪（1）；12—喂料辊（2）；13—测厚仪（2）；14—上面铣；15—测厚仪（3）；16—清洗装置；17—夹紧辊；18—衬纸机；19—张力卷取机；20—预弯辊；21—卸料车和称重装置

铣刀质量及刀片固定方式对铣削质量产生直接的影响。目前铣刀主要有焊接式铣刀和镶嵌式铣刀两种。焊接式铣刀由于刀片焊接固定，铣削均匀，其表面质量较好，但铣刀需要由专业厂家进行维护，费用较高；镶嵌式铣刀在铣削过程中会由于振动等原因产生松动，造成铣削不均、打刀等现象，影响铣削质量。

铣面后带坯的卷取质量也是影响带坯表面质量的关键因素。如果说铣面质量直接影响着带坯的表面质量，进而影响带材的表面质量，那么卷取质量则间接影响带坯表面质量。料卷卷紧卷齐，避免带坯在吊运、开卷过程中产生层间窜动而造成带坯表面擦划伤。一般为了防止铣面后带坯在卷取、吊运过程中产生的擦划伤，在料卷的层间衬纸（蛇皮纸）是较好的方法。

带坯铣面后卷取多采用三辊无芯卷取，在生产高强度、高弹性合金时，卷紧卷齐有一定难度。目前，在铣面机上采用张力卷取技术，可以较好地解决高强度带坯的卷取问题，提高卷取质量。

2.2.3 冷轧

冷轧是铜合金板带材生产中的重要工序之一，通过冷轧变形使产品达到预定的厚度规格。根据用途，一般把冷轧机分为初轧机、中轧机和精轧机，它们的差异主要表现在生产产品的厚度及厚度公差、板形、张力及表面质量控制水平及其配置的不同。初轧机主要用来开坯轧制，如对热轧坯料和水平连铸坯料进行轧制，也可以作为中轧机生产较厚的带材产品；精轧机主要用来轧制厚度较薄、精度要求较高的带材产品。从轧制工艺控制程度来说，冷轧分为初轧、中轧、预精轧及精轧。就薄带生产而言，对热轧带坯及连铸带坯进行轧制，轧制后带材厚度为2～6mm的称为初轧；在初轧和成品轧制之间的冷轧过程称为中轧，厚度一般为0.5～2.0mm；对较薄带材成品的轧制称为精轧，厚度一般为0.05～0.5mm。

在冷轧过程中一般要确定总加工率及道次加工率，并借此得到厚度公差、表面、板形和一定性能的板带材。冷轧机一般采用4辊或多辊轧机（如图2-7所示），其工艺润滑与冷却在轧制过程中非常重要，它对带材的表面质量、产品精度、轧机的高速平稳运行及生产效率均产生较大影响。初轧机大多采用乳液润滑，精轧机一般采用全油润滑。与热轧机相比，冷轧机具有较高的控制精度及自动化程度，如采用的液压弯辊技术、厚度在线测量及闭环控制技术、压力、张力控制技术、轧辊分段冷却、板形自动控制、轧件自动对中等技术，使带材的尺寸精度更高、板形更平整（0.25mm±0.005mm，板形5I）。

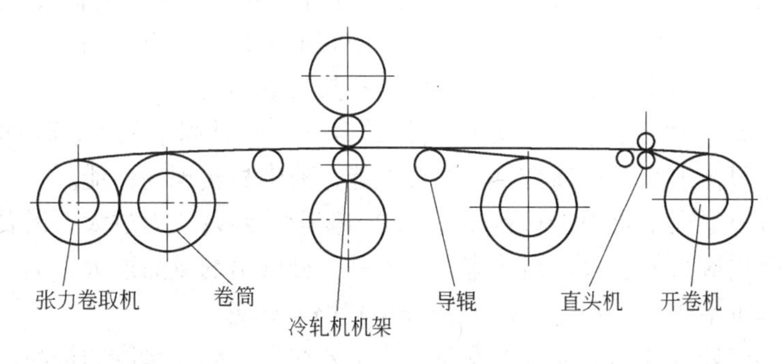

图2-7 4辊冷轧机示意图

目前常用的冷轧机有2辊、4辊、6辊、12辊、20辊，常用的精轧机有4辊、6辊、20辊。其中，初轧和精轧都使用4辊轧机，应用也最为普遍。20辊轧机是目前铜带材轧机使用辊系最多的轧机。由于其辊系结构复杂、设备费用高、维护费用大，因此，近年来带有液压技术、窜辊技术，价格相对较低的6辊轧机发展势头较好。

冷轧技术的发展趋势主要表现在轧机的高速度、高精度、液压控制、多辊系，压力、厚度、板形等闭环控制技术及在线直观显示，同时重视冷却与润滑、对中及卷取、快速换辊、表面除油及轧制油过滤等精细化技术的提高。

2.2.4 热处理

带坯的热处理分为均匀化退火、中间退火、成品退火及时效处理等。目前带材的热处理均采用具有保护气氛的罩式炉、气垫炉、立式牵引炉及真空炉等设备。罩式炉也称钟罩炉（见图 2-8），是一种间隙式退火设备。它与同等生产能力的气垫炉相比，其建设投资仅是气垫炉的一半或三分之一。它具有辅助设施简单、占地少、能耗低，生产比较灵活等特点。现代罩式炉的热效率可达 55% 以上，具有较高的生产效率，适合于带卷的中间退火和成品退火。气垫式退火炉是一种连续式光亮退火炉组。它由开卷机、缝接机、活套塔、除油清洗机、退火炉本体、酸洗、清洗、钝化、烘干、卷取机等组成。带材在炉内靠被加热的保护气托起并由炉外 S 辊牵引而不用辊道传送（见图 2-9），这就避免了带材在热状态下被辊道擦、划伤的危险。它退火温度均匀，带材性能的一致性比钟罩炉好。对于 0.25mm 以下（特别是 0.15mm）的带材而言，在钟罩炉内退火时带材层间易粘连，而气垫炉则避免了此类问题。

均匀化退火是材料在高温下依靠原子扩散使材料的合金成分或组织趋于均匀的过程。常用于铸造过程中具有枝晶偏析或铸造应力严重的合金，如锡磷青铜等，退火温度为 600 ~ 750℃。

一般铜合金在冷加工过程中加工硬化达到一定程度时，均需要进行中间退火，使材料软化，便于进一步加工变形。中间退火是完全再结晶退火，它消除了材料中各种位错等变形组织。退火后的材料具有最好的塑性和最低的变形抗力。

时效热处理主要用于可热处理强化的合金。通过固溶-冷变形-时效处理，改变带材的显微组织，提高带材的综合性能，使带材实现高性能。

消除应力退火主要用于材料经过不均匀变形后残余应力过大，需要对成品带材进行消除内应力的退火。消除应力退火是一种低温的成品退火，退火后材料的强度指标基本不改变，塑性指标（伸长率）略有改善。

带材的热处理技术及装备的发展趋势主要在于：温控精度的提高及炉内整体气氛的均匀一致性控制、连续式光亮退火炉的密封控制技术的提高等。

2.2.5 表面处理

带材在生产过程中其表面不可避免地附着有各种有机和无机污染物，这些污染物残留在带材表面会引起带材表面腐蚀、变色，因此带材的成品工序需要对带材进行脱脂清洗、酸洗和钝化等表面处理。表面清洗主要去除带材表面的油脂类污染物、氧化物等，包括酸液、碱液的清洗和表面的刷洗；钝化主要是利用清洗

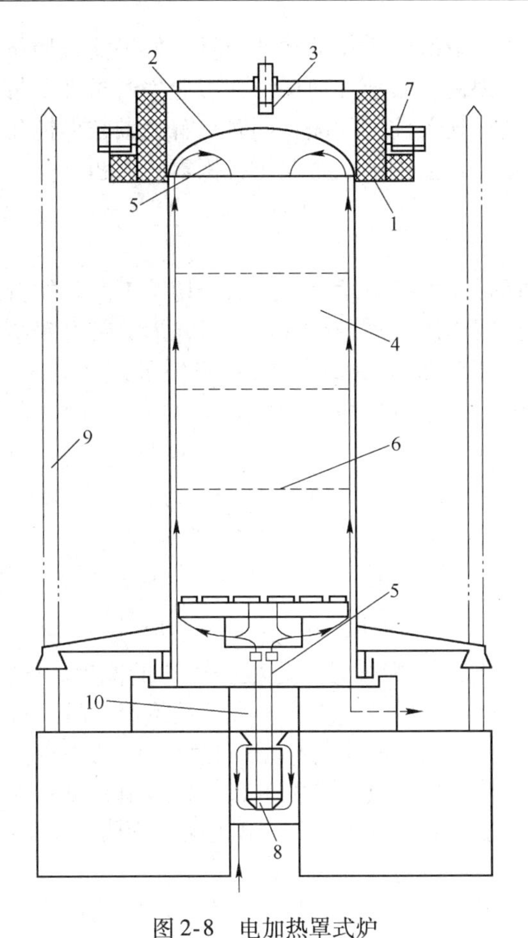

图 2-8 电加热罩式炉

1—冷却罩；2—内罩；3—喷水装置；4—料卷；5—气流方向；6—对流盘；7—冷却风机；8—循环风机；9—导向柱；10—密封装置

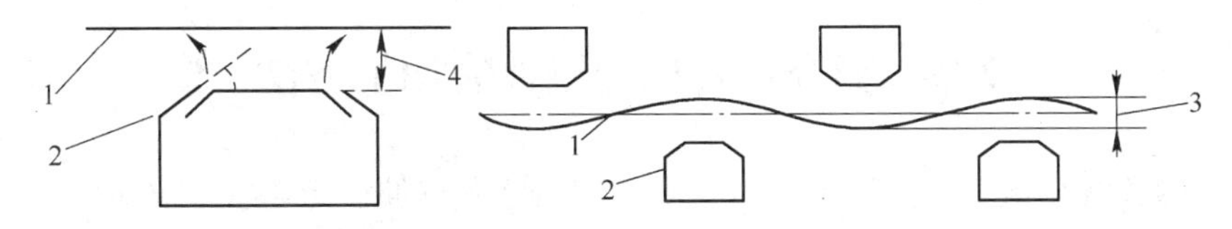

图 2-9 气垫炉炉内带材状况示意图

1—铜带；2—喷嘴；3—漂浮波浪度；4—漂浮高

干净的带材通过钝化液（BTA 及其衍生物）与铜合金的表面发生化学反应，生成一种致密的钝化膜，从而起到保护铜带表面与空气隔离的作用。目前清洗和钝化已成为铜板带不可缺少的生产工序。表面处理可以单独成为一条生产线，也可以和连续式退火炉连在一起，使带材同时完成清洗、退火和钝化。

表面处理质量主要取决于带材的清洗质量，如果清洗质量达不到要求，则钝化效果也很难保证。因此，目前如何保证在工业生产条件下带材的洗净率及带材清洁度是铜加工企业热切关注的问题；同时，解决颗粒形钝化剂的溶解问题、选用高效的钝化剂等也是目前铜加工企业正在探索的课题。

2.2.6 精整包装

带材的精整包括带材的拉弯矫直、成品分切等工序。拉弯矫直机主要是通过张力和反复弯曲的共同作用，对带材进行矫形并消除带材残余应力，是高精度带材生产不可缺少的重要设备（图 2-10）。拉弯矫处理的带材厚度一般为 1.0mm 以下。处理后带材的板形可以提高 5 ~ 10 倍。

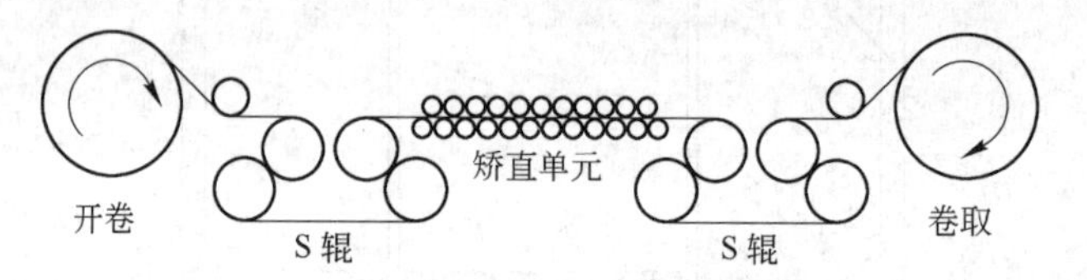

图 2-10 拉弯矫直机列的组成

剪切分为纵切（剖条）和横切，是根据用户的宽度、长度及卷重的要求进行分切。剪切是板带材生产的最后工序，直接关系着产品质量，因此选配合理的剪切工具、减少带材在剪切过程中的擦划伤是该工序的关键。目前，高精度的纵剪设备均选用微米级精度的刀具，且配备有刀具的抛光机；同时为了减少带材的擦划伤，在卷取张力的建立方式上进行技术创新。例如，对软、薄带材采用真空辊，大大减少了由张力系统造成的表面擦划伤。

近年来，铜合金板带材的包装更趋于标准化和规范化。从包装材料到包装工艺、从包装理念到包装外形，逐步与国际接轨。目前，大型的铜板带生产企业采用自动化包装线，使剪切后的带材直接进入包装线，减少了不必要的运输、吊运环节，也减少了由此造成的成品伤害，提高了生产效率。

2.3 铜合金管棒型线材的加工方法

管棒型线传统的生产方式是挤压—(轧制)—拉伸。近年来，连铸（上引、水平或轮式、履带式)—(轧制)—拉伸的生产方式得到迅速应用推广。连续挤压技术则是棒型线生产技术的一项重大创新。目前，该技术已在棒材、管材、型材、异形线材等方面取得成熟应用。铜带焊接成形生产管材的方式在国外应用较多，我国在特定的使用领域已开始应用，并将会有所发展。

2.3.1 挤压

挤压是将铸锭放在挤压筒中，通过挤压轴和挤压垫向其施加压力，使其变形并从模孔中挤出的压力加工方法。挤压是一种成熟的、先进的铜合金管棒型材生产及供坯方式。通过更换模具或采用穿孔挤压的方式可直接挤出各种合金、不同断面形状、接近成品规格的管棒型坯或管棒型材。通过挤压，将铸锭的铸造组织变为加工组织。目前，挤压法是国内外铜管棒材生产采用的一种主要生产方式。

挤压法分为正向挤压、反向挤压和特殊挤压三种。正向挤压是指制品挤出方向与挤压力方向相同的挤压行为；反向挤压则是挤出方向与挤压力方向相反；特殊挤压是指静液挤压等其他挤压方法。其中正向挤压设备较简单，应用最为广泛；反向挤压由于减少了锭坯与挤压筒的摩擦，降低了挤压力，可以提高工具寿命，在中小规格挤制品中应用较多；特殊挤压多用于特殊产品的挤压。各种挤压方法的图例和说明见表 2-1。

表 2-1　各种挤压方法的图例和说明

挤压方法	挤压方法图示	说　明
正向脱皮挤压棒、型材	1—挤压筒；2—挤压垫片；3—挤压轴；4—挤压模；5—制品棒；6—锭坯；7—脱皮	（1）采用脱皮挤压可以防止锭坯表面缺陷随金属流动挤压到制品中去； （2）改善表面质量，减少挤压缩尾，使挤压残料量减少 8% ~12%； （3）采用直径比挤压筒内径小 1 ~ 3mm 的挤压垫片； （4）每次挤压后必须将残留在挤压筒内的脱皮清理干净； （5）易形成挤压缩尾的合金，如青铜和一些黄铜采用脱皮挤压； （6）保证脱皮的完整，主要取决于脱皮垫片的形状，挤压机的中心位置，垫片与挤压筒的间隙和金属的某些性质； （7）脱皮挤压时，垫片与挤压筒间隙不能过大，否则由于金属流入间隙的阻力减小，将造成在间隙处挤出（反流）
正向不脱皮挤压棒、型材	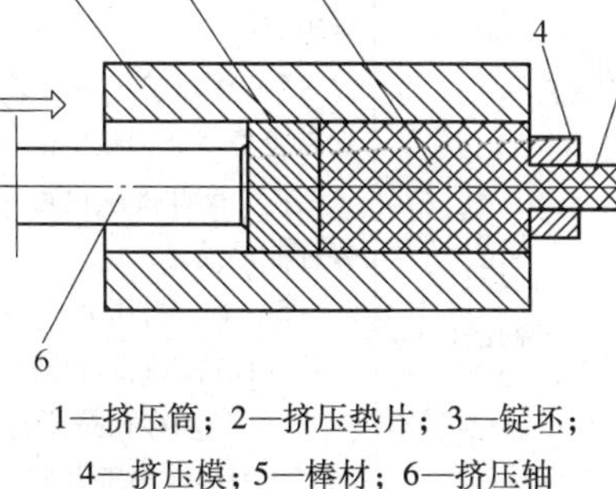 1—挤压筒；2—挤压垫片；3—锭坯；4—挤压模；5—棒材；6—挤压轴	（1）对锭坯表面质量要求高； （2）挤压机的生产效率高； （3）挤压时要保证筒内干净、光滑； （4）对难挤压合金和黏性很大的合金可采用不脱皮挤压； （5）挤压型材和多孔模挤压时，选择合适的模孔位置，使金属流动尽量保持均匀和对称性，避免产生扭曲、波浪、裂边等质量缺陷

续表 2-1

挤压方法	挤压方法图示	说　明
正向空心锭挤压管材	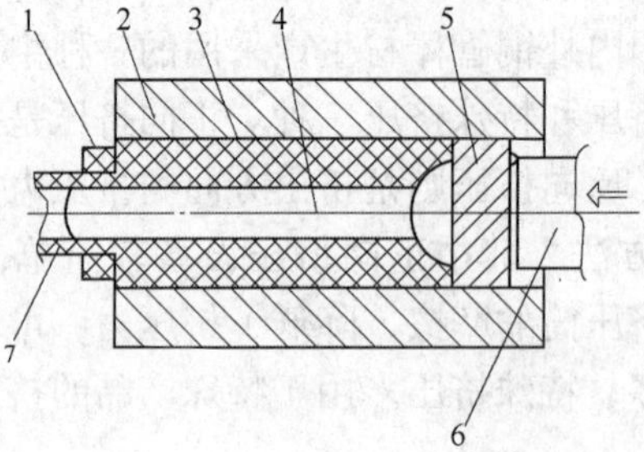 1—挤压模；2—挤压筒；3—锭坯；4—穿孔针；5—挤压垫片；6—挤压轴；7—挤压管材	（1）可用于无独立穿孔系统的挤压机来挤压管材； （2）锭坯的钻孔直径比穿孔针直径大一些； （3）空心铸锭加热时，内表面易氧化，增加了管材内表面缺陷； （4）一般生产小规格管材时才使用此方法
正向固定穿孔针挤压管材	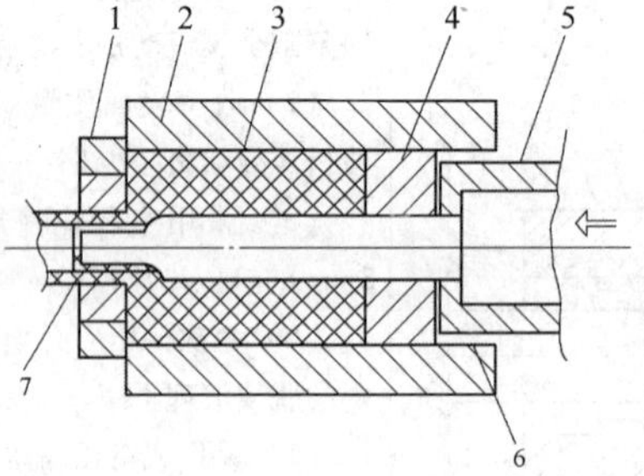 1—挤压模；2—挤压筒；3—锭坯；4—挤压垫片；5—挤压轴；6—穿孔针；7—挤压管材	（1）穿孔针不随挤压轴移动而相对固定不动； （2）固定穿孔针挤压时挤压力较大； （3）穿孔针可分为两种形式：瓶式穿孔针和圆柱形穿孔针； （4）挤压小规格管材时，可选用瓶式穿孔针挤压，防止针体过细而被拉断。一般直径小于 ϕ30mm 的穿孔针可用瓶式穿孔针固定挤压
正向随动穿孔针挤压管材	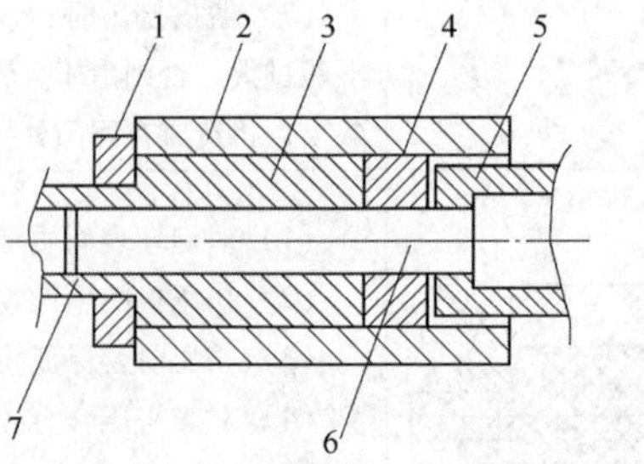 1—挤压模；2—挤压筒；3—锭坯；4—挤压垫片；5—挤压轴；6—穿孔针；7—挤压管材	（1）一般生产中，采用随动穿孔针挤压法生产管材较普遍； （2）穿孔时产生穿孔残料，特别是生产大管材时，穿孔残料较大，成品率降低； （3）要求挤压中心线和工具的磨损量保持良好状态，减少偏心废品； （4）管材挤压也可采用脱皮挤压法，保证制品质量； （5）管材挤压时，一定要进行充填挤压，保证挤压制品的同心度； （6）随动穿孔挤压管材时，穿孔针受摩擦阻力小，挤压力小

续表 2-1

挤压方法	挤压方法图示	说明
正向立式挤压管材	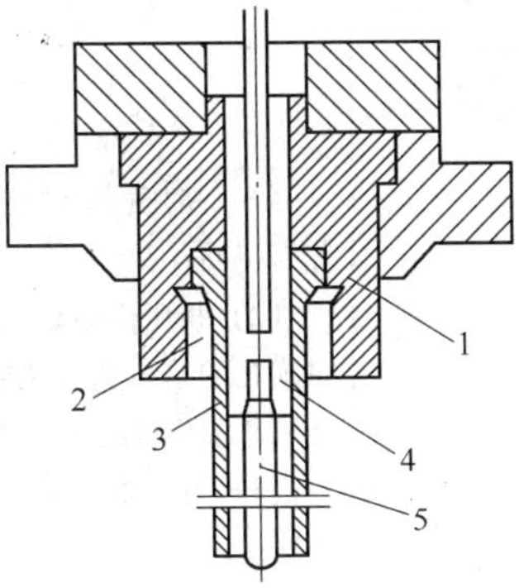 *a* 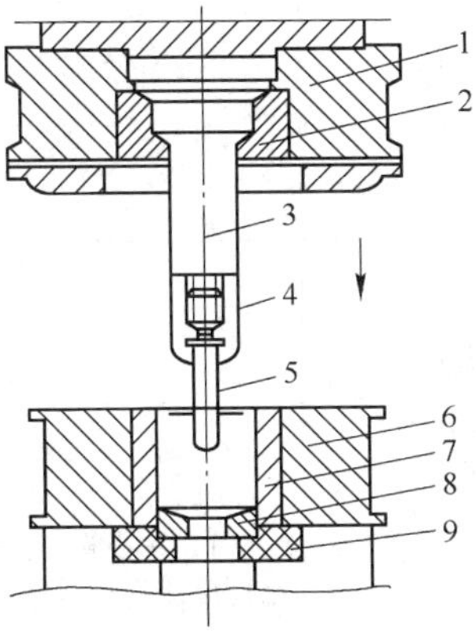 *b* *a*—不带独立穿孔系统；*b*—带独立穿孔系统 1—挤压轴支座；2—螺帽；3—挤压轴；4—穿孔针支座；5—穿孔针；6—挤压筒；7—内衬；8—挤压模；9—支撑环	(1) 不带独立穿孔系统立式挤压机，穿孔针只能与挤压轴随动； (2) 带独立穿孔系统立式挤压机，穿孔系统固定在主柱塞上，可独立运动，也可随动； (3) 立式挤压机一般吨位比较小； (4) 一般用来挤压小直径管材或管坯（外径一般小于 ϕ30mm 的薄壁管）、小直径棒、型材； (5) 可采用空心锭挤压； (6) 占地面积小； (7) 采用润滑挤压，压余可少留； (8) 设备和工具的同心度较好，不易产生偏心

续表 2-1

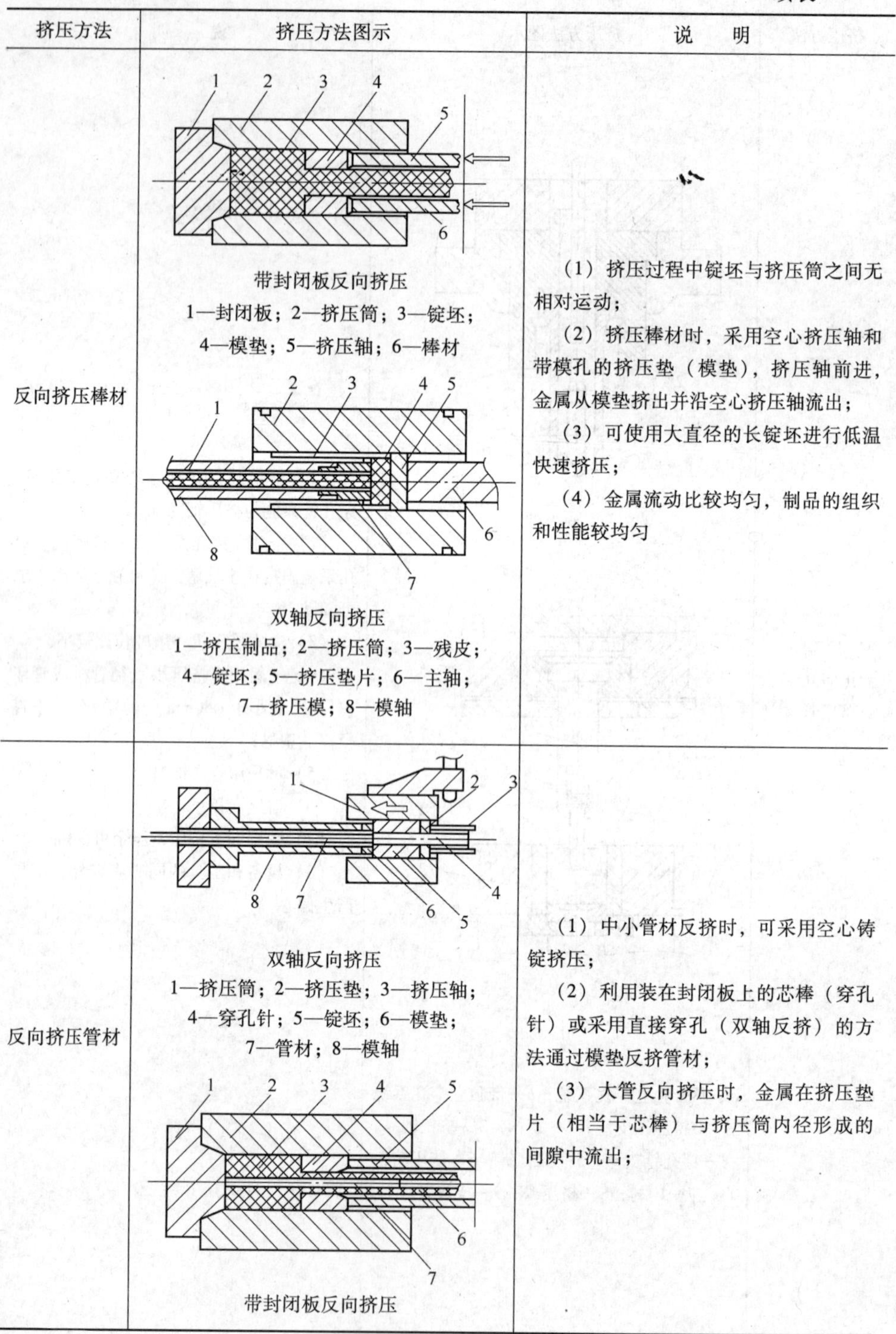

挤压方法	挤压方法图示	说　明
反向挤压棒材	带封闭板反向挤压 1—封闭板；2—挤压筒；3—锭坯；4—模垫；5—挤压轴；6—棒材 双轴反向挤压 1—挤压制品；2—挤压筒；3—残皮；4—锭坯；5—挤压垫片；6—主轴；7—挤压模；8—模轴	（1）挤压过程中锭坯与挤压筒之间无相对运动； （2）挤压棒材时，采用空心挤压轴和带模孔的挤压垫（模垫），挤压轴前进，金属从模垫挤出并沿空心挤压轴流出； （3）可使用大直径的长锭坯进行低温快速挤压； （4）金属流动比较均匀，制品的组织和性能较均匀
反向挤压管材	双轴反向挤压 1—挤压筒；2—挤压垫；3—挤压轴；4—穿孔针；5—锭坯；6—模垫；7—管材；8—模轴 带封闭板反向挤压	（1）中小管材反挤时，可采用空心铸锭挤压； （2）利用装在封闭板上的芯棒（穿孔针）或采用直接穿孔（双轴反挤）的方法通过模垫反挤管材； （3）大管反向挤压时，金属在挤压垫片（相当于芯棒）与挤压筒内径形成的间隙中流出；

续表 2-1

挤压方法	挤压方法图示	说 明
反向挤压管材	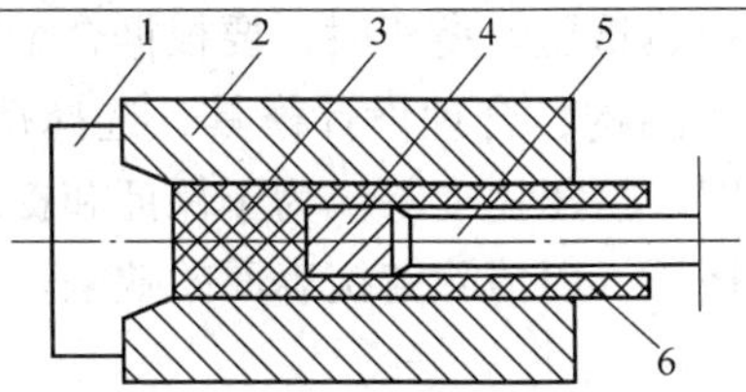 大管反向挤压 上两图说明： 1—封闭板；2— 挤压筒；3—锭坯； 4—模垫（挤压垫）；5—挤压轴（模轴）； 6—管材；7—穿孔针	（4）大管反挤压时，挤压垫片的大小，控制管材内径； （5）大管反向挤压的管坯，表面质量较差，用于拉伸管坯，一般要安排车皮工序
连续挤压	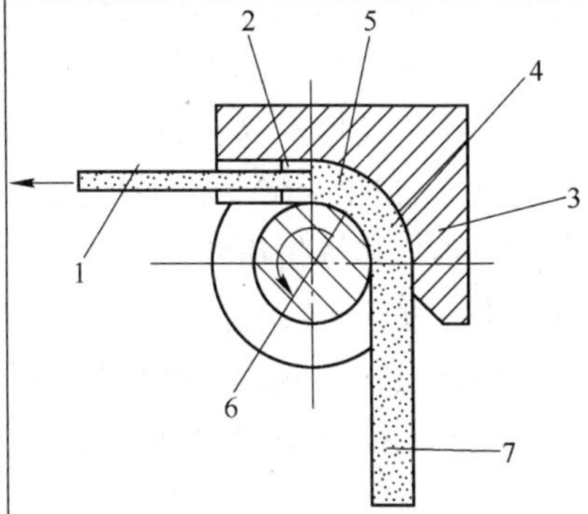 1—制品；2—模子；3—导向块； 4—初始咬入区；5—挤压区； 6—槽轮；7—坯料	（1）连续挤压时，挤压制品靠挤压轮转动与坯料间产生的摩擦将坯料挤出模具； （2）除了可用实体金属挤压，也可以用棒料、粉料、熔态料、切削或废料作为原料进行挤压； （3）可生产管、棒、型、线材，更适合于生产小断面的盘卷制品； （4）金属的塑性流动是由摩擦力及其产生的温升作用引起的； （5）铜的温升可达 400～500℃； （6）挤压制品成品率高
静液挤压	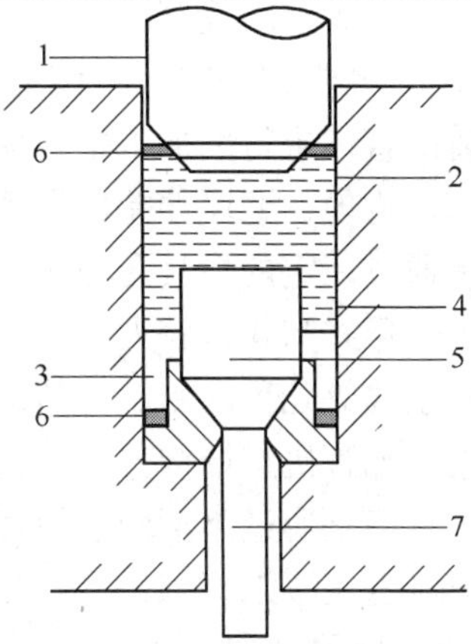 1—挤压轴；2—挤压筒；3—挤压模； 4—高压液体；5—锭坯；6—密封环； 7—挤压制品	（1）挤压时挤压筒内通过高压液体将锭坯挤出模孔形成制品，压力不小于 1500MPa，高压液体的压力可直接用增压器或用挤压轴压缩挤压筒内的液体来建立； （2）静液挤压一般在常温下进行，如果需要也可在高温下进行挤压； （3）挤压力小，可采用大挤压比； （4）可生产断面复杂的型材和复合材料； （5）制品尺寸精度高，表面质量好和性能均匀

挤压过程中，锭坯在挤压筒中受三向压应力，因为变形条件好，可以经受较大的变形量。挤压变形可在冷、热状态进行。为减小变形抗力，利用材料高温塑性好的特点，在大多数情况下都采用热挤压。挤压时，要根据合金的特性、挤制品的规格及技术要求、设备的能力和结构，合理设计模具、选择挤压工艺参数。包括铸锭的规格、挤压比、挤压温度、挤压速度等。为了保证和提高挤制品的表面质量，铜合金挤压时多采用脱皮挤压，以清除铸锭表面的缺陷。脱皮厚度一般为1～2mm。

对于可以沉淀强化的合金，可以采用水封挤压的方式，在挤压工序实现冷变形前的固溶处理，同时，对于普通合金通过水封挤压可以减少挤制品的表面氧化，减少或避免制品的再酸洗。

近年来，连续挤压（Conform）技术在国内得到开发应用，并迅速推广。如生产电力机车导线、导电铜排、异形铜材、铜包钢的连续包覆线材等。连续挤压主要工艺流程为：上引铜杆—连续挤压—拉伸，与传统工艺相比，具有如下突出优点：工艺流程大为缩短，卷重大，可生产大长度产品；特别适合异形断面产品的生产；产品成材率高，传统的加工方法为50%～60%，而连续挤压法为90%～95%；金属消耗量少，传统方法为40kg/t，连续挤压法几乎为零；耗能低，比传统方法减少一半；设备投资小，占地少，便于连续化生产，更为环保。随着连续挤压技术在制品宽度上的技术突破，该方法在无氧铜、纯铜带的生产上已处于开发应用阶段。该方法主要的问题在于挤压模具设计及如何进一步提高模具寿命。

2.3.2 轧制

在刻有轧槽的轧辊中轧制各种型材，称为型辊轧制。

轧管是生产无缝管材特别是薄壁管的主要方法之一。该方法主要是对热挤压、斜轧热穿孔、上引连铸或水平连铸的管坯进行大加工率的变形，实现减径和减壁。经过冷轧后，管材的组织更致密、均匀，壁厚偏差也得到改善。

管、棒、型、线的孔型轧制，均是通过一定的模具孔型实现材料的大加工率变形，以达到设计的外形及尺寸。但工作形式却相差较大。

管材轧制分为周期式、旋压式、行星式等几种轧制。目前，周期式轧制是管材生产普遍采用的方式。常用的周期式冷轧管机按结构分为二辊式、多辊式。按孔型形状分为半圆形孔型和环形孔型。它们是通过逐渐变小的孔型周期运动使管材外径和壁厚发生变化的。环形孔型轧制过程见图2-11；旋压式轧管是依靠旋轮和芯轴（芯模）碾压管材使外径减小、壁厚变薄，主要用于大直径薄壁管的生产，见图2-12；行星轧制是靠三个互呈120°角布置、围绕轧件旋转的锥形轧辊进行轧制，见图2-13。其主要特点是变形速度快，在变形区，变形热可使轧件达到铜合金的再结晶温度，因而变形量极大，可达到90%以上。目前，行星轧制是空调管用紫铜盘管生产的主要方法之一。

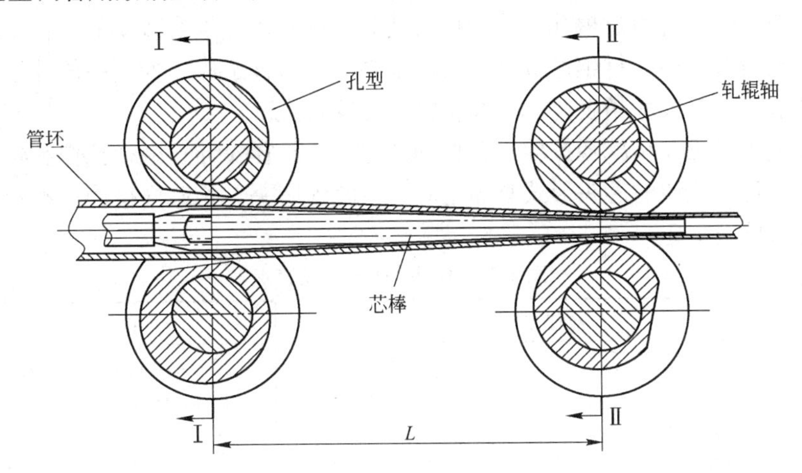

图2-11　环形孔型轧制过程

I——一个轧制周期开始的位置；II—半个行程的位置（开始返回的位置）

各种形式的冷轧管机结构一般都较复杂，自动化程度较高，维护工作量大，变换孔型较麻烦，且孔型费用较高。

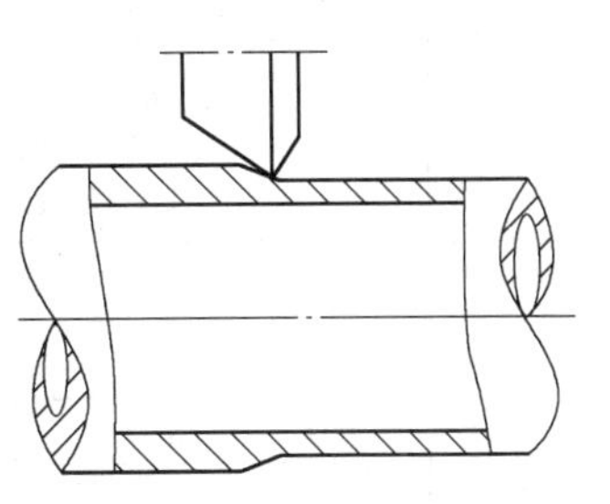

图2-12　管件旋压简图

棒型线材的孔型轧制主要对连铸方式生产的坯料进行多道次连续孔型轧制。根据合金及生产方式还分为冷轧、温轧两种。可以直条式生产，也可以盘卷。其特点是加工率大、速度快、效率高。该连轧工艺的关键是孔型设计、道次加工率分配及各机架轧制速度等工艺参数的匹配与协调控制。

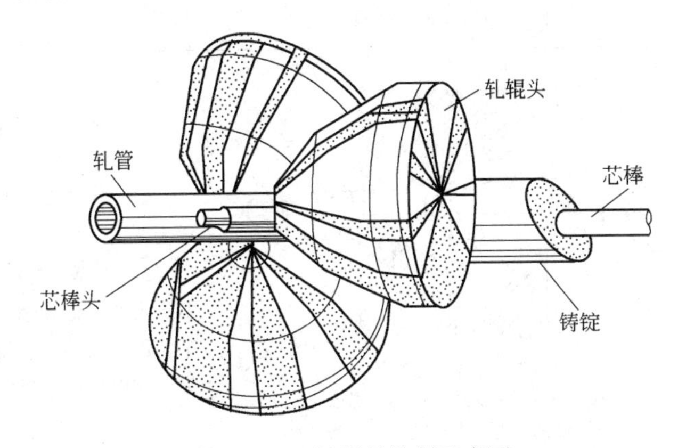

图2-13　三辊行星轧制示意图

2.3.3　拉伸

拉伸是将坯料通过模孔并施加拉力使其形状和尺寸发生改变的一种压力加工方法，也是管棒型线材生产成品的关键工序。通过该工序，使制品的外形、尺寸符合要求，具有尺寸精度高、表面粗糙度好等特点。

棒型线材拉伸是减径拉伸；管材的拉伸分为扩径拉伸、减径拉伸和减径、减壁拉伸。管材拉伸的芯头形式有固定芯头、游动芯头、长芯杆拉伸。不同拉伸方法及特点见表2-2。

表 2-2　不同拉伸方法及特点

拉伸方法	拉伸方法图示	特　点
减径拉伸	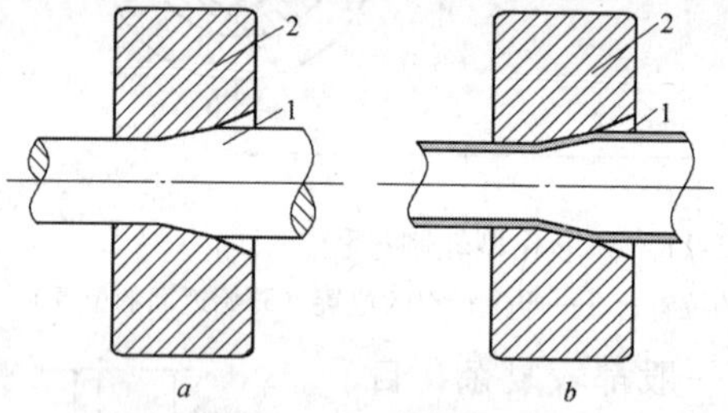 a—棒材拉伸；b—管材空拉 1—棒材或管材；2—模子	（1）棒材拉伸和管材空拉是最基本的拉伸方法； （2）棒材直径减小； （3）管材空拉时直径减小，壁厚基本不变，但内表面粗糙； （4）薄壁管空拉时可能有压瘪现象； （5）用空拉可以减小管材壁厚的偏心； （6）空拉使用于减径拉伸，整径拉伸
扒皮拉伸	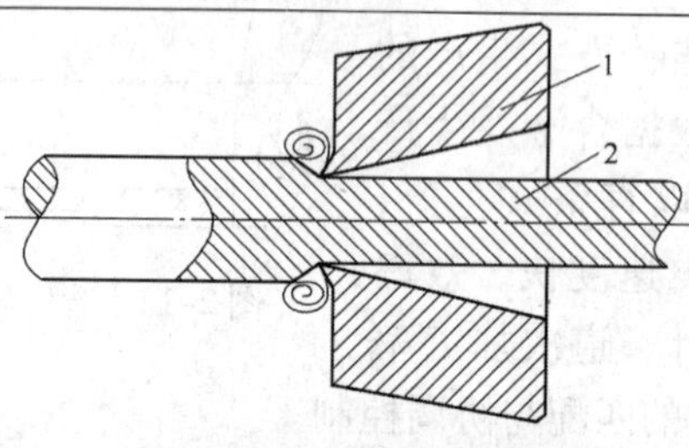 1—模子；2—棒材或管材	（1）用扒皮模将制品表面扒去0.1～0.8mm； （2）扒皮可以消除制品表面的缺陷，提高表面质量
倍模拉伸	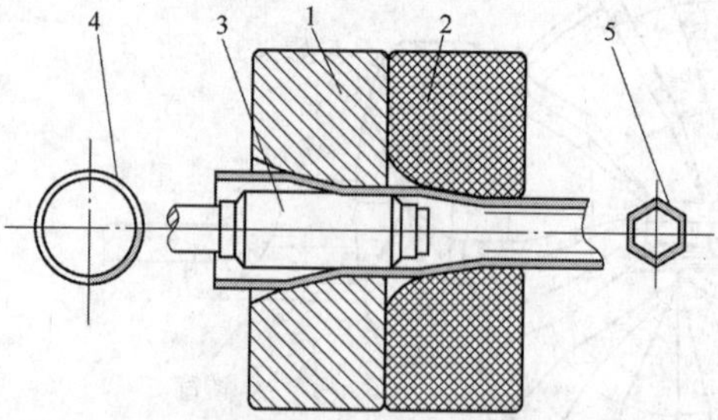 通过双模拉制六角管 1—圆形模；2—六角模；3—芯头； 4—拉伸前管坯；5—控制后管材	（1）制品同时通过两个模子的拉伸； （2）制品尺寸均匀，道次加工率大； （3）倍模拉制六角管材时，采用芯头拉伸方法使管坯通过第一个模子，接着又用空拉的方法通过六角模，该模只起改变形状和定形的作用

续表 2-2

拉伸方法	拉伸方法图示	特　　点
游动芯头拉伸	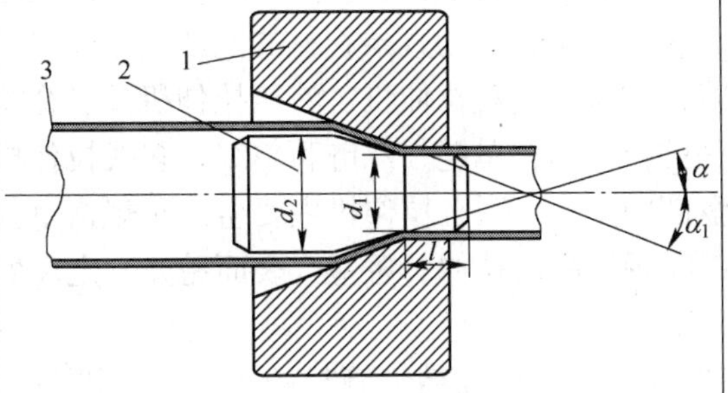 1—模子；2—芯头；3—管材； l—芯头圆柱部分；α—拉伸模角；α_1—芯头拉伸角	(1) 靠作用在芯头上的轴向力平衡，使其定位于模孔的适当位置； (2) 用圆盘拉伸可以拉长管； (3) 道次延伸系数比较大，约为 1.4～1.8，拉伸力比固定短芯头大； (4) 管材内表面有良好的润滑，管材表面质量好
中式芯头拉伸	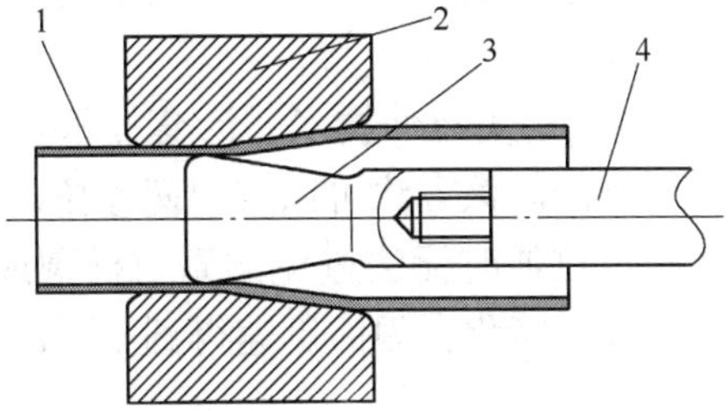 中式芯头拉伸示意图 1—管材；2—模子；3—中式芯头；4—芯杆	适合于减径量小、减壁量大的管子
扩径拉伸	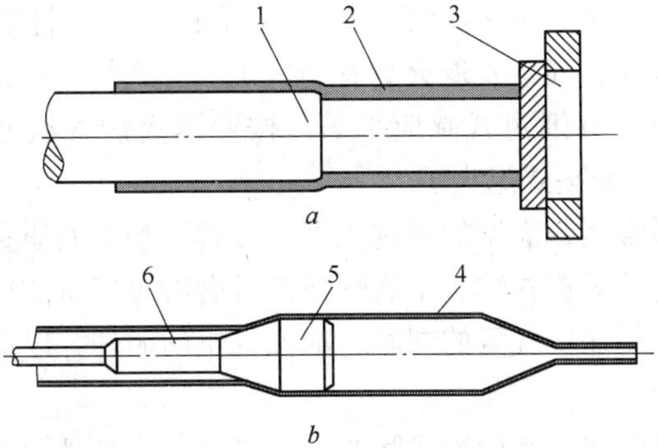 *a* *b* *a*—压入法扩径；*b*—拉伸法扩径 1—芯杆；2—管材；3—挤压机的十字接头； 4—管材；5—圆锥形芯头；6—拉杆	(1) 压入法扩径：在油压机上将直径大于管坯内径的芯棒压入管材内部，使管材内径扩大，壁厚、长度减小； (2) 拉伸法扩径：用拉伸机将直径大于管材内径的芯头拉过管坯内部，使管材内径扩大，壁厚、长度减小； (3) 扩径时，管材轴向受拉应力，因此，塑性低的合金不宜用

游动芯头拉伸时，借助芯头所具有的外形建立起来的力平衡使其稳定在变形区内而无需通过芯杆保持其位置。此方法道次延伸系数较大，减径和减壁量大，是管材拉伸中较为先进的一种方法，适合于长管和盘管的生产。固定芯头拉伸需芯头保持稳定在变形区内，主要用于较短的直条管材的生产。

常用的拉伸设备有链式拉伸机、圆盘拉伸机、液压拉伸机及联合拉伸机。链式拉伸机主要用于直条制品的拉伸，有单链、双链和单线、多线拉伸机之分。圆盘拉伸机主要用于小直径盘圆的生产；联合拉伸机主要生产小规格由盘圆变为定尺直条制品的生产，可同时实现制品的拉伸、矫直、表面抛光、定尺剪切等，直接生产出成品。

圆盘管材拉伸机是生产 ϕ25mm 以下高精度管材的主要生产设备，根据卷筒的布置方式分为卧式、立式两种。目前，生产紫铜、白铜盘管和内螺纹管的拉伸机多为倒立式，管材长度不受卷筒高度限制，适合于大卷重盘管的生产，单卷重已达 500kg 以上，拉伸的最高速度可达 1500m/min，生产效率高，能充分发挥游动芯头拉伸的优势。

在 20 世纪末、21 世纪初，将游动芯头拉伸技术、活套技术及履带式牵引技术相结合，发明了直条串联拉伸新方法。该方法可以实现两连拉以上的多连直条拉伸，最后卷取。由于它不存在圆盘拉伸时无法避免的管材椭圆或压扁的缺陷，可以拉伸更薄的管材，且拉伸设备大大简化，因而迅速得到了推广。

2.3.4 热处理

管棒型线的热处理主要是中间退火和成品退火。中间退火主要在两次冷加工之间，用于消除加工硬化；成品退火主要是对成品进行退火，以达到用户所要求的产品状态和性能指标。退火制度根据合金特性、产品的状态、性能要求而制定。退火炉分连续式和间歇式。间歇式退火炉有箱式炉、井式炉、罩式炉等；连续式退火炉有辊底式、网链式和通过式感应炉等。按照退火炉气氛分为无保护（或氧化）退火炉、真空炉和光亮式退火炉。

由于氧化退火不但损耗金属，需增加酸洗工序，而且影响表面质量，逐渐被光亮式退火所取代，因此传统的箱式炉、车底炉等被具有特定气氛的罩式炉、辊底炉、网链炉等取代。在采用保护气氛的同时，加强气氛的循环，以保证气氛均匀，确保制品表面光亮。

通过式感应炉主要用于内螺纹空调管光管的中间退火，是对盘管展开后进行退火，然后重新盘圆的过程，实现了盘管从“料筐”到“料筐”的连续退火。该设备不但带有气体保护，还有管材内吹扫清洁系统。

在棒型材的热处理中，还有固溶时效热处理。主要用于对具有时效强化特征的合金进行处理，以提高材料的强度和综合性能。

2.3.5 精整

铜合金管棒型线材的精整主要包括切头尾（定尺）、矫直、表面处理等。根据制品的规格及要求，制品切头尾可以采用锯切和剪切两种方法。高精度、大规格制品一般为锯切。平直度是管棒材产品的重要质量指标。管棒型材常用的矫直机有辊式矫直机、压力矫直、正弦矫直机和张力矫直机等，而以辊式矫直机使用最为广泛。辊式矫直机是制品通过不同辊型经过反复弯曲而达到矫直的目的。张力矫直机，由于采用制品两头施加反向拉力，使制品发生微变形达到矫直的目的，主要用于特殊型材的矫直。其伸长率达到1%～3%。压力矫直机一般用于大规格或超大规格的棒材、型材和大壁厚管材的矫直。正弦矫直主要对小直径管材、棒材通过正弦矫直辊反复弯曲达到矫直的目的。

为了保证成品表面清洁、光亮，需要对制品表面（包括管材内表面）进行处理。处理有人工处理和自动处理两种。人工处理主要是由操作工对管棒材表面油迹、污物等进行擦拭处理（包括用压缩空气向管材内部打棉球等）；自动处理主要是将管棒材通过溶有清洗剂的液体中进行清洗（包括管内吹扫）、烘干等处理。

2.4 铜合金材料的特殊加工方法

市场对铜加工材料组织性能的要求不断提高及对特殊用途铜合金材料提出的特殊要求，使铜合金材料加工方法和技术在原有技术的基础上产生了一些特殊的加工成形方法，如材料复合法、粉末冶金法、快速凝固技术、定向凝固及单晶制备技术、旋压技术、内螺纹管成形技术、外翅内螺纹管成形技术、电解铜箔及锻压法异形铜带生产技术等。

2.4.1 异种材料复合技术

材料复合法主要用于两种或两种以上的金属或合金通过机械复合、爆破复合、分流铸造复合等技术进行复合，形成两层或多层金属材料共同体，然后进行加工变形的方法。该方法主要用于特殊用途的产品，包括板材、棒材、管材等，如铜钢复合、铜铝复合等。这种复合材料兼有两种或几种材料的性能特点，同时还可以满足成本、制品重量等要求。

将铜管套在钢棒上拉伸是最简单的机械复合，所制得的钢芯铜棒既具有铜的高导电性能和耐蚀性，又具有钢的高强度；铜板和铝板经过压延也可制得铜铝复合板；铜铝复合导线用于电视网络高频信号传输，就是充分利用趋肤效应，表层用高导性的无氧铜，杆芯部分用成本低廉的铝杆代替铜芯，用0.34～0.4mm 铜带裹覆在铝杆上然后焊合，再经过拉伸模拉伸复合。铜铝复合导线的电导率大于99.5%IACS，60%的铜材由铝替代，成本降低1/3以上；电车滑接线的矩形部分与受电弓接触，应具有高导电、耐磨损的性能，而“葫芦头”部分需有一定的强度。为了节省资金，用铜铝复合线代替全铜线，为此可用如图2-14所示的铜坯料和铝坯料进行复合拉伸，制得如图2-15所示的TCHA-160滑接线。铜基选用TAg0.1铜合金、铝基选用6063铝合金，该铜铝复合滑接线已用于磁悬浮试验线路，性能完全满足要求。

爆破复合是一种焊接复合。它在两种金属板之间用炸药布置许多微小的爆炸点并使之同时引爆，利用爆炸能量使金属局部熔化而达到熔合在一起的目的，然后再进行压延轧制。图2-16所示为应用爆炸复合法制造的铜钢复合板。

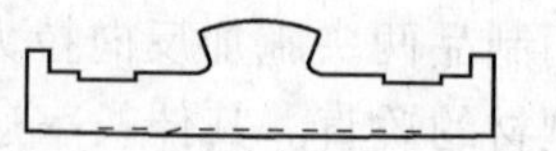
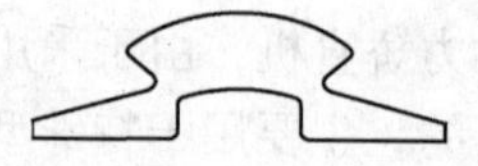

图2-14　铜、铝坯料形状

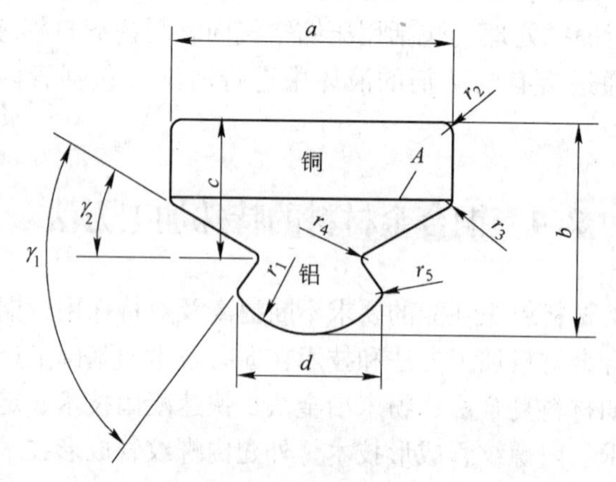

图2-15　铜/铝复合滑接线截面简图

图2-16　爆炸复合-轧制铜/钢复合板

用连续挤压机生产铜-铜、铜-铝复合棒线已经成为比较经济实用的方法。

图2-17为分流铸造复合技术原理示意图，制得的复合铸坯再经轧制或拉伸就可得到复合材料。

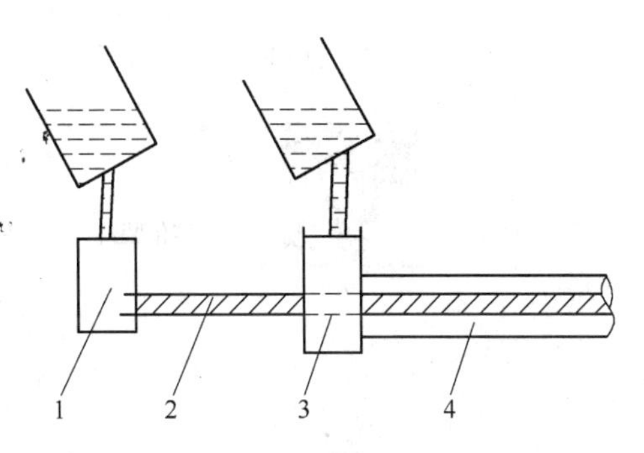

图2-17　分流铸造复合技术原理示意图
1—结晶器（1）；2—金属A；
3—结晶器（2）；4—金属B

原位复合又称自生复合，是近些年来研究的热点技术之一。它是向金属（如铜）中加入一定的合金元素，通过某些工艺手段，使金属（如铜）内部原位生成增强体，与基体一起形成复合材料。

2.4.2　粉末冶金法

粉末冶金是制取金属粉末或用金属粉末作为原料经过压制成型或烧结制造金属材料、复合材料及制品的工艺方法。粉末冶金法生产的特点是可以避免组织成分偏析、保证组织均匀和稳定性。同时，特别适合于生产难熔金属材料及制品如钨、钼等。铜合金的粉末冶金是在雾化器内将陶瓷粒子与金属熔体相混合，随后被雾化冷却而成为颗粒，然后再通过内氧化-还原、烧结、挤压、轧制、拉伸等工艺制备成各种棒、型材。弥散强化无氧铜是粉末冶金制取铜合金的一个典型例子。喷射沉积成形是现代粉末冶金中一种实用技术，见图2-18。它采用高纯保护性气体，在高压下将高温熔体以高速粒子形式喷射到沉积靶上快速冷却凝固成形。它可制得圆锭、管筒状或其他复杂断面的坯料。该技术主要用于制备颗粒增强金属基复合材料。其特点为：(1) 所得基体组织属于快凝范畴；(2) 增强颗粒与金属基溶液接触时间极短，界面化学反应得到有效控制；(3) 控制工艺气氛可以最大限度减少氧化；(4) 几乎适合于任何基体/陶瓷体系。

2.4.3　快速凝固技术

快速凝固技术是通过一定手段使合金在高温下快速冷却，达到保留高温下组织的目的。其最大特点是可以实现元素的强固溶。与常规熔铸法相比，可以使Cr、Zr、Co、Fe、Ti等元素在铜中的固溶度（原子分数）分别由0.8%、0.014%、0.2%、4.5%、5.5%提高到3.6%、1.33%、15.0%、20.0%、10.0%。此外，还可以细化组织、消除偏析。甩带法和喷射沉积成形法是最典型的快速凝固技术。甩带法是将高温熔体液流经过高速旋转的轧辊迅速冷却成金属带，同时迅速甩出的过程。

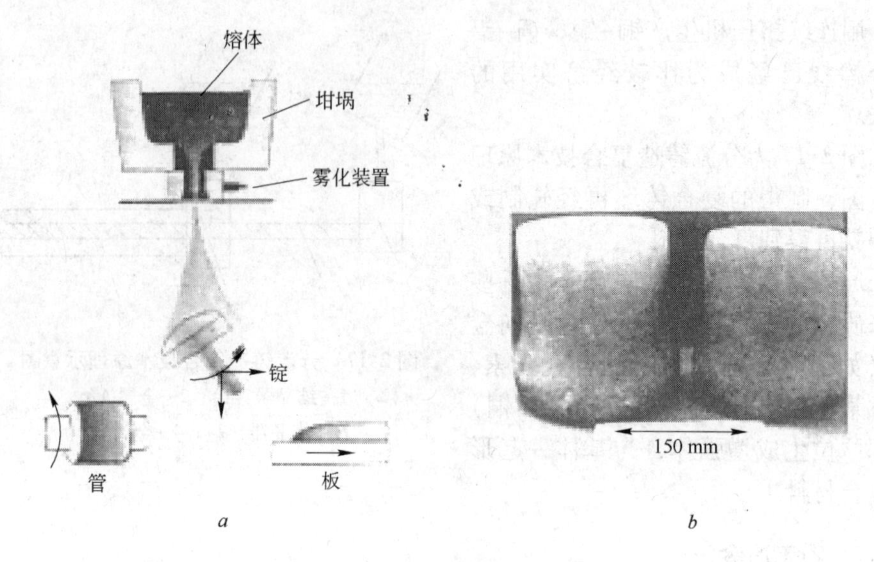

图 2-18　喷射沉积成形示意图
a—喷射沉积示意图；*b*—喷射沉积金属锭坯

2.4.4　定向凝固及单晶制备技术

定向凝固技术的核心是运用冶金学、晶体学等理论，采用特殊的冷却、结晶方法和手段使合金晶体在凝固过程中朝特定的方向生长，从而实现其高性能。定向凝固合金制品的晶体生长方向相同，晶粒较少，晶界少，基体纯净度高，是制备高纯铜及铜合金制品的理想手段。单晶铜的制备即采用该方法。它与普通连铸相反，不但没有一次冷却水冷却结晶器，而且给结晶器适当加热，依靠结晶器出口的二次水冷却，形成轴向温度梯度，实现定向结晶。目前，单晶铜制备技术已经基本成熟，可以生产数千米的 ϕ0.05mm 单晶铜丝，用于雷达及高保真信号的传输。用此方法生产集成电路键合铜丝已经实现工业化。

2.5　铜加工技术的发展趋势

当今世界铜加工技术已经发展到了一个新的高度，生产线的连续化、自动化程度很高，成材率和能耗都已经控制在较好的水平。尽管如此，国内外铜加工行业仍在不断研究开发短流程、节能降耗、高效率的加工技术。与此同时，十分重视生产环节中每一具体作业技术的精细化，从而使生产过程更加稳定、可靠，制品质量更加稳定、一致。

经过几十年的发展，特别是近十多年的努力，中国铜加工技术已不再是亦步亦趋的跟随者，而是在某些方面有所突破、有所贡献的参与者，成为世界铜加工业的重要组成部分，并对世界铜加工技术和行业发展产生了重要影响。应该说，我国对上引连铸技术、带坯水平连铸技术、管材串联拉伸技术、连续挤压技术、潜流转炉、电磁搅拌、多头连铸技术等的发展都作出了重要贡献。但是我国在许多方面，特别是在感应体技术、板带箔生产技术等方面与世界先进水平还有较大的差距。

因此，我国铜加工技术发展的总体趋势仍然是借鉴国外的先进经验，消化吸收国外先进技术，并进行再创新。在提高产品质量等级、提高成品率和生产效率、注重环境保护、节能降耗上下工夫，缩小与国外先进水平的差距。具体的发展方向如下：

（1）应当充分重视原料处理技术的改进。如废旧料的分选技术、净化技术，提高原料的纯净度和利用率。充分重视铜金属再生技术的开发研究，充分、方便地回收利用旧家电、旧汽车等废弃物中的铜资源，降低原料成本。

（2）应当重视铜及铜合金感应熔炼的感应体技术研究，提高熔炼效率，降低能耗。重视炉衬材料和筑炉技术的研究，进一步提高炉衬材料和筑炉技术的标准化水平，提高熔炉的寿命。进一步改进转炉方法，推广潜流转炉技术；进一步改进熔体覆盖和保护技术，寻找更加高效、环保的覆盖剂，减少熔体吸气和污染。进一步推广电磁辅助技术的应用范围。进一步开展活泼元素加入方式及其含量精确控制方法的研究，提高活泼元素的实收率和合金成分的均匀性。应当特别重视各种铸造过程的数值模拟技术的研究，开发系统软件并指导和改进结晶器设计及铸造工艺，提高铸锭质量。进一步研究近终成型连续铸造—冷加工的短流程生产工艺和技术，实现生产方式的重大突破。

（3）应该高度重视热轧的质量控制技术，包括厚度精度控制、板形控制、终轧温度控制和表面质量控制技术，实现薄板带质量控制前移。进一步改进步进炉燃烧系统和炉内气氛控制技术，提高加热效率和减轻铸锭表面氧化程度。进一步改进双面铣技术，从根本上解决“刀花”问题和卷取“回弹”擦伤表面的问题。应当重现工艺润滑液管理技术的研究和改进，提高润滑效果和表面质量。进一步改进冷轧过程带坯表面除油技术，减少冷轧带坯表面含油量，减轻清洗压力和退火油斑等缺陷。进一步改进剪切技术，解决软薄带材剪切出现的压痕、翻边、波浪等问题。应当重视开发在线测量和检验技术，逐步建立、完善在线质量检验数据库，提高质量控制水平。

（4）应当重视超大口径薄壁管材的生产技术及其成套设备的研究开发，为开发超大口径铜合金管材提供技术支撑。应当重现异形材生产技术的开发，满足现有及未来市场的需求。进一步改进毛细管生产技术，降低生产成本。进一步改进挤压机的对中技术，提高管材的同心度。进一步寻找长寿命热加工模具材料，降低模具成本。进一步推广连续挤压技术的应用范围，充分发挥其技术优势。

3 铜材在电力系统中的应用

3.1 铜材在电力传输方面的应用

3.1.1 电线电缆

电线电缆是指用以传输电能、传送信息和实现电磁能转换的线材。电线和电缆没有严格的界限。通常将直径小、芯数少、结构简单的称为电线，没有绝缘的称为裸电线；将其余的称为电缆，它们具有直径较粗、芯数较多、结构复杂的特点。

电线电缆总体上可分为电力电缆、电气装备用电线电缆、电磁线、通讯电缆、裸电线等五大类。

电力传输采用的主要是电线电缆产品，主要有架空裸电线特点、汇流排（母线）、电力电缆（塑料线缆、橡套线缆、架空绝缘电缆，见图 3-1、图 3-2）、分支电缆（取代部分母线，见图 3-3）、电磁线以及电力、电气设备用电线电缆等。架空裸电线、汇流排及电力电缆产品主要用在发、配、输、变、供电线路中的强电电能传输，通过的电流大（几十安至几千安）、电压高（220V ~ 500kV 及以上）。电气装备用电线电缆主要特征是品种规格繁多，应用范围广泛，使用电压在 1kV 及以下。电磁线（绕组线）主要用作各种电机、仪器仪表等的电-磁回路绕线。

图 3-1 高压输电

被誉为国民经济“血管”的电线电缆行业，已成长为我国机械行业中位置仅次于汽车的第二大产业，是铜材的一个巨大而且还在不断成长壮大的市场。“十一五”期间，电线电缆行业发展速度年增长 8.5% 左右，用铜量约占全国铜消费量的 60% ~70%。2006 年电线电缆制造业实物产出耗铜量达 300 多万吨。

2008 年 11 月，我国为应对世界金融危机，政府决定投入 4 万亿元拉动内需，其中约 40% 以上用于城乡电网建设与改造。全国电线电缆行业又有了良好的市场机遇，到“十一五”末期电线电缆行业用铜量即达到 50 万吨。按照电缆行业“十二五”发展规划的数据，有人测算认为，我国在“十二五”期间电线电缆的铜材消费量累计将达到 3000 万吨，“十二五”末的年消费量将突破 700 万吨。

图 3-2　铠装电缆

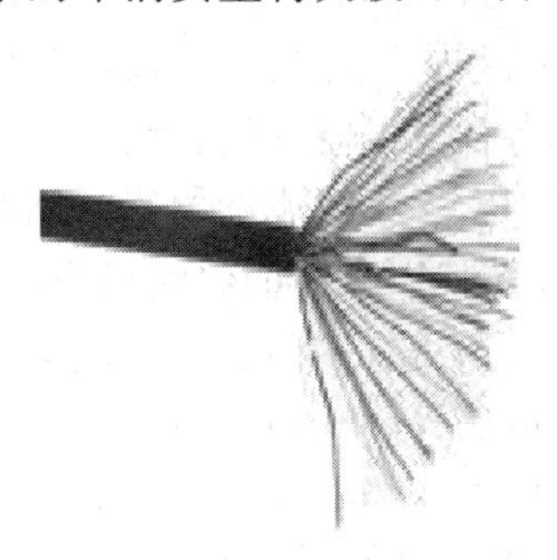

图 3-3　电线电缆

各类电线电缆产品的用铜量大致为：电力电缆占 20% ~30%，电气装备用电线电缆占 28% ~30%，绕组线占 26% ~29%，通讯线缆占 5% ~7%，其他线缆占 4% ~5%。到 2015 年我国电力电缆用铜量将达到近 200 万吨。

3.1.1.1　铜电线电缆圆导体

电线电缆按其有无绝缘包覆可分为裸线缆（见图 3-4）和包覆线缆两大类。其导电体绝大多数采用不同直径的铜导线。

铜电线电缆圆导体（线/丝材）由直径 8 ~30mm 的圆铜杆拉拔而成。其铜杆的生产方法大体可分为 4 种：生产氧含量在 $20\times10^{-4}\%$ 以下的无氧铜杆，采用浸渍成型法和上引冷轧法，电导率可以达到 100% IACS 以上（浸渍成型法的线杆电导率最高可达 101% IACS 以上，拉制细线断头率低）；采用连铸连轧法制造的铜杆为光亮铜杆（氧含量为 $20\times10^{-4}\%$ ~$300\times10^{-4}\%$，电导率可以达到 98% IACS）；采用铸锭回线式（横列式）轧制的铜杆为黑铜杆，只能用于低档产品。

图 3-4　裸线缆

近年来，由于铜价上涨且大幅波动，在电线电缆行业中“以铝代铜”的呼声鹊起，铜包钢、铜包铝的线缆在某些场合得到了一定的应用。但是铝的电阻率为 0.02922μΩ · m（O 状态），是铜的 1.72 倍，造成电力线路损耗比较大。

3.1.1.2　铜包钢线

铜包钢线是一种在钢线芯材表面包覆铜的双金属线材。一般铜层的包覆比为13% ~35%，电导率为21% ~40% IACS。

铜包钢线主要用于电力传输和电话线路的架空线。当用于载波线路时，与铜线具有大致相同的传输效果；在山区寒冷地带及农村用作架空电话线时，能承受冰冻负荷和大风冲击、架设跨距比纯铜线大一倍。小直径铜包钢线可在电子工业中用作各种电子器件的引线、天线。在电气化铁道中用作讯号和通信线接地线、载流承力索、不载流承力索、滑接线等。还可用作同轴电缆、射频线圈等。20世纪90年代以来，铜包钢线用量日增，效益明显。

铜包钢线有多种制造方法，如电镀法、热浸涂法、上引涂法、焊接包覆法、连续挤压法（conform 法）等。电镀法具有设备占地小，制造长度长的优点。目前，国内生产各种规格的铜包钢线多采用该方法。但线材电导率较低，只有20% ~30% IACS。同时，该方法会造成较严重的环境污染。热浸渍法是用钢丝作母线，通过熔融铜液后，铜在钢丝上结晶而成的复合线。它可调整铜层厚度且能制成异形线，例如双钩形电车线。适宜大批量生产且无环境污染公害。其缺点是小批量生产不经济。连续挤压法是一种新开发且成熟的加工方法，可实现连续生产，钢、铜结合力好。焊接包覆法是用铜带经过清洗处理后纵包在光洁的钢线上，用氩弧焊接带材，之后经拉丝机、压力模深加工成形。这种工艺能获得不同电导率铜包钢线，性能优良。目前，国内正在试生产。

3.1.2　电力汇流排

汇流排（又称母线、铜排）主要用于发电设备、变电设备（见图3-5）、配电设备和供电设备以及大型用电设备（如铜、铝电解槽、冶金炉感应器等）的电力输入和输出。我国电力汇流排用铜材每年需求量在5万吨以上。

a

b

图3-5　铜排在变压器中的使用

a—组合式变压器；*b*—独立式变压器

电力汇流排通常采用T2纯铜板、条材加工而成，电导率大于98%IACS。产品截面形状为宽厚比较大（通常为10∶1左右）的矩形。规格范围一般为5mm×50mm～30mm×400mm，长度不超过8m（近年来一些大型工程已提出15m以上的要求）。电力汇流排要求铜板条（铜排）的菱边外角不应为尖角，而是圆弧形。铜板条应有光滑的表面、内部不应有分层、气泡等缺陷，应具有良好的弯曲性能。即当弯芯半径为0.5～1.0倍板厚时，弯曲180°后外侧不应有裂纹，内侧不应有折皱。铜板条的供货状态有热加工态（R）、退火态（M）、八分之一硬态（Y/8）和硬态（Y）四种。具体技术条件可参见GB/T 2529—2005。

汇流排用铜板条的生产方式有轧制法（平辊轧制倒角法、型辊轧制法）、挤压法、挤压-拉伸法等。这些生产方法都能满足产品的质量要求。近年来，采用上引铜杆连续挤压铜排，宽度可达240mm（300mm及以上宽度正在开发中），取得了很好的效果。所生产的产品尺寸精度高、表面质量好。该方法具有可以采取卷式法生产、效率高、成品率高等特点。

带有等间距凸台的超长导电汇流排是新型铜电解导电材料。导电汇流排按形状分为两种，一种是直板式，放置在相邻的两电解槽之间作槽间板；另一种被折成直角或Z形，放置在边部电解槽外侧作槽边扳。板厚6.0mm，其形状和尺寸见图3-6，采用T1纯铜板制成。主要工艺流程为：退火板材→凸台成型→切定尺→（折弯）→成品。需用大型油压机（30MN）实现凸台成型（见图3-7）。该生产技术的关键是正确确定梯形凸台平面与侧壁间圆弧区弧面长度和板材尺寸，从而合理设计冲压模具。

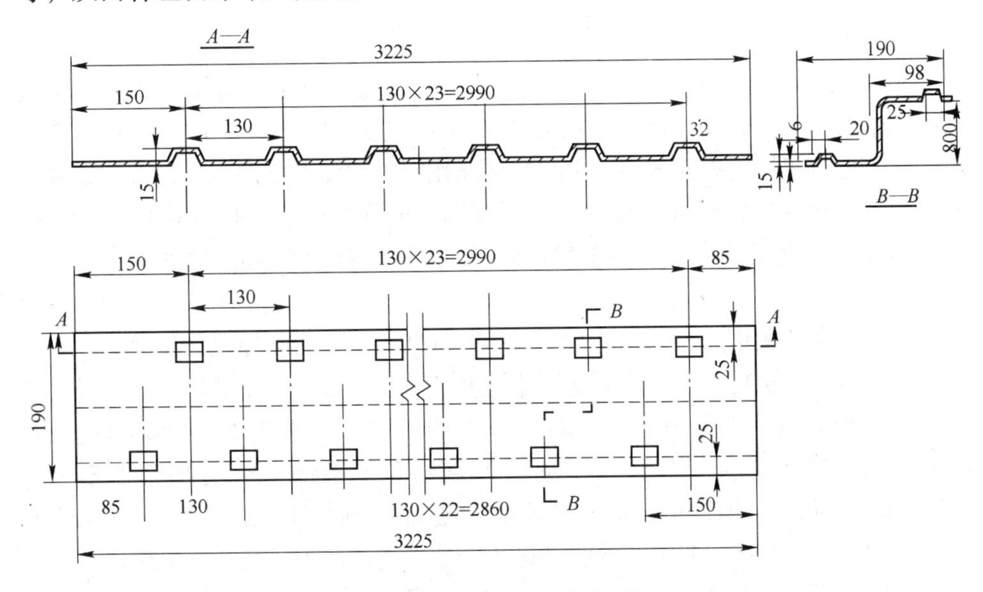

图3-6　新型铜电解汇流板

3.1.3　变压器铜带

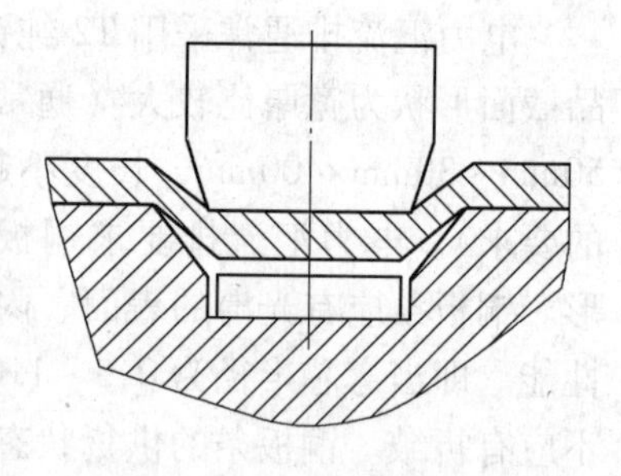

图 3-7　凸台冲压成形

变压器是利用电磁感应的原理来改变交流电压的装置，主要构件是初级线圈、次级线圈、铁芯和汇流母线。在电器设备和无线电路中，常用作升降电压、匹配阻抗等，使用范围极其广泛。

变压器的初级线圈、次级线圈通常采用纯铜（T2）导线绕制而成。近年来，开发出的干式变压器（见图 3-8），改用高导电铜带（$T2_{导}$ 或 TU1）绕制。这种变压器由于其热分布均匀，具有很高的动、热稳定性；空间利用率高，体积小、质量轻、容量大；散热性能好、寿命长、维护成本低；制造工艺简单，绕制效率高等优点，正逐步取代线绕式油浸变压器。我国正在大力推行的城乡电网改造中，干式变压器就是推广应用的新设备之一。

图 3-8　干式变压器

2007 年我国变压器产量约 8.5 亿千伏·安，比上一年度增长 20% 左右，变压器铜带的消费量约 3.1 万吨，其中 62% ~65% 为国产。2008 年 11 月国家为应对国际金融危机，将投资 8000 ~10000 亿元用于加快城乡电网改造，变压器铜带的年需求量将增加到 40000t 以上。变压器铜带的规格较多，我国 GB/T 18813—2002 标准中厚度范围为 0.10 ~2.50mm，宽度不大于 1000mm。国外铜带宽度可达 1200mm。

干式变压器用铜带，采用电导率达 98% IACS 以上的高导电韧铜（$T2_{导}$）或无氧铜（TU1）轧制而成。除了高尺寸精度、高表面质量和高平整度要求外，还有防止尖端放电、击穿绝缘层而对边部毛刺提出的特殊要求：带材厚度大于 0.4mm 时，边部毛刺不大于 0.05mm；厚度小于 0.4mm 时，边部毛刺不大于 0.03mm。实际上，用户更趋向于要求带材边部为圆角边或圆弧形——无尖角（见图 3-9）。根据这一要求，剪切带材边部处理新技术被成功开发应用。

国内某企业自主开发的“定位（导向）、滚压、挤压三位一体”边部处理新装置，小巧灵活，可安装在纵剪机列中，具有三维空间可调、与带材随动的特点，简单可靠，其技术达到国际先进水平。

3.1.4　开关、断路器等用铜材

开关、断路器（图3-10、图3-11）是高、低压电路中的重要器件，起着控制电路接通和断开的作用。而电触头则是开关、断路器的关键部件。专家认为，电触头材料在很大程度上决定了断路器的发展。

电触头材料应具有高导电导热性、良好的抗熔焊性和抗电弧烧蚀（损）性能。小型开关（包括按钮）一般用普通紫铜T2、普通黄铜H65或H62带材冲制而成；重要的小型开关、按钮用锡磷青铜QSn6.5-0.1制成，有的还在触点处镀（嵌）银。而

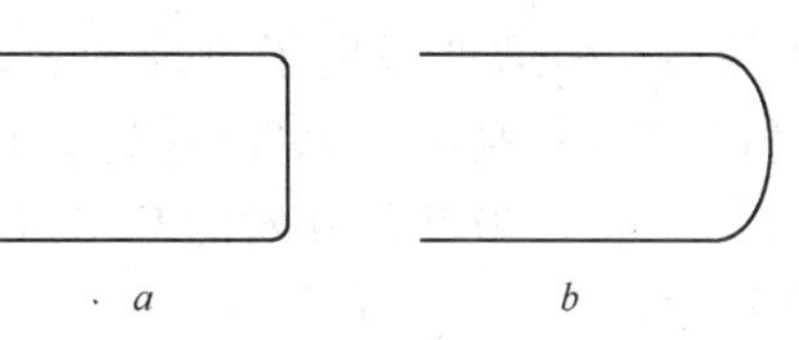

图3-9　无毛刺变压器带边部形状
a—圆角；*b*—圆弧

图3-10　高压开关

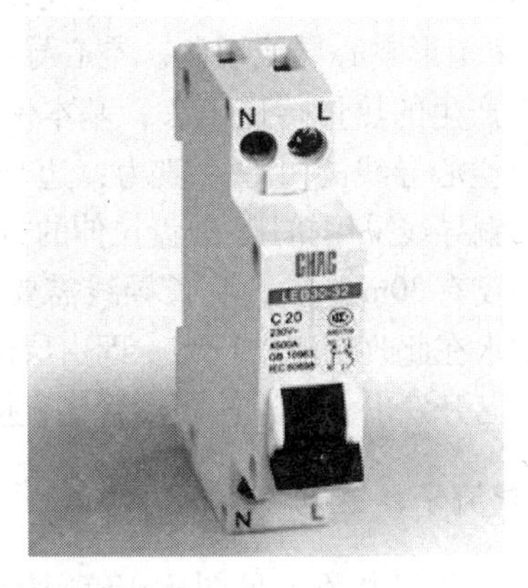

图3-11　电力开关和断路器

中、高压开关，特别是超高压输变电路中的大型开关，由于在开、关离合的瞬间，两触头间巨大的电流产生高热量，甚至产生弧光，要求触头材料不但有良好的导电导热性，还要求具有较高耐热性，即较高的热强度和硬度。因此，过去大型开关的触头材料多采用银铜合金 TAg0. 1 和镉青铜 QCd1。镉青铜 QCd1 室温电导率达 90% IACS，耐磨，可在 300℃以下稳定工作，但由于镉对人体有害，其生产受到限制。随着输变电压从几十千伏跃升到几百千伏（2009 年底，我国向家坝至上海直流输电示范工程建成，电压达±800kV，为世界最高），对触头材料的耐热性和耐磨性提出了更高的要求。铬青铜不但无毒，且电导率也比镉青铜 QCd1 高（最高可达 95% IACS），400℃时的硬度仍可达 75HV，基本取代了镉青铜。20 世纪 90 年代开发的 CuCr50 合金，强度高、热稳定性好。CuCr50 合金有两种生产方式，一是真空熔炼，但铬偏聚严重，严重影响加工和使用性能；二是粉末冶金法，但冷加工比较困难。目前，人们正在采用低偏析真空熔炼-快速凝固-搅拌摩擦改性处理技术开发 CuCr25 合金，以替代 CuCr50 合金。用原位复合弥散强化铜作超高压电触头已经成为最佳选择。它具有优良的导电导热性，其软化温度超过 900℃。

据估计，全世界中、高压开关电触头年需求量约 2000 万对，需铜材约 1.6 万吨。

3.2　铜材在发电设备中的应用开发

铜材在发电设备上的应用主要是发电机绕组、导电条和发电机辅机冷凝器用冷凝管及管板。

3.2.1　空心铜导线

小型发电机的绕组一般用漆包铜线绕制。大型发电机，如双水内冷发电机，则采用 T2 矩形空心导线绕制。空心导线内部通水，随时将绕组在电磁场定向变化过程中产生的热量传递出去，基本保持绕组温度恒定，从而保证机组的安全可靠运行。空心导线的尺寸一般为：边长 $a=8\sim16$mm，壁厚 $t=0.7\sim1.0$mm。过去，空心铜导线采用挤压-圆盘拉伸的方法生产。但因锭坯尺寸限制，空心铜导线长度最长仅有 30m 左右，更长导线需要焊接。而焊接管接头部分由于尺寸公差因素，冷却水在此改变流动行为，即由层流变为紊流，冷却效果降低。目前，上海电缆研究所已开发出上引连铸矩形管坯直接拉伸的新工艺，空心导线卷重可达 3t。

3.2.2　整流子、集电环

整流子和集电环（见图 3-12）是电机上的重要部件，电机在转动时，每转一周相关绕组线圈会两次经过同一定向磁场，这样就会使该绕组中的感应电流方向发生改变。而整流子的作用就是使输出的电流方向保持不变。

图 3-12 整流子与集电环

由于整流子与炭电刷之间处于长期高速摩擦状态，必须采用更耐磨的导电材料。Cu-Ag 合金是优先选择合金之一。硬态 TAg0.1 的硬度可达 97HRF，比普通紫铜（如 T2）高 10 HRF 以上，而电导率相近。近年来，人们开发 Cu-Cr 合金作为高速电机的整流子材料。虽然 Cu-Cr 合金只含有少量的铬，但由于 Cu-Cr 合金具有显著的沉淀强化效果，可以明显提高合金材料的再结晶温度和热强性。QCr0.5 合金的软化温度可达 400℃ 以上，其时效态的强度可达 530MPa，硬度可达 82HRB，电导率为 80% IACS。TAg0.1 的加工性能与普通紫铜相同，而 QCr0.5 合金在熔炼铸造时铬含量较难控制，铬须以细碎的小块加入，并充分搅拌和严密覆盖保护，否则会造成成分不均或铬富集。

3.2.3 槽楔材料

槽楔是固定发电机槽内定子线棒的零件。为了提高发电机不平衡运行能力和保证发电机负载电流造成温度升高时的安全可靠，大型发电机要求其槽楔材料必须有较高的导电性，同时具有高的常温及高温力学性能。多年来，世界上应用较多的是铍钴铜合金材料。其主要化学成分（质量分数）为：0.045% ~ 0.75% Be，2.5% ~ 2.7% Co，0.2% ~ 0.3% Zr，余量是 Cu。在室温下，其 $\sigma_b \geqslant$ 690MPa，$\delta \geqslant 15\%$，电导率 $\rho \geqslant 38.1\%$ IACS；在 427℃ 温度下，其 $\sigma_b \geqslant$ 520MPa，$\delta \geqslant 5\%$。

但是，铍、钴都是对人体有害的元素，尤其在高温下，对人体和环境都极为有害。对此，我国沈铜开发了镍铬硅铜合金（QNi 2.5-0.5-0.5）替代铍钴铜合金的新型槽楔材料。经过熔炼及半连续铸造，铸锭扒皮后热锻，淬火-冷加工-时效后，其性能指标稳定：室温 $\sigma_b \geqslant 725$MPa，$\delta \geqslant 16\%$，电导率 $\rho \geqslant 41.5\%$ IACS；427℃温度瞬时，$\sigma_b \geqslant 510$MPa，$\delta \geqslant 4.5\%$。该槽楔材料在国产 300MW 发电机上已安全运行 5 年以上。

3.2.4 电站冷凝器用冷凝管及管板

火力发电和核电都是以高压过热水蒸气为其动力源，推动汽轮机叶片转动的。做功后的水蒸气靠冷凝器进行换热，凝结成水循环利用，并在汽轮机排汽口形成一定的真空度，以提高机组的运行效率。虽然冷凝器相对于汽轮发电机而言属于辅机，但其换热效率和可靠性对电站的运行同样重要。

电站冷凝器通常为管壳式，由若干根铜管及两块以上的管板及管壳、端盖等组成，见图3-13。

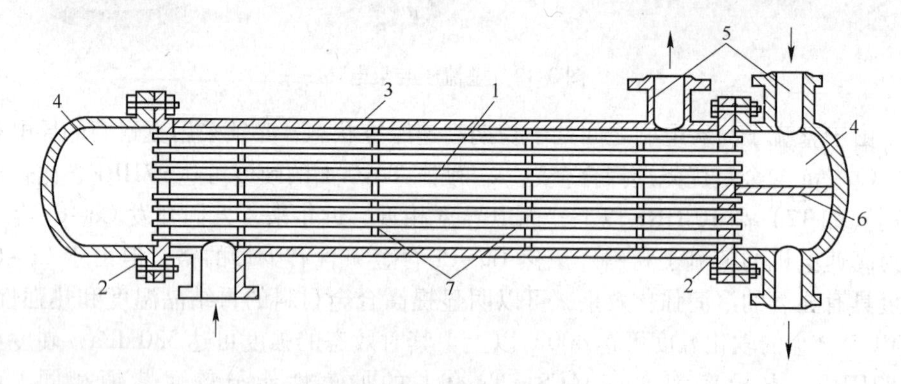

图3-13　管壳式冷凝器

1—管束；2—管板；3—壳体；4—管箱；5—接管；6—分程隔板；7—折流板

电站冷凝器铜管要求具有良好的导热性、耐蚀性、适当的强度和韧性，且管材外径精确、偏心小、平直。

管材主要采用锡黄铜 HSn70-1、铁白铜 BFe30-1-1 和 BFe10-1-1 等合金制造。

管材的力学性能见表3-1。管材还应具有相应的工艺性能，进行压扁、扩口、水压试验和无损检测，并按 GB/T 8890—2007 执行。

电站冷凝器铜管的主要规格范围为 $\phi(20\sim35)$ mm×(1.0～2.5)mm，长度最长为18m。

锡黄铜 HSn70-1 是最早用于冷凝器的铜合金，但该合金易脱锌腐蚀。为了改善其耐蚀性，添加0.03%～0.06% As。进一步研究表明，在加砷黄铜基础上添加少量的硼可进一步改善其耐蚀性。因而，目前实际应用都是加砷和硼的锡黄铜 HSn70-1AB。但硼易烧损，在熔铸过程中应当分步加入，并注意熔体保护。

通常，世界各国都采用挤压-轧管-拉伸的方法生产电站冷凝器铜管。而俄罗斯曾采用铜带焊接管坯拉伸的生产方法，我国也曾引进其技术和装备，但未被电力部门接受。

表 3-1 电站用冷凝管的力学性能（GB/T 8890—2007）

合金牌号	状 态	抗拉强度 R_m/MPa	伸长率 A/%
HSn70-1	M	≥295	≥38
	Y/2	≥320	≥35
BFe30-1-1	M	≥370	≥25
	Y/2	≥490	≥6
BFe10-1-1	M	≥300	≥25
	Y/2	≥345	≥8

冷凝管生产中，在挤压锡黄铜 HSn70-1 时易产生裂纹，应严格控制挤压温度和速度。温度不宜过高，速度不宜过快。管材在退火时要有惰性气体保护，防止脱锌。

直条法挤压-拉伸生产冷凝管在长度上受到限制，特别是白铜冷凝管一般只能提供长 12m 左右的产品，因此，近年来，中铝洛铜、海亮等企业开发了盘拉白铜管的生产工艺，成功地解决了这个问题。

冷凝器管板（见图 3-14）通常采用 HSn62-1 黄铜和 BFe10-1-1 白铜热轧而成，厚度一般在 10mm 以上，最大宽度可达 3m。

随着发电效率和节能要求的提高以及汽轮机技术的发展，世界各国电站建设均朝着大功率发电机组的方向发展。我国政府在 20 世纪 90 年代中期已明令对 200MW 以下的火力发电站暂停建设，鼓励发展 300MW 以上的大型发电机组，尤其鼓励支持发展 600MW 以上的大型火电机组。因此，冷凝管也朝着满足大功率发电机组的高耐蚀、大口径、超长（长度大于 12m）的方向发展。大功率大装机容量电站和核电站用冷凝管由原来 ϕ25mm × 1mm×8.5m 发展为 ϕ25mm×1.2mm×(16～25)m。2008 年，我国火电装机容量为 5 亿千瓦，2012 年达 8 亿千瓦，预计 2015 年可达 9.5 亿千瓦。其中绝大多数为 300MW 以上发电机组，需用超长冷凝管。

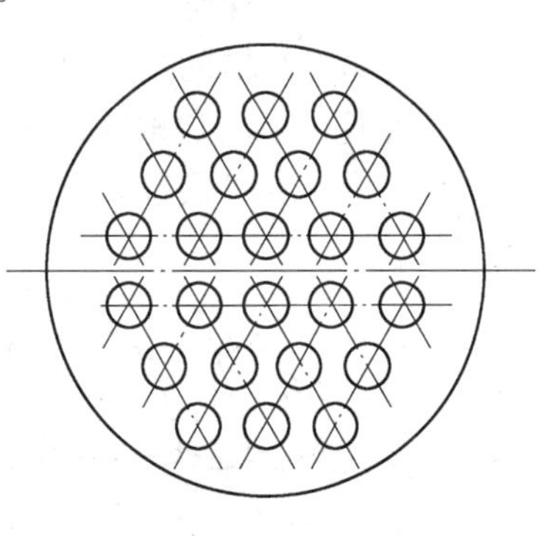

图 3-14 加工后的冷凝器管板

当前，国内生产长度大于 18m 的超长冷凝管还存在着成材率低、成本高的问题，虽然国内已经有企业生产出海水淡化用超长常冷凝管，但其成品率低、成本高仍是主要问题。据估算，每 1 万千瓦装机容量需铜管 5t。1 台 30 万千瓦机组约需 140t 冷凝管（其中黄铜管约 120t，白铜管约 20t）。根据我国电力发展中长期规划，今后 10 年我国每年需要冷凝器管材 1 万吨左右。

由于电站环境的复杂性，特别是滨海电站水质含有较多的氯离子，对铜管的耐蚀性提出了更高的要求。为了改善黄铜冷凝管的脱锌腐蚀和应力腐蚀性能，在加砷黄铜的基础上，开发了添加少量硼的 HSn70-1AB 合金并迅速得到了推广应用。白铜管的耐蚀性优良，一般用于中小机组冷凝器的芯部。60 万千瓦的大型机组冷凝器几乎全部使用白铜管。电站用冷凝管的规格与用量见表 3-2。

表 3-2　电站用铜冷凝管的规格与用量（GB/T 8890—2007）

机组容量/MW	规格/mm×mm×mm	用铜量/t
100	ϕ25×1×(6000～8000)	50
200	ϕ25×1×(8500～9500)	100
300	ϕ(25～28)×1×(9500～11000)	145～146
600	ϕ(25～28.6)×(1～1.25)×(10000～15000)	273～438

电站冷凝器铜管正受到不锈钢管和钛管的挑战。不锈钢的耐蚀性优于黄铜。虽然耐含氯离子水腐蚀性不如白铜，但成本比白铜管低，已经挤占了一部分铜冷凝管市场。钛合金管比较昂贵，产能也比较小，但耐蚀性极好，在大型机组和核电中得到越来越多的应用。为此，研究开发耐蚀性更好的铜合金是摆在铜加工企业面前的一个现实课题。

为了提高冷凝器的换热效率，有的研究机构正在进行冷凝器结构和冷凝管形状改进（在管子上增加螺纹或翅片等），以增加换热面积和介质的流动状态。最简单的是采用波纹管代替普通平直光管，如图 3-15 所示。

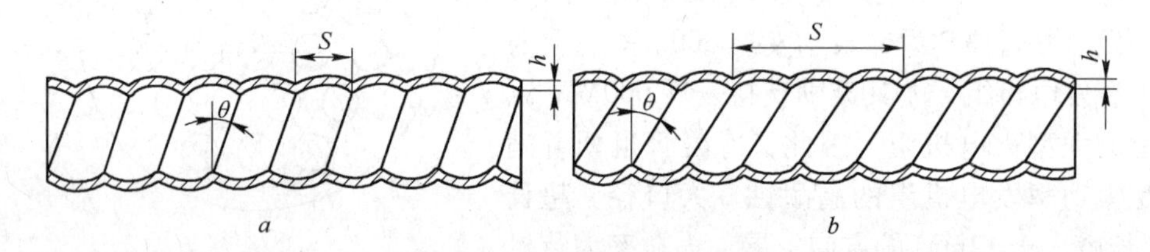

图 3-15　发电机组用波纹管

a—单头波纹管；*b*—三头波纹管

结构改进最明显的例子是大型直接或间接空冷机组的应用，改变了传统冷凝器的结构。它由若干个长 10m 的单排翅片管束组成，布置在巨大的空冷平台上。这一变化应当引起关注。空冷器管束见图 3-16。

核电作为一种清洁能源，越来越受到人们的重视。在我国现有的发电能源结构中，煤电占有首要地位，占 74%。这也意味着电力需求再翻一番，每年用煤就将超过 16 亿吨。煤电已经导致严重的环境污染问题。我国已经成为世界上二氧化硫排放和二氧化碳排放的大国之一，沿海个别地区已经接近甚至超过世界卫生组织规定的排放极限。而长距离的煤炭输送将加剧环境和运输压力。水电受到客观条件的限制，其开发难度相当大。而太阳能、生物能等可再生能源开发遇到核心技术的瓶颈，其使用成本极高。因此，在未来的30年内，这些新能源不具备成为我国主力能源的条件。在能源紧缺的大背景下，核电成为最现实的选择。根据我国核电产业发展规划，到2020年我国核电总装机容量要达到4000万千瓦，在建1800万千瓦。这意味着，在今后的十多年间，我国要开工建设40台以上百万千瓦级的核电机组。图3-17为正在建设中的核电站场景。

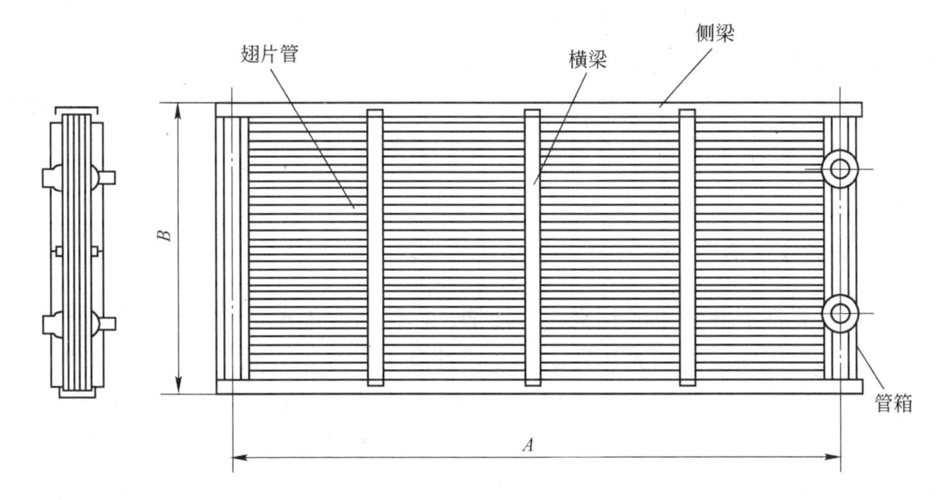

图3-16　空冷器管束

A—管束长；B—管束宽

图3-17　建设中的核电站

核电站是利用可控核裂变技术将铀-235原子核内部蕴藏的能量产生电能的

新型发电站（1kg 铀-235 全部裂变放出的能量相当于 2700t 标准煤燃烧放出的能量。）核电站大体可分为两部分：一部分是利用核能生产蒸汽的核岛，包括反应堆装置和一回路系统。冷却剂-水在主泵的推动下流过燃料组件，吸收了核裂变产生的热能以后流出反应堆，进入蒸汽发生器，在那里把热量传给二次侧的水，使它们变成蒸汽。另一部分是利用蒸汽推动汽轮机发电的常规岛，包括汽轮发电机系统。铜材在核电中用量最大的是核电站的一回路蒸发器和汽轮发电机系统的冷凝器及变电系统，主要是冷凝管、汇流排、导线及各种电控系统等。核电中用冷凝管依据核电站水质情况选用不同的材料，一般为黄铜和白铜。广东岭奥核电站即使用洛铜生产的 HSn70-1 和 BFe10-1-1 冷凝管。核电的安全要求极为严格，因此，为核电提供的铜材质量保证体系必须符合 ISO9000 标准，产品从投料到交付的每一环节的工艺条件、质量状况、操作者都应当是可追溯的，这一点应当引起管材生产厂的高度重视。

3.2.5　太阳能电池

随着世界性能源危机的到来，对清洁、非化石类能源的应用越来越受到人们的关注。太阳能发电包括光热发电和光伏发电两大类。人们通常所说太阳能发电一般指光伏发电。太阳能光伏发电是利用半导体界面的“光生伏特效应”而将光能直接转变为电能的一种技术，见图 3-18。这种技术的关键元件是太阳能电池。太阳能电池经过串联后进行封装保护可形成大面积的太阳能电池组件（见图 3-19），再配合功率控制器等部件就形成了光伏发电装置。

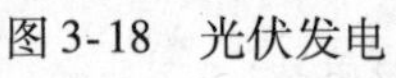

图 3-18　光伏发电

图 3-19　太阳能电池板

太阳能电池应用技术产业化越来越受到人们的推崇。2009 年 3 月国家出台了“太阳能屋顶计划”；2009年7月财政部、科技部、国家能源局联合宣布在我国正式启动“金太阳”示范工程；中科院已启动实施以2050年前后太阳能作为重要能源为远景目标的太阳能行动计划。这些政策的出台将推动国内太阳能电池市场的迅速发展。

光伏铜带是太阳能电池重要的导电导热原材料：用于制作太阳能电池互联条和汇流带的铜带主要起导电输电作用。太阳能光伏铜带品质的优劣是影响太阳能光伏转换效率的关键因素。太阳能市场的迅速发展，必将带动太阳能用铜带市场的扩大。

光伏铜带主要用于制作太阳能电池的互联条和汇流带。太阳能电池对光伏铜带的导电性能、焊接性能、精度、板形和表面质量均有严格的要求，为了提高光伏转换效率，降低能量散失，对铜带纯度要求也越来越高，用C10100 、C10200来生产是最理想的。

光伏用铜带的外形尺寸、力学性能、电性能分别见表3-3 ~ 表3-5。

表3-3 产品外形尺寸及允许偏差 (mm)

厚 度	厚度允许偏差	宽 度	宽度允许偏差	错 层
0.1 ~0.3	±0.005	用户要求宽度或倍尺	±0.10	±0.5

表3-4 带材力学性能

状 态	抗拉强度 R_m/MPa	伸长率 $A_{11.3}$/%	维氏硬度 HV
M	≥235	≥25	45 ~ 52

表3-5 带材电性能要求

状 态	电导率/%IACS	电阻系数/$\Omega \cdot mm^2 \cdot m^{-1}$
M	≥101	≤0.017069

据统计，2009年太阳能互联条和汇流带的铜带消费量约4500t，并且随着太阳能光伏产业的发展而递增。这为太阳能铜带产业化提供了坚实的市场基础。

3.3 铜材在用电设备中的应用

用电设备涉及各行各业，各行各业特有的用电设备也多种多样，将在以后章节中专门介绍，这里仅介绍通用部分。

3.3.1 电动机

各种机械、器件的运动都需要驱动力才能运行，汽车、拖拉机、轮船靠的是内燃机，采用燃油或燃气产生高压气体推动活塞或叶轮而产生动力，而电动机则是靠电磁效应将电能转换成动能而产生动力。在当今社会，可以说电动机无处不在。大到电力机车、大型轧钢机、大型船闸启闭机等，小到微型玩具、电动剃须刀都离不开电动机。

电动机与发电机结构相同，都是由转子和定子组成，只不过其作用相反。即电动机的定子线圈接在电源上，转子线圈的感生电磁力驱动转轴旋转。因此，铜材在电动机上的应用也主要是线圈绕组用漆包铜线。

大体而言，一台电动机绕组用铜线质量约为整个电动机质量的60%。

3.3.2 电抗器（电感器）

通俗地讲，能在电路中起到阻抗作用的器件，称为电抗器，见图3-20。

电力网中所采用的电抗器，实质上是一个无导磁材料的空心线圈。它可以根据需要布置为垂直、水平和品字形三种装配形式。

电抗器的结构有两种，一种是空心螺旋线圈结构，另一种是螺旋线圈内置铁芯结构。螺旋线圈通常用铜导线缠绕。

3.3.3 电容器

电容器又简称为电容，用字母 C 表示。顾名思义，电容器是“装电的容器”，是一种容纳电荷的器件。电容器是电子和电气设备中大量使用的元器件之一，广泛应用于隔直流、耦合、旁路、滤波、调谐回路、能量转换、控制电路等方面，如图3-21所示。实际上，任何两个彼此绝缘且相隔很近的导体（包括导线）间都构成一个电容器。

图3-20 电抗器

大、中型平板电容器多用T2紫铜板作间板。随着技术的发展及器件小型化的趋势，现代电容器都采用镀（涂）绝缘膜的薄铜带或更薄的铜箔制造。

3.3.4 变频器

变频器是利用电力半导体器件的通断作用，将工频电源变换为另一频率的电能控制装置，如图3-22所示。

变频器由主回路、电源回路、IPM驱动及保护回路、冷却系统等组成。其结构多为单元化或模块化形式。其中主回路、电源回路、IPM驱动及保护回路主要由各种电线、电容器、电桥、电阻器等组成，而冷却系统则主要由散热器和风扇组成。因此，铜材在变频器中的应用主要以T2紫铜线、带箔、薄板等为原材料。

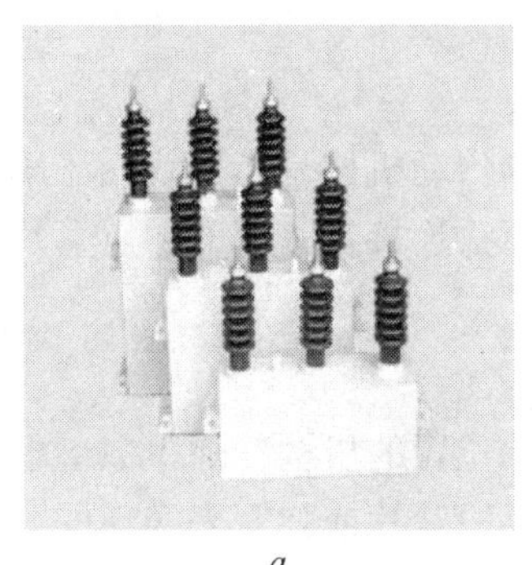

a

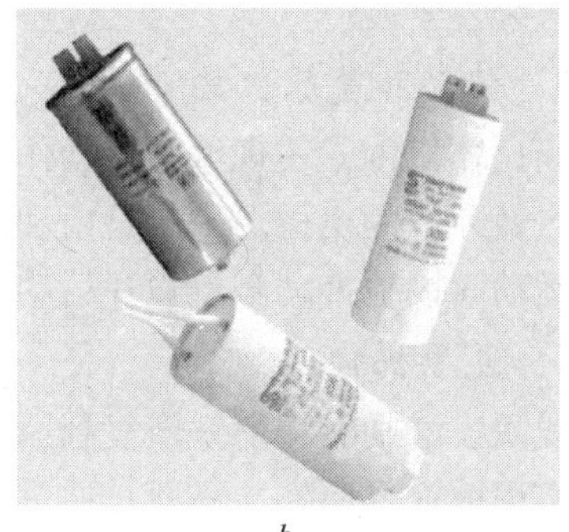

b

图3-21　电容器
a—三相电力电容器；*b*—CBB80电容器

3.3.5　继电器

继电器是一种电子控制器件，它具有控制系统（又称输入回路）和被控制系统（又称输出回路），通常应用于自动控制电路中。它实际上是用较小的电流去控制较大电流的一种“自动开关”。故在电路中起着自动调节、安全保护、转换电路等的作用，应用十分广泛。

图3-22　变频器

常用的电磁继电器有舌簧继电器、极化和磁保持继电器、密封电磁继电器。根据功能可划分为时间继电器、温度继电器、加速度继电器、风向继电器等。

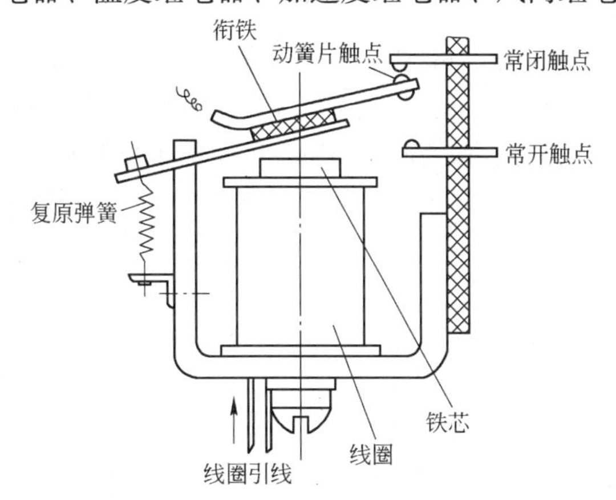

图3-23　电磁继电器的结构

继电器的典型结构如图3-23所示。一般的电磁继电器由电磁系统、接触系统、传动和复原机构三部分组成。

3.3.5.1　电磁系统

它是感应机构，由软磁材料制成的铁芯、轭铁和衔铁构成的磁路系统和线圈组装而成。

3.3.5.2　接触系统

它是执行机构，由不同形式的触点簧片或用作触点的接触片以一定的绝缘方式组装而成，如图3-23中的动簧片触点、常开触点、常闭触点构成的接触系统。

3.3.5.3　传动和复原机构

它是中间比较机构，实现继电器动作的传动机构是指当线圈激励时将衔铁运动传递到触点簧片上的机构。一般是由和衔铁连接在一起的触点簧片直接传动或通过衔铁的运动间接地推动触点簧片运动。

3.3.5.4　复原机构

它是当线圈去激励时将衔铁恢复到原始位置的机构，除少数继电器通过接触系统总压力实现衔铁复原外，一般是通过复原簧片或弹簧来实现的。

3.3.5.5　舌簧继电器

它是由线圈和舌簧管构成的一种结构较简单的电磁继电器（图3-24）。舌簧管是由两根或三根高导磁材料制成的舌簧片封结在玻璃管中构成的。舌簧片可构成磁路的一部分。封结在玻璃管内的舌簧片自由端电镀一层贵金属，因此，它又可作为继电器的触点起开闭电路的作用。

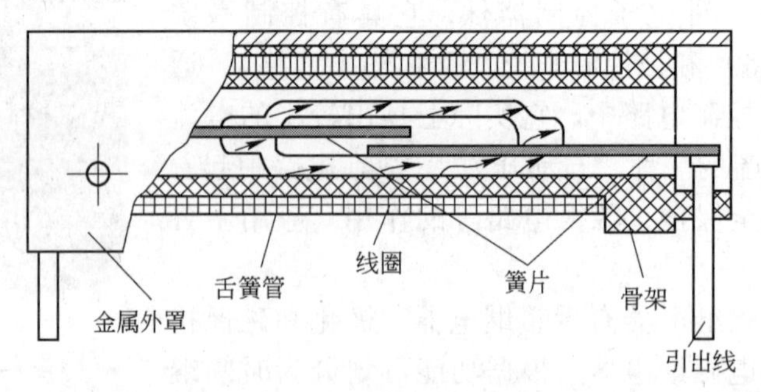

图3-24　舌簧继电器典型结构

继电器中用铜材除线圈使用纯铜导线外，最主要的是各种簧片。它们通常用既有较高导电性能，又有良好的弹性和抗应力松弛和蠕变性能的锡磷青铜（QSn6.5-0.1等）、锌白铜（BZn15-20等）、铍青铜（QBe2.0等）带材制造。

4　铜材在电子、信息领域的应用

半导体的发现及应用开辟了人类的电子时代，而计算机技术的发展则使人类进入了信息时代，彻底改变了人类社会的生产和生活方式。人类文明取得了巨大进步。

IT 是信息技术（information technology）的英文简称，指与信息相关的技术。IT 由以下三部分组成：

（1）传感技术。这是人的感觉器官的延伸与拓展，最明显的例子是条码阅读器。

（2）通信技术。这是人的神经系统的延伸与拓展，承担传递信息的功能。

（3）计算机技术。这是人的大脑功能的延伸与拓展，承担对信息进行处理的功能。

所谓信息化是指用信息技术来改造其他产业与行业，从而提高企业和社会的效益和工作效率。在这个过程中，信息技术承担了一个非常重要的角色。

电子和信息技术的物质基础主要是电子元器件、集成电路和印刷电路、传输网络。而制造这些元器件、电路、网络的电子材料主要是半导体材料、导电导热材料、磁性材料、绝缘材料、封装材料。其中导电导热材料使用量占其总质量的 65%～70%。电子和信息用导电导热材料绝大部分都是铜材。

4.1　铜材在真空电子管中的应用

4.1.1　真空电子管

1904 年，世界上第一只电子管在英国诞生。真空电子管又称真空管，有二极管、三极管等，见图 4-1。半导体技术发展之前，它是通讯行业的主力器件，1946 年的第一台计算机就是由真空管和继电器构成的。

图 4-1　真空电子管

真空管的工作原理：一块被加热的金属板，当它的温度达到 800℃ 以上时，电子会加速运动，以至能够摆脱金属板本身对它们的吸引而逃逸到金属表面以外的空间。若在这一空间加上一个十几伏至几万伏的正向电压，这些电子就会被吸引飞向阳极，流经电源而形成回路电流。把金属板（阴极）、加热源（灯丝）、正向电压极板（阳极）封装在一个玻璃（或金属、陶瓷）封装壳内，再抽成几近真空，就是最简单的真空二极管，可用作整流和检波。增加一个栅极就成了三极管，栅极能控制电流，栅极上很小的电流变化能引起阳极很大的电流变化，所以，三极管有放大作用。当然，还有多极管，它是在三极管内增加了一个或几个网栅（称为控制栅），主要是增加控制作用。真空管由于具有检波、放大、振荡等功能，因而在电压放大、功率放大、混频和变频、调谐、稳压等方面具有十分重要的作用，因而曾在声频、视频及其他信息传输中被广泛应用。

工作在微波波段的真空电子器件简称微波管。电磁波谱中的微波波段通常指频率在 300MHz ~ 3000GHz，对应波长为 1m ~ 0.1mm 的电磁波。在第二次世界大战期间微波雷达出现后，微波管迅即得到广泛应用。20 世纪 50 年代以来，它的应用已迅速扩展到微波中继通讯、卫星通讯、电视广播、导航、能量传输、工业和民用加热、科学研究等方面。

简单真空电子管的内部结构见图 4-2*a*。大功率发射管芯柱简图见图 4-2*b*。

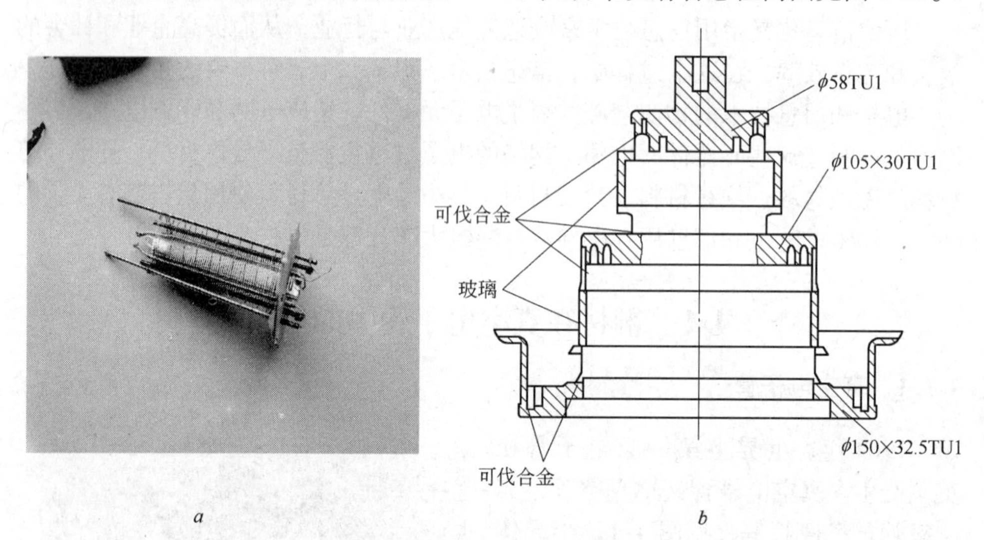

图 4-2 电子管的内部结构

a—电子管的内部结构；*b*—大功率发射管芯柱

4.1.2 真空电子器件用无氧铜材

真空管内的阴极、栅极以及谐振腔、基座和导线都由铜材制造。由于电子管是在 900 ~ 950℃氢气保护下进行真空封装，所以不允许在封装过程中或其后的运行过程中产生泄漏，否则，阴极、栅极和阳极都会在高温下被迅速氧化失效。

这就要求铜材具有极低的氧含量。而电子发射是在800℃以上的高温下进行的，要求阴极和栅极及谐振腔材料具有一定的强度、抗高温软化能力和很强的导热性、极小的线膨胀系数。根据真空管的制造过程和工作条件，人们选择了无氧铜（主要是板材和棒材），牌号为TU1。随着铜加工技术的进步，氧含量的控制水平由$20\times10^{-4}\%$、$10\times10^{-4}\%$到$5\times10^{-4}\%$以下，甚至达到$3\times10^{-4}\%$以下；铜含量由99.95%提高到99.99%。目前可提供的无氧铜牌号增加了TU0、C10100等。由于严格控制了氧和其他杂质的含量，高纯无氧铜具有了更高的导电导热、无磁等特性。因此，高纯无氧铜广泛用于微波管管壳和螺旋线、环杆慢波线、调速管的腔体、漂移管和调谐杆、磁控管的阳极块、真空开关管的触头、电力电子器件的接触块等。

由于无氧铜的高温性能不能完全满足某些器件的使用要求，因此，开发了弥散强化无氧铜。典型牌号为TUMA10.12。TUMA10.12弥散强化无氧铜具有极好的抗高温软化性能，在950℃时，其强度和硬度仍超过室温强度和硬度的85%，硬度可保持在80HRB左右。弥散强化无氧铜的物理性能见表4-1，力学性能见表4-2～表4-4。近年来，洛铜和中南大学合作，通过改进内氧化-还原一体化工艺，生产出的弥散强化无氧铜TUMA10.12棒材几乎无膨胀（ϕ25mm拉制棒材在950℃氢气气氛下退火后，实测未发现直径变化）。

表4-1 弥散强化无氧铜的物理性能

特　性	种　类	Al-10	Al-35	Al-60
标准组成（质量分数）/%	Al(Al_2O_3)	0.1(0.2)	0.35(0.7)	0.6(1.2)
	Cu	99.8	99.3	98.8
熔点/℃		1082	1082	1082
密度/$kg\cdot m^{-3}$		8820	8800	8780
电阻率(20℃)/μΩ·cm		1.92	2.03	2.10
电导率(20℃)/%IACS		90	85	80
热导率/$W\cdot(cm\cdot℃)^{-1}$		3.59	3.39	3.22
线膨胀系数(约50℃)/$℃^{-1}$		19.5×10^{-6}	20.0×10^{-6}	20.4×10^{-6}
弹性模量/GPa		108	120	140

表4-2 Al_2O_3弥散强化无氧铜的典型力学性能

合金	直径/mm (in)	冷加工量或状态符号	抗拉强度/MPa	屈服强度（残余变形0.2%时）/MPa	伸长率（标距50mm）/%	硬度HRB	弹性模量（拉伸）/GPa
C15710	棒　材						
	24(0.94)	0%	325	270	20	60	105

续表4-2

合金	直径/mm (in)	冷加工量或状态符号	抗拉强度/MPa	屈服强度(残余变形0.2%时)/MPa	伸长率(标距50mm)/%	硬度HRB	弹性模量(拉伸)/GPa
C15710				棒　材			
	22(0.88)	13%	345	330	18	65	105
	19(0.75)	39%	415	400	16	70	
	16(0.63)	56%	450	425	12	70	
	10(0.38)	82%	510	470	10	72	
	6(0.25)	93%	530	485	10	74	
		O61	325	275	20	60	
				线　材			
	2(0.09)	98.5%	565	540	—	—	105
	1(0.05)	99.5%	650	620	—	—	
		O61	325	275	—	—	
	0.8(0.03)	99.8%	685	650	—	—	
		65%	455	420	—	—	
	0.5(0.02)	99.9%	725	690	—	—	
		85%	475	450	—	—	
		O61	345	290	—	—	
C15720				板　带　材			
	0.76(0.03)	91%	570	545	7	—	113
	0.51(0.02)	95%	585	565	6	—	
	0.25(0.01)	97%	605	580	5	—	
	0.152(0.006)	98%	615	585	3.5	—	
		O61	485	380	13	—	
				棒　材			
	24 (0.94)	0%	470	365	19	74	113
	21(0.81)	26%	495	470	16	77	
	18(0.72)	42%	510	485	14	78	
	16(0.63)	56%	530	495	13	79	
	13(0.50)	72%	540	505	11	79	
	10(0.38)	82%	550	510	10	80	
	76(3.0)	M30	525	610	13	78	
	102(4.0)	M30	460	395	20	68	

续表 4-2

合金	直径/mm (in)	冷加工量或状态符号	抗拉强度/MPa	屈服强度(残余变形 0.2% 时)/MPa	伸长率(标距 50mm)/%	硬度 HRB	弹性模量(拉伸)/GPa
C15735	24 (0.94)	0%	485	420	16	77	123
	19 (0.75)	39%	550	540	13	80	
	16 (0.63)	56%	585	565	10	83	
	64 (2.5)	M30	590	415	16	76	
	76 (3.0)	M30	565	540	11	78	
	102 (4.0)	M30	515	485	13	75	

注：Glidcop 的弹性模量：108GPa（Al-10），120GPa（Al-35），140GPa（Al-60）；20℃，C15715、C15760 的弹性模量为 115GPa。

表 4-3 Al_2O_3 弥散强化无氧铜的高温力学性能

性能 合金	室温性能		高温性能							
			220℃		420℃		650℃		925℃	
	σ_b/MPa	δ/%	σ_b/MPa	δ/%	σ_b/MPa	δ/%	σ_b/MPa	δ/%	σ_b/MPa	δ/%
Al-10	500	10	500	11	440	24	415	26	395	27
Al-35	585	11	570	12	545	12	535	13	510	13
Al-60	620	3	620	3	600	4	600	4	550	5

注：Al-10 数据取自 90% 冷加工度，Al-35、Al-60 数据均取自 55% 冷加工。

表 4-4 各种工艺制备的弥散强化无氧铜的力学性能

制备方法	合金成分（质量分数）/%	冷加工量/%	状态（退火温度/时间）	性能			
				σ_b/MPa	$\sigma_{0.2}$/MPa	伸长率/%	电导率/%IACS
内氧化法	Cu-0.7Al_2O_3	0	挤压态	393	324	27	93
		0	650℃/h	393	324	28	
		0	980℃/h	386	317	29	
	Cu-2.7Al_2O_3	14	冷拉态	572	545	16	83
		14	650℃/h	524	486	22	
		14	980℃/h	496	455	22	
	Cu-2.65Al_2O_3	50	冷加工态	628	—	—	87
		50	1000℃/h	560	—	—	87
热化学法	Cu-2.7Al_2O_3	0	挤压态	376	—	—	96
	Cu-1ThO_2	—	冷加工态	275	201	21	93.8
		—	600℃/h	270	193	25.8	—

续表 4-4

制备方法	合金成分（质量分数）/%	冷加工量/%	状态（退火温度/时间）	性能			
				σ_b/MPa	$\sigma_{0.2}$/MPa	伸长率/%	电导率/%IACS
热化学法	Cu-2ThO_2	—	冷加工态	417	393	7.5	92.6
		—	600℃/h	284	216	21.2	—
机械合金化法	Cu-1CrB_2	0	挤压态	507	476	—	—
	Cu-1TiB_2	0	挤压态	502	422	—	—
		0	900℃/h	456	394	—	—
	Cu-1ZrB_2	0	挤压态	526	470	—	—
	Cu-1Al_2O_3	0	挤压态	225	165	—	—
	Cu-3Al_2O_3	0	挤压态	210	125	—	—
	Cu-5Al_2O_3	0	挤压态	约 900	约 700	—	—
	Cu-5TiB_2	0	挤压态	约 1000	约 800	—	—
复合熔铸法	Cu-0.6WC	0	铸态	148	—	50	98.9
	Cu-19.7WC	0	铸态	304	—	3	—
	Cu-1.1NbC	0	铸态	402	—	58.4	95.4
	Cu-32.9NbC	0	铸态	402	—	5	—
	Cu-1.8TiC	0	铸态	178	—	32.8	95.2
	Cu-31.2TiC	0	铸态	357	—	8.9	47.6
	Cu-0.6TaC	0	铸态	153	—	44	103.4
	Cu-13.4TaC	0	铸态	269	—	12.9	73.4
	Cu-1.6VC	0	铸态	163	—	43.7	89
	Cu-15.3VC	0	铸态	323	—	21.8	—
喷射沉积法	Cu-26.7TiB_2	0	挤压态	—	150	—	—
反应喷射沉积法	Cu-26.7TiB_2	0	挤压态	—	262	—	—
Mixalloy 法	Cu-3TiB_2	50	冷加工态	455	434	16	83
	Cu-5TiB_2	95	冷加工态	675	620	7.0	76

由于电子管存在体积大、功耗大、发热厉害、寿命短、电能利用效率低、结构脆弱并需要高压电源的缺点，现在它的大部分用途已经被固体器件晶体管所取代。另一方面，电子管负载能力强，线性性能优于晶体管，在高频大功率领域的工作特性要比晶体管更好，所以在某些领域（如大功率无线电发射设备）继续发挥着不可替代的作用。20 世纪 60 年代初期，速调管、行波管（TWT）、磁控

管以及正交场放大器（CFA）相继问世。60年代中期，能满足毫米波及更短波长频段功率需求的两种快波器件——回旋振荡器/放大器和自由电子激光器（FEL）面世。60年代后期，开始研究用强相对论电子注（IREB）来产生高功率微波毫米波（MMW）脉冲辐射。最终，研制出在电子注电压为0.1～10MV的条件下，产生脉冲宽度小于0.1μs、大于1GW峰值功率的强电子注相对论加速器。同期开展的场发射阵列（FEA）研究还为射频真空微电子学的发展奠定了基础。近20年来，电真空器件的性能不断提升。在频率40GHz以上，功率提高了10倍，瞬时带宽扩大了3倍，效率增长近2倍，其中窄带行波管的效率已达76%。可靠性提高10～100倍。普通行波管的寿命已达10万小时，空间行波管的寿命已超过18年。这些进展归功于采用了建模仿真设计和应用了新的器件概念。在过去数十年，真空电子器件的平均功率密度以每两年翻一番的速度发展。尽管半导体功率器件也有长足的进步，但目前其平均功率密度仅为100MW·GHz，低于所有真空电子器件。据美国国防部电子器件顾问组提供的报告预测，到2030年，现有电真空器件的80%还要使用，并将开发新的电真空器件来满足新的需求。到2050年，新的应用仍将为美国电真空器件工业提供较大的市场。由此可见，在未来较长的时期内，在高功率高频率应用范围内（如加速器、通信卫星、雷达、电子战等军事、商业和科学研究应用领域），微波真空电子器件的作用是不可取代的。对此，少数发达国家仍十分重视其发展，如美国军方制订了“三军真空电子学创新研发计划”和“海军电真空科学与技术计划”来支持其发展。因此，电真空用高性能无氧铜材的研究仍将是一个重要课题。

4.2 铜材在集成电路中的应用

4.2.1 集成电路（含分立器件）的用途和发展

半导体产品按封装形式分为集成电路和分立器件两大类。

集成电路（板）是一种微型电子器件或部件。采用一定的工艺，把一个电路中所需的晶体管、二极管、电阻、电容和电感等元件及布线互连一起，制作在一小块或几小块半导体晶片或介质基片上，然后封装在一个管壳内，成为具有所需电路功能的微型结构（IBM在只有121mm^{2}的芯片上集成了超过5800万个晶体管），它在电路中用字母“IC”表示。

集成电路（合分立器件）具有体积小、质量轻、引出线和焊接点少、寿命长、可靠性高、性能好、成本低、便于大规模生产等优点，因此，当今的“IC”已经成为一个名副其实的高技术支柱产业。

集成电路按其集成规模可分为小规模、大规模、超大规模、特大规模、巨大规模集成电路等。分立器件则有二极管、三极管、MOS晶体管、JFET晶体管几大类。集成电路和分立器件被广泛应用于工业自动控制、计算机和外设、网络通信，以及汽车电子、Led 显示屏、消费电子（电视机、可视电话、复读机、MP3、游戏机）等所有领域。尽管受金融危机和行业周期性调整的影响，但目前集成电路和分立器件行业市场发展前景依然广阔。2010 年全球半导体市场规模达 2910 亿美元，同比增长约 30%；2011 年规模为 3079 亿美元，同比增长 5.8%。我国“十一五”期间，产业规模持续扩大，产量和销售收入分别从 2005 年的 265.8 亿块和 702 亿元，提高到 2010 年的 652.5 亿块和 1440 亿元，占全球集成电路市场比重从 2005 年的 4.5% 提高到 2010 年的 8.6%。同时，工信部预计，到 2015 年，国内集成电路市场规模将超过 1 万亿元。为实现集成电路产业健康持续发展，工信部提出，到“十二五”末，集成电路产量将超过 1500 亿块，销售收入将达 3300 亿元，年均增长 18%，占世界集成电路市场份额的 15% 左右，可满足国内近 30% 的市场需求。

铜材在 IC 产业中的代表性产品是引线框架用铜带。目前，全世界 IC 集成块已达 2100 亿块/年以上。国内 IC 总需求量和产量差距很大。2000 年需求量为 201 亿块，国内实际产量为 41 亿块；2005 年国内需求量为 470 亿块，而实际产量仅 150 亿块，预计 2010 年国内需求达 800 亿块，国内实际产能约 550 亿块。2000 年国内消费引线框架铜带约 4000t，而国产仅 1200t；2005 年国内消费引线框架铜带 15000t，而国产仅 8000t。2010 年国内引线框架铜带消费量已达到 55000t。

4.2.2　引线框架用铜材

集成电路由单晶硅器件、引线框架、线路板和封装体组成，分别见图 4-3、图 4-4。

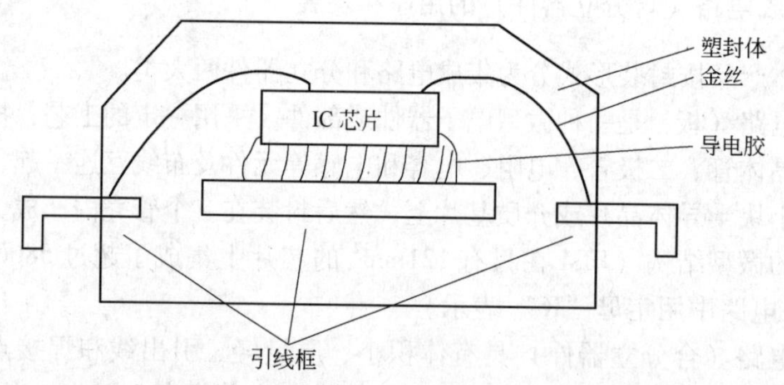

图 4-3　集成电路（半导体器件）示意图

引线框架在集成电路中具有以下三种功能：一是作为支架起支承集成电路的核心——单晶硅器件的作用；二是作为电导体，将单晶硅器件与线路板连接；三

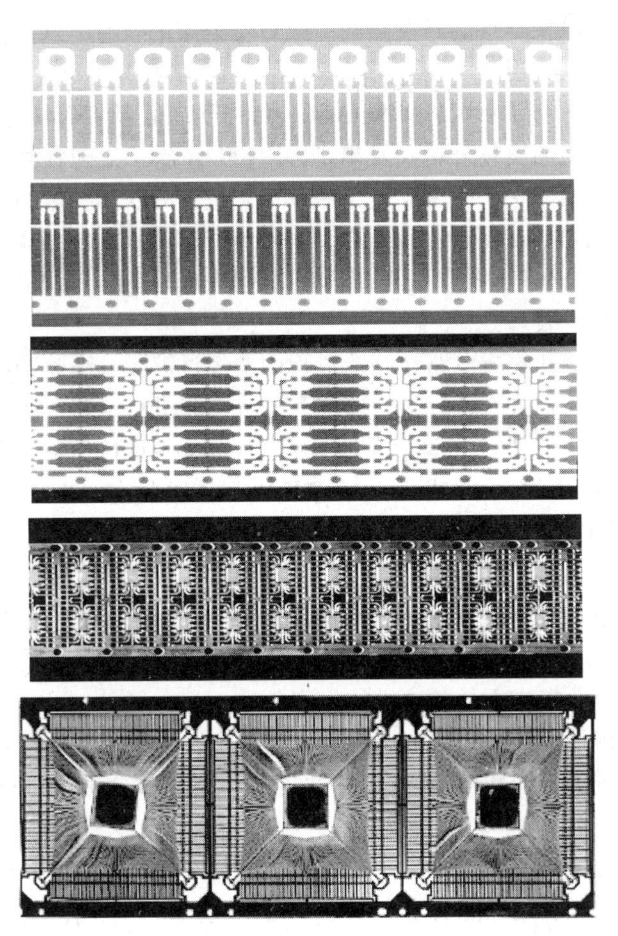

图 4-4 冲制的分立器件和集成电路引线框架

是散热功能，将单晶硅器件工作时产生的热量及时传导出去，保证器件正常工作。因此，要求制造引线框架的材料具有一定的强度和高的导电导热性能。同时，由于引线框架冲制、电镀工艺和集成电路键合、封装制造工艺条件的特殊性，对引线框架材料提出许多附加要求，如材料应当具有高的尺寸精度和平直度；应具有小的内应力，保证冲制或蚀刻后无变形（翘曲）；表面光洁以使镀层牢固、均匀；应具有较高的软化温度，可适应封装或焊接的环境，等等。

早期的集成电路引线框架材料选用的是可伐合金和铁镍 42 带材。它们强度高，特别可贵的是在与陶瓷、玻璃、树脂等封装时的线膨胀系数同陶瓷、玻璃、树脂相当。但铁镍 42 的导电导热性太差，电导率仅 10% IACS，能耗高，易发热，严重降低了器件的可靠性。20 世纪 60 年代，开发了铜合金引线框架材料。最初使用过 H90、T2，厚度在 0.381mm 以上。后来，日本、美国等发达国家掀起了铜合金引线框架材料的开发热潮，仅日本公布的就有七八十种之多。日本开发了 KFC 合金（相当于美国的 C19200，我国牌号为 QFe0.1），其铁含量仅 0.05% ~0.15%，电导率高达 92% IACS，而强度却低于 450MPa，属于高导电较低强度铜合金。美国奥林公司开发出了 C19400 合金（我国牌号为 QFe2.5），与 KFC 合金一样同属 Cu-Fe-P 系。它含有 2.5% 左右的铁和少量的磷，属于中等强度（550MPa 左右）、较高导电性（电导率大于 60% IACS）的铜合金，软化温度在 450℃以上，适合于制作引线框架，一时间得到迅速推广，成为第一代铜合金引线框架材料的代表。

由于引线框架和集成电路在制造过程中要经过镀膜、高速冲床冲制成细小的引线，要将引线与相关元件焊接，要与陶瓷或树脂进行封装，所以对引线框架铜带提出了十分严格的要求：薄带厚度公差为 0.005 ~0.008mm，侧弯小于 1mm/m，剪切毛刺小于 0.02mm，板形应在 20I 以下，残余应力小（保证在冲制后无翘曲），表面应光洁，无擦划伤、起皮、分层、夹杂、锈斑、水印等缺陷，氧化膜在 250℃时不剥离，高温加压试验条件下电镀层不起泡等。因此，铜带加工必须具备在线固溶、拉弯矫直及高精度轧制、高清洁表面清洗及热处理设备。在 20 世纪 80 年代，该产品技术、装备要求代表了铜合金带材品质和生产装备的最高水平，我国企业根本不具备这样的生产条件。

洛铜是我国最早开展引线框架铜带研究和生产的企业，并为此进行了相应的技术改造，引进了一些新设备。在 20 世纪 90 年代洛铜占有了 QFe0.1（C19200）国内市场份额的 65% ~80%。

C19400 属于析出强化型合金，必须在 650℃以上温度条件下充分固溶，经过变形、时效，才能满足性能要求。但是，在 20 世纪 90 年代，国内尚没有良好的在线淬火设备。由于铁不能充分固溶和弥散分布，因而，带材普遍存在小起皮等缺陷（在剪切时大量黏附在压板毡垫上，俗称“掉渣”），成品率较低。目前，国内已基本解决了在线淬火的问题，引线框架带材生产水平大幅提升，已经实现了大规模批量生产供货。

引线框架铜带的力学性能见表 4-5。

表 4-5　引线框架铜带的力学性能

合金牌号	状态	抗拉强度/MPa	伸长率/%	硬度 HV1	电导率/% IACS	软化温度/℃
TP2	M	205 ~275	≥35	50 ~70	≥75	375
	Y_4	235 ~280	25	60 ~90		
	Y_2	275 ~345	8	85 ~105		
	Y	≥300	5	≥100		

续表 4-5

合金牌号	状态	抗拉强度/MPa	伸长率/%	硬度 HV1	电导率/%IACS	软化温度/℃
QFe0.1	M	280~350	≥30	≤90	≥85	470
	Y_4	300~360	≥20	90~115		
	Y_2	320~400	≥10	100~125		
	Y	≥390	≥5	115~135		
	T	≥430	≥2	≥130		
QFe2.5	M	300~380	≥20	90~110	≥60	470
	Y_4	320~400	≥15	100~120		
	Y_2	365~430	≥6	115~140		
	Y	410~490	≥5	125~145		
	T	450~500	≥3	135~150		
	TY	480~530	≥2	140~155		
	TC	500~550	≥2	≥145		

以 QFe2.5（C19400）引线框架铜带为例，其生产工艺流程如下：

原料→熔炼→铸造→锯切→加热→热轧→淬火→铣面→初轧→退火→冷轧→时效退火→精轧→清洗、钝化→拉弯矫直→剪切→包装入库

在半连续铸造时，QFe2.5 合金具有较大的热应力倾向。为防止产生裂纹，应采用慢速、小水压、红锭铸造的工艺。热轧后的固溶淬火应保证带坯在 650℃以上入水；时效退火温度应控制为 500~600℃；成品剪切前，应进行拉弯矫直或拉弯矫直-消除应力退火处理。

4.2.3 引线框架铜合金的发展趋势

随着集成电路朝小型化、高密度、高可靠性方向发展，所使用的铜带也越来越薄，已从 0.25mm 发展到 0.15mm、0.10mm，甚至更薄。这就要求带材在保持较高导电导热性能的基础上具有更高的强度和更高的抗软化性能。为此，普遍将 Cu-Ni-Si 系和 Cu-Cr-Zr 系合金带材作为开发的重点。目前，Cu-Ni-Si 系铜合金引线框架材料作为第二代已批量供应市场，Cu-Cr-Zr 系铜合金引线框架材料作为第三代也正在研制中，并取得突破性进展，已有部分产品进入市场。

Cu-Ni-Si 系铜合金是时效析出强化型合金，其析出相的种类、结构几十年来一直存在争议。但 NiSi 化合物的强化作用十分明显。通过调整镍硅比、采用预变形和适当的时效处理，其抗拉强度可望达到 800MPa 以上，电导率仍可保持在 50%IACS 以上的水平。日本三菱伸铜、神户制钢、古河电工等六七家公司都已开发了自己的专利产品。

Cu-Cr-Zr 系合金是各国材料工作者最为看好的高强、高导合金系。根据合

金中的铬和锆含量的不同，可以从固溶体中单独或同时析出 β 相和 Cr_2Zr，产生明显的强化效果，并且有500℃以上的软化温度。其优良的特性归功于 Cr 和 Zr 在析出过程中的交互作用：Zr 在细化 Cr 析出相的同时还使之球化，同时提高 Cu-Cr 合金的晶界强度，提高合金的抗蠕变和疲劳性能。日本三菱伸铜研制的 OMCL-1 合金，其抗拉强度为610MPa、电导率为82.7% IACS。为了进一步提高强度，除进一步研究 Cr 和 Zr 在析出过程中的交互作用外，采取的措施主要集中在添加微量 Ti、Si、Mg 等元素进行微合金化等方面。

Cu-Ni-Si 系和 Cu-Cr-Zr 系合金虽然有许多优良的综合性能，但在工业化生产上存在许多困难：Cu-Ni-Si 系合金热裂倾向严重，半连续铸造扁锭易产生裂纹或热轧时开裂；Cu-Cr-Zr 系合金则主要是 Cr、Zr 等活泼元素在大气条件下（即非真空条件下）熔炼时易烧损；Cr 等元素的原子质量大，从而产生局部区域 Cr 富集，使合金化元素成分不均匀；它们都是时效强化型合金，其固溶（淬火）温度都比较高（700℃以上）。因此，保证热轧后的在线淬火温度对工业化生产提出了更高的装备、工艺要求。

4.2.4 异形铜带在功率管中的应用

随着 IT 产业的高速发展，电子元器件朝高可靠性、高集成度和小型化方向发展。新型塑封半导体器件中的功率管对铜材提出了新的要求，希望使用异形带代替平带。20 世纪 70 年代，德、日、法等国成功开发出了高精度异形铜带。我国在 90 年代引进了该技术，形成了产业化规模。

功率管用异形铜带的合金牌号有 TP0（相当于 C12200）、TAg0.15（相当于 C10940）、QFe0.1（C19200）、QFe2.5（C19400）以及 CuSn0.12（0.05% ~ 0.20% Sn、约 0.06% P，Cu 余量）等。它们的性能见表 4-6，异形带的形状主要有 T 形、U 形和复合形，其形状和尺寸关系见图 4-5。

表 4-6 异形铜带的性能

合金牌号	TP0	CuSn0.12	QFe0.1
带材厚度/mm	0.6	0.381	0.381
产品状态	Y_2	Y_2	Y_2
抗拉强度/MPa	≥280	≥300	≥315
伸长率/%	≥8	≥5	≥4
硬度 HV1	95 ~ 120	100 ~ 130	105 ~ 130

异形铜带的生产方法主要有铣削法、型辊轧制法、锻-轧法、连续挤压-拉伸法 4 种。铣削法是用平带在铣床上铣削而成，它的优点是尺寸精确、应力较小。但带材的利用率低，金属损耗大。型辊轧制法需铸造相似形的带坯，而这种铸造

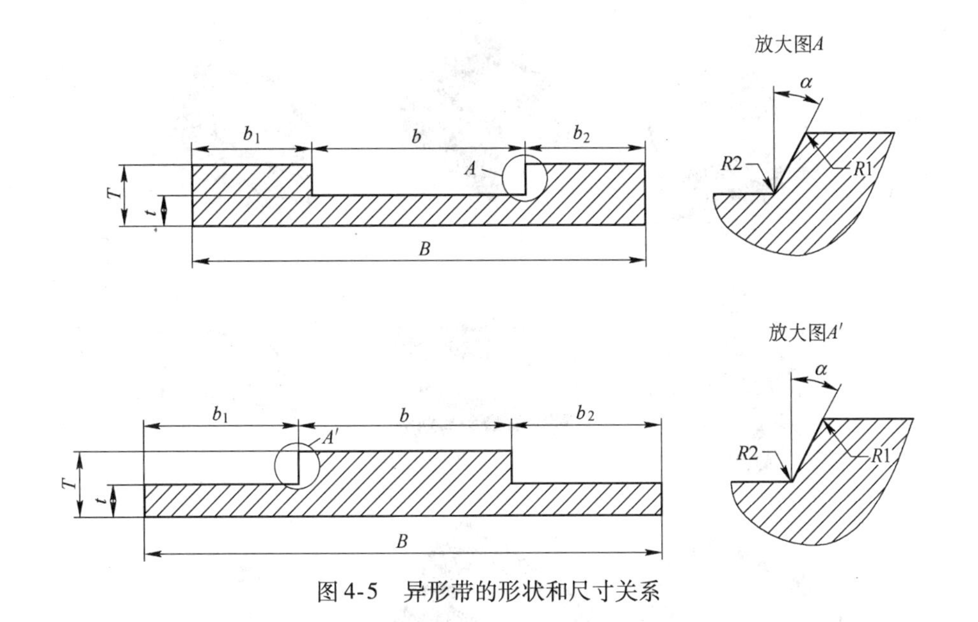

图 4-5　异形带的形状和尺寸关系

带坯表面质量难以满足后续加工的要求。而且，后续多道次型辊轧制易出现过盈或充不满的情况，产品尺寸精度不高，易产生较大的内应力，板形难以控制。锻-轧法是用连续步进式高速锻打的加工方法先将平带锻压成接近成品的形状和尺寸，再经在线退火和清刷，最后再经型辊定形轧制成成品。这种方法金属损耗少、精度高，产品内应力小。但生产效率较低，一条生产线的年产能力不足1000t。连续挤压-拉伸法是我国近年来开发的新技术。它利用连续挤压的技术优势，采用上引连铸杆料连续挤压成异形带坯，经过清洗和型模拉伸后卷取出成品。这种方法与锻-轧法相比，工序简单，流程较短，锻-轧法所用平带从熔铸到平带坯就需经20多个工序，锻-轧法本身也需经开卷、焊接、锻打预成形、切边、退火、清洗、整形轧制、卷取等8个工序。而连续挤压-拉伸法从熔铸开始到成品卷取，只经8个工序。另外，连续挤压-拉伸法生产效率高，一条上引-连挤-连拉生产线的年产能力可达4000～5000t。

据估计，我国目前异形铜带的年消费量约1.2万吨，预计未来10年年消费量增长速度将超过12%。

4.2.5　铜材在晶体振荡管上的应用

石英晶体振荡器（见图4-6）是一种高精度和高稳定度的振荡器，被广泛应用于彩电、计算机、遥控器等各类振荡电路中，以及通信系统中用于频率发生器，为数据处理设备产生时钟信号和为特定系统提供基准信号等。

石英晶体振荡器是利用石英晶体（二氧化硅的结晶体）的压电效应制成的

图 4-6　各种晶体振荡器

一种谐振器件，它的基本构成大致是：从一块石英晶体上按一定方位角切下薄片（简称为晶片，它可以是正方形、矩形或圆形等），在它的两个对应面上涂敷银层作为电极，在每个电极上各焊一根引线接到管脚上，再加上封装外壳就构成了石英晶体谐振器，简称石英晶体或晶体、晶振。其产品一般用金属外壳封装，也有用玻璃壳、陶瓷或塑料封装的。

高档和小型化晶体振荡器外壳通常用锌白铜带冲压成形，它兼有屏蔽作用。锌白铜（BZn18-18、BZn18-26）的化学成分与美国牌号 C72500 和 C77000 相似。铜材主要规格和性能要求如下：厚度 0.10～0.35mm，厚度公差小于±2.27%厚度；带宽 23mm 时，宽度公差为±0.10mm，带材的侧弯应不大于 2mm/m，表面粗糙度 $Ra \leqslant 0.3\mu m$，带材的表面应清洁。半硬态带材的抗拉强度 $R_m = 390 \sim 430MPa$，$A \geqslant 32\%$，HV0.2 为 90～120。

锌白铜带生产采用水平连铸-冷轧的工艺流程：

熔炼→水平连铸→铣面→冷初轧→切边→中间退火→冷中轧→中间退火→冷精轧→清洗→成品退火→清洗→钝化→拉弯矫→分切→包装

锌白铜在熔炼铸造时，由于温度在 1280℃以上，易吸气氧化，最好在转炉后加锰脱氧，并用木炭严密覆盖。锌白铜带坯水平连铸易产生中部裂纹，因此，结晶器设计要充分考虑带宽中部的冷却问题，保证足够的冷却强度。用于锌白铜带坯水平连铸结晶器的石墨必须是高密度高纯石墨，否则寿命较短（普通石墨寿命只有24h），不但增加成本，而且降低效率。锌白铜有较好的塑性，但变形抗力大。中间退火可以在600～640℃进行。软态成品退火可在550～600℃进行。较高的表面质量要求必须靠严格的表面清洗处理工艺来保证。

目前，国内晶体振荡管的锌白铜带消费量为1500～1800t，估计未来几年将以15%～20%的速度增长。

4.3　铜材在通讯电缆中的应用

4.3.1　射频电缆的结构和制造工艺

用于信息传输系统的电线电缆主要有电话电缆、电视电缆、电子线缆、射频电缆、光纤缆、数据电缆、电磁线、电力通讯或其他复合电缆等。其中射频电缆最具代表性。

通讯用同轴射频电缆是传输信息的动脉，在信息网络中起着重要的传输和连结作用。

同轴射频电缆的结构见图4-7，实物见图4-8。

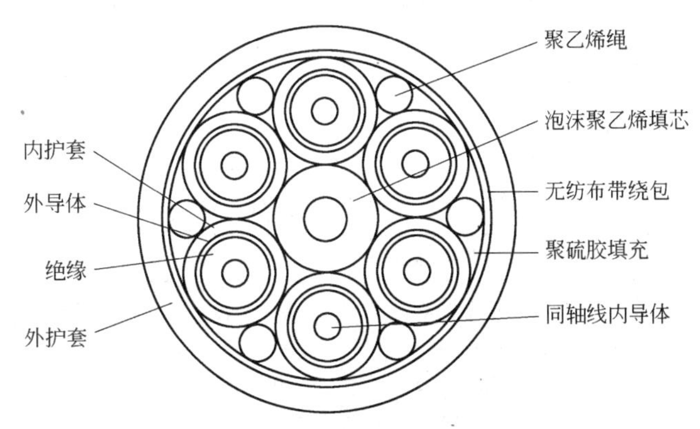

图4-7　6芯同轴电缆的结构

同轴电缆主要由4部分组成：内导体、绝缘体、外导体和外护套。其中，内导体通常采用镀银铜线、无氧铜或低氧铜线（或杆）或铜包铝线。外导体主要起屏蔽作用，采用无氧铜管或用无氧铜带焊接成有缝管并旋压成波纹状，也有用镀银铜线网缠在内绝缘体上的。

用无氧铜管作外导体具有整体性好、电缆性能参数稳定、加工过程无焊接工序等优点。因此，高精度无氧铜管一度成为射频电缆外导体的主流原材料。但管材长度受到限制，电缆接头多。同时，管材成本也较高。因而，逐渐被铜带焊接所取代。

目前，我国射频电缆带的市场年消费量为3.7万~4.0万吨，随着我国3G终端测试完成，射频电缆在未来几年中的需求将有大幅度提升，估计射频电缆带的市场需求也将以15%~20%的速度增长。

图4-8　单芯同轴电缆实物

用无氧铜带焊接成有缝管并旋压成波纹状的同轴电缆，其成形工艺流程为：铜带开卷→（切边）→带材在绝缘体外弯曲成管→焊接边缝→冷却→旋压→清洗→烘干→卷取。

4.3.2　电缆铜带的技术要求和生产方法

根据射频电缆的功用和制造工艺特点，铜带应具有高导电性、高厚度公差一致性、表面光洁、板形好、侧弯小等特点。具体技术要求分别见表4-7~表4-9。

表4-7　电缆铜带的外形尺寸及允许偏差

厚度/mm	厚度允许偏差（±）/mm		宽度/mm	宽度允许偏差（±）/mm	
	普通级	较高级		20~100	>100~305
0.1~0.3	0.01	0.008	20~305	0.1	0.2
>0.3~0.5	0.015	0.01			
>0.5~0.7	0.020	0.015			

表4-8　电缆铜带的力学性能

牌　号	状态	抗拉强度/MPa	屈服强度/MPa	伸长率/%	硬度 HV
C10100 C10200 TU1、TU2	M	200~265	65~100	≥35	45~60
	Y_8	220~275	70~105	≥30	50~70
C12000 T2、TP1	M	220~270	70~110	≥30	50~65
	Y_8	230~285	75~120	≥28	55~70

表4-9　电缆铜带的电性能

牌　号	状态	电导率(不小于)/%IACS	电阻系数(不大于)/$\Omega \cdot mm^2 \cdot m^{-1}$
C10100	M	101	0.017069
	Y_8	100	0.017241
C10200 TU1	M	100	0.017241
	Y_8	99	0.017415

续表 4-9

牌　号	状态	电导率(不小于)/%IACS	电阻系数(不大于)/$\Omega \cdot mm^2 \cdot m^{-1}$
TU2	M	99	0.017415
	Y_8	98	0.017593
T2	M	98	0.017593
	Y_8	97	0.017774
C12000 TP1	M	90	0.019156
	Y_8	89	0.019372

目前，国内高端电缆铜带生产采用立式连铸大锭热轧-冷轧法生产。一是采用专用无氧铜炉组，具有原料（高纯阴极铜）预热炉，减少了阴极铜表面附着的残酸和水分对熔体的影响。二是炉组密封性能好，大大减少了熔体吸气，可以生产 C10100、TU1 等高纯无氧铜。而且立式连铸大锭热轧-冷轧法生产效率高，适合于大规模生产。

高纯无氧铜电缆带的生产流程如下：

高纯阴极铜→切四边→预热→熔炼→立式连铸→锯切→加热→热轧→铣面→初轧→切边→（退火）→精轧→成品退火→清洗钝化→剪切→包装

21 世纪初，我国开发了用水平连铸带坯-冷轧法生产电缆带的方法。它采用三连体熔炼保温炉水平连铸带坯直接冷轧，大大缩短了工艺流程，省掉了加热-热轧工序，降低了生产成本。可以生产氧含量为 $10\times10^{-4}\%$ ~$20\times10^{-4}\%$ 的铜带。但铸坯表面质量较难控制，因而一般仅用于中低端电缆。

根据我国当前的实际状况，电缆铜带的质量控制主要有 3 项：一是导电性能，它主要取决于铸锭的化学成分，靠控制氧和杂质含量来保证；二是板形控制，它关系到电缆外导体的焊接，即带材边部不应有微小的波浪、毛刺和侧弯，否则会在焊接时发生搭接不上而缺焊；三是表面应清洁、无擦划伤，它除了与信息传输特性有关外，还会影响焊接质量。

电缆铜带的“炸焊”和“峰值”是目前射频电缆铜带的主要质量问题。实验研究表明，电缆铜带炸焊主要与带材表面清洁程度、带材边部质量及带材的屈服强度偏高有关；而电缆铜带的峰值则与带材的周期性缺陷有关。

4.4　铜材在印刷线路板中的应用

4.4.1　印刷电路板

印刷电路板（PCB）是一种提供元件联结的平台，用以承接联系零件的基础。它被广泛应用于计算机、手机、电视机及各种家用电器和工业控制系统。

印刷电路板是以绝缘材料辅以导体配线所形成的结构性元件。在制成最终产品时，其上会安装集成电路、电晶体、二极管、被动元件（如电阻、电容、连接器等）及其他各种各样的电子零件。借助导线连通，可以形成电子讯号连接及应有功能。印刷电路板的外观见图 4-9。

图 4-9　印刷电路板

随着电子设备越来越复杂，需要的零件自然越来越多，PCB 上的线路与零件也越来越密集了。裸板（上头没有零件）也常被称为印刷线路板（PWB）。板子本身的基板是由绝缘隔热、不易弯曲的有机材料（如树脂）制作的。在表面可以看到的细小线路材料是金属箔，原本铜箔是覆盖在整个板子上的，而在制造过程中部分被蚀刻处理掉，留下来的部分就变成网状的细小线路了。这些线路称为导线或布线，并用来提供 PCB 上零件的电路连接。

在电子产品趋于多功能、复杂化的前提下，集成电路元件的接点距离不断缩小，信号传送的速度则相对提高，随之而来的是接线数量增加、点间配线的长度局部性缩短，这些都促使电路板趋向多层化。

印刷电路板制作基本流程如下：

按设计图打印 PCB→裁剪覆箔板→预处理覆箔板（表面光洁化和活化处理）→转印 PCB→腐蚀电路板→电路板钻孔→电路板预处理（清洁化处理）→焊接电子元件→PCB 成品

4.4.2　铜箔在印刷电路板中的应用

印刷电路板中使用的是覆箔板。覆箔板的制造过程是把玻璃纤维布、玻璃纤维毡、纸等增强材料浸渍环氧树脂、酚醛树脂等黏合剂，在适当温度下烘干，得到预浸渍材料（简称浸胶料），然后将它们按工艺要求和铜箔叠层，在层压机上经加热加压得到所需要的覆铜箔层压板。

覆箔板的箔材可采用铜、镍、铝等多种金属箔。但从金属箔的电导率、可焊性、伸长率、对基材的粘附能力及价格等因素出发，除特种用途外，以铜箔最为合适。

铜箔可分压延铜箔和电解铜箔，压延铜箔主要用在挠性印刷电路及其他一些特殊用途上。在覆箔板生产上，大量应用的是电解铜箔。对铜的纯度要求，IEC-249-34 和我国标准都规定不得低于99.8%。

当前，国内印刷板用铜箔厚度多为35μm，50μm 的铜箔作为过渡产品。在高精度的双面或多层板制造中，需要采用比35μm 更薄的铜箔，如18μm、9μm 和5μm。有些多层板内层覆箔板采用较厚的铜箔，如70μm。为了提高铜箔对基材的粘合强度，通常使用氧化铜箔（即经氧化处理，使铜箔表面生成一层氧化铜或氧化亚铜。由于极性作用，提高了铜箔和基材的粘合强度）或粗化铜箔（采用电化学方法使铜箔表面生成一层粗化层，增加了铜箔表面积，因粗化层对基材的抛锚效应而提高了铜箔和基材的粘合强度）。为了避免因铜氧化物粉末脱落而移到基材上去，铜箔表面的处理方法也不断改进。例如，TW 型铜箔是在铜箔粗化面上镀一薄层锌，这时铜箔表面呈灰色；TC 型铜箔是在铜箔粗化面上镀上一薄层铜锌合金，这时铜箔表面呈金色。经过特殊处理，铜箔的抗热变色性、抗氧化性及在印刷板制造中的耐氰化物能力都相应提高。

铜箔的表面应光洁，不得有明显的皱折、氧化斑、划痕、麻点、凹坑和污物。305g/m^2 及以上铜箔的孔隙率要求在300mm×300mm 面积内渗透点不超过8个；在0.5m^2 面积上铜箔的孔隙总面积不超过直径为0.125mm 的圆面积。305g/m^2 以下铜箔的孔隙率和孔尺寸由供需双方商定。

铜箔是印刷电路板中的重要材料。随着信息技术的发展和电子产品的大众化，印刷电路板的应用越来越广泛，因而铜箔的市场需求火爆，近10 年中每年几乎都以40% 以上的速度增长。据中国电子材料行业协会覆铜板分会统计，2006 年，全球铜箔产量达44.85 万吨，我国铜箔市场需求量约14 万吨左右，其中国内生产8 万吨，出口3.9 万吨，进口10 万吨，尤其是高档电解铜箔和压延铜箔几乎全部依赖进口。

4.4.3 铜箔的生产方法

铜箔通常指厚度为0.1mm 以下的极薄板片或带材。有两种基本生产方法：电解法和压延法。

4.4.3.1 电解铜箔的生产方法

电解铜箔的生产实质上是一个电化学过程，其基本原理是：在硫酸铜电解液中，由于电极的作用，电解液中的硫酸铜被离解成铜离子（Cu^{2+}）和硫酸根离子（SO_4^{2-}），铜离子趋聚到阴极，获得电子，完成 $Cu^{2+}+2e \rightarrow Cu$ 的电化学反应，铜就沉积在阴极上。维持该反应连续不断地进行，就会在阴极上连续不断地生成铜沉积层，这个沉积层被剥离下来就是铜箔。

电解铜箔的实际生产可分为三个部分：一是向电解过程稳定地输送电解液，保证电解槽中的铜离子（Cu^{2+}）和硫酸根离子（SO_4^{2-}）浓度保持恒定。通常有一个溶铜槽，将原料-标准阴极铜（或铜箔剥离、剪切的废料）加入通有高温蒸汽的硫酸水溶液，并用高压空气进行强烈搅拌，使铜不断地溶入溶液中。二是电解沉积过程。通常在电解槽中进行，根据阴极的形状可分为辊式和环带式两种。前者，阴极是一个钛板卷焊成的阴极辊；后者，阴极是一个导电材料制成的环形带。阴极辊或环形带的表面浸没在电解液中，调整电压（一般为 6 ~ 8V）、电流（一般为 4000 ~ 8000A，国外先进水平可达 10000A）和控制电解液浓度（含铜 60 ~ 90g/L，含酸 70 ~ 100 g/L）、温度（40 ~ 70℃），以及阴极辊或环形带的速度 $V=I/(K\delta)$（I 为电流，δ 为铜箔厚度，K 为常数），从而在阴极辊或环形带的表面沉积一定厚度的铜箔。三是毛箔制取过程。包括铜箔剥离、酸洗、钝化、水洗、烘干、剪切、卷取，得到合格的电解铜箔，它被称为“毛箔”。

典型的电解铜箔生产流程和装置分别见图 4-10 和图 4-11。

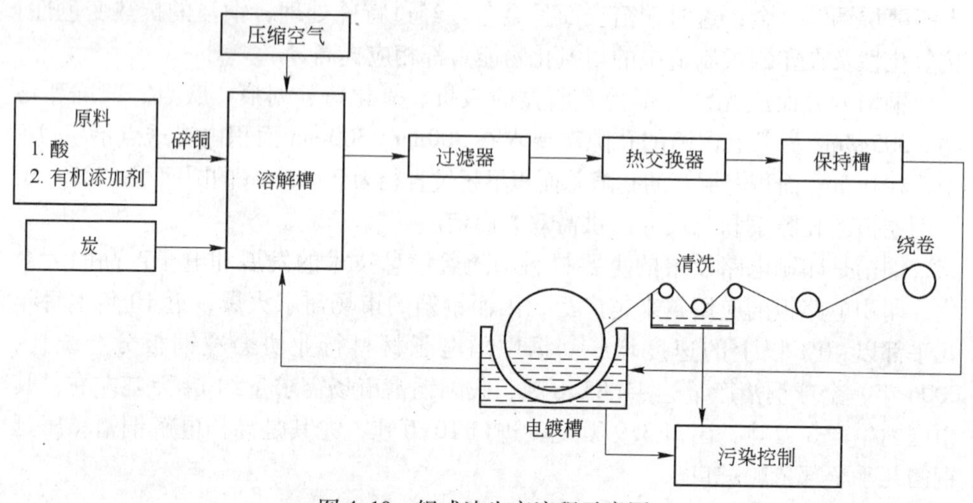

图 4-10　辊式法生产流程示意图

4.4.3.2　压延铜箔的生产方法

电解铜箔生产过程比较简单、易于控制，也可以生产较宽的铜箔（宽度可达 1200 ~ 1500mm）和较薄（0.007mm 以下）的铜箔，并且电解铜箔生产流程和装置简单，投资较少。但是，电解铜箔由于是电沉积物，密度低，性脆，弯折性能差，不能适应挠性线路，如手机、计算机、照相机翻盖连接和复印机、智能机的运动连接。而且电解法不能生产合金铜箔以适应高强度、耐高温软化的要求。

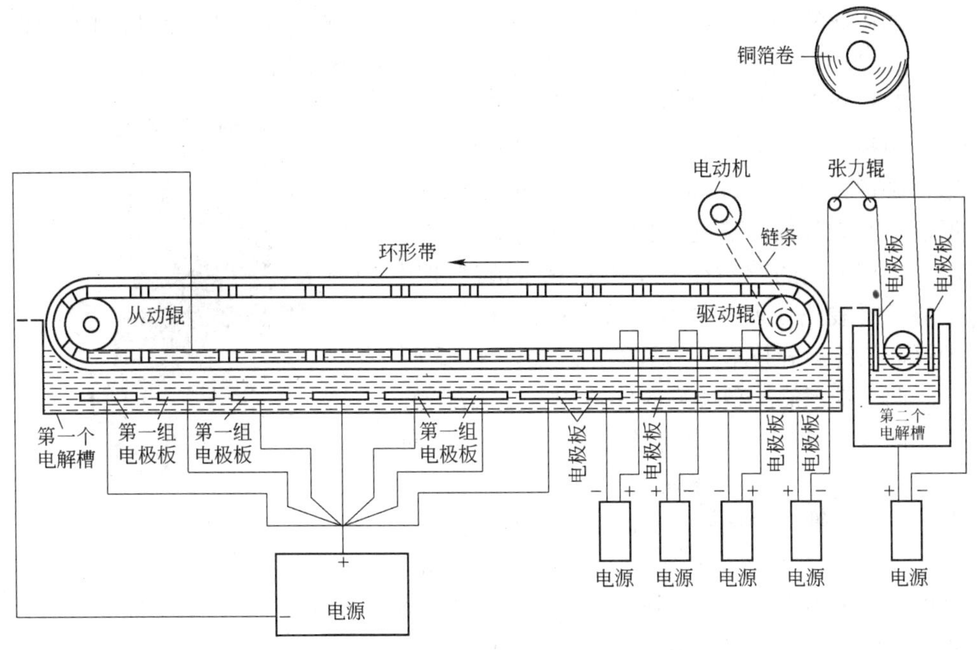

图 4-11 环带式电解铜箔装置示意图

压延铜箔正好相反，因而，近年来压延铜箔发展迅速，2008 年我国压延铜箔的消费量为 7000t，2010 年约为 10000t。

压延铜箔就是采用轧制的方法把铜带制轧得更薄而得到的制品。根据最小轧制厚度公式（$h_{min}=3.58\mu KD$），一般采用 12 辊、20 辊等多辊轧机，采用小直径轧辊。同时，要采用摩擦系数μ更小的润滑油。增大前后张力也有利于轧制更薄的产品。根据油膜轴承的原理，轧辊转动速度越快，油膜形成压力越大，油膜厚度越厚。因此，速度是轧辊在弹性压扁的情况下轧件能够减薄的重要条件之一。但由于 20 辊轧机散热条件较差，轧制速度很难达到铝箔生产用四辊轧机 2400m/min 的速度。

目前，压延铜箔的宽度可达 650mm，厚度一般为 0.007 ~ 0.070mm。

另外，铜箔在锂离子电池中充当阴极载体（铜箔在锂离子电池内既充当负极活性材料的载体，又充当负极电子收集与传导体）得到广泛应用，随着电动车新能源的发展，铜箔在锂电池市场需求迅速扩大，2001 年仅 500t，2006 年就达 3000t，近几年的应用量随着锂电池制造量的快速增长而急剧增长。

4.4.4 石磷铜球在印刷电路板中的应用

双层及多层印刷电路板在电镀时，含磷为 0.040% ~ 0.065% 磷铜合金球作为阳极，印刷电路板作阴极，经过电化学反应，印刷电路板的钻孔被磷铜所覆盖。磷铜球的直径为45～55mm。根据相关统计，每平方米印刷电路板约需磷铜0.5kg，2010年我国阳极磷铜材料的消费量为5万～6万吨之间。

阳板磷铜球早先的生产方法有冷镦法和热轧法两种。冷镦法是用磷铜棒切断后冷镦成形，这种制备方法会在球面残留一层润滑油，并且保留下冷镦环痕。热轧法则会在球面形成氧化层。两种工艺的产品都需要用双氧水清洗和用硫酸进行酸洗处理。国内某研发单位开发了一种铜球的冷斜轧技术，其基本原理如图4-12所示。两个带螺旋孔型模具的轧辊相互交叉配置，以相同方向旋转，带动圆形轧件——铜棒反向旋转并前进，轧件在螺旋孔型的作用下直径方向被压缩、轴向被延伸，从而制备出铜球。

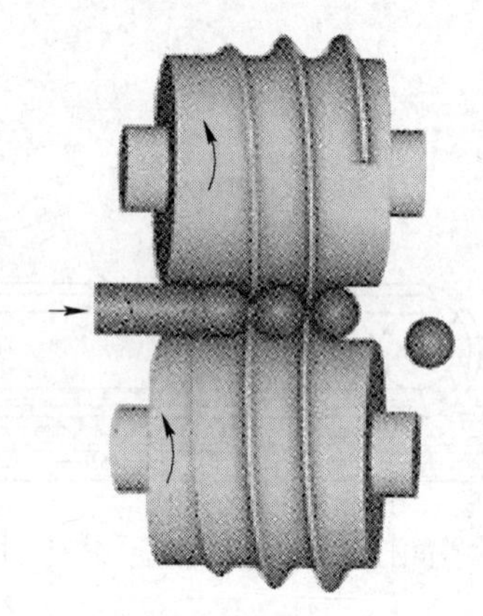

图4-12　铜球冷斜轧工作原理图

室温斜轧铜球生产效率高，产品精度高，可以做到表面光滑，无毛刺、无氧化，而且球体内部晶粒细化，电镀性能与冷镦法、热轧法生产的铜球相比，有显著提高。

5　铜材在建筑领域的应用

建筑业在国民经济中占有重要地位，特别是对正处于快速城镇化进程和着力改善民生的我国来说，更是支柱产业之一，具有十分广阔的发展空间。

铜材在建筑领域的应用十分广泛，主要有水气系统和空调采暖系统的管道、连接件、换热部件；屋面和幕墙系统的面板；以及门窗型材、建筑五金（门锁、栏杆和扶手、合页）、家用电器、防雷装置，等等。

在美国，建筑用铜材占其铜材总消费量的18%左右，是除电气、电子之外的最大消费领域。在我国，铜材在建筑领域的消费水平比较低，主要在城镇，但上升势头迅猛。空调器已是绝大多数城镇家庭的必备电器。随着国家环保型建筑规范的实施和人们生活水平的提高，铜水（气）管、铜五金、铜屋面、铜幕墙等将有更大的需求。

5.1　空调与采暖系统

5.1.1　空调设备和铜空调管

5.1.1.1　空调设备

空调，即空气调节。它是利用空调设备对某一空间的空气温度、相对湿度、清新度、洁净度和空气流动速度进行调节，使空气质量符合生产、科研或生活舒适的要求。

空调类型按空气处理方式分为集中式、半集中式和局部式。集中式和半集中式要使用大中型的空调设备，而局部式一般使用空调器。

中央空调（见图5-1）具有空气处理量大、参数稳定、运行可靠的优点，适用于大型宾馆、写字楼、购物中心。空调器直接或就近装配在所需房间内，安装简单方便，适用于家庭。家用空调器见图5-2。

空调器按实用功能分为两种模式：单制冷式、制冷/制热两用式。按系统组合情况分为分体式、整体式（或称组合式）。分体式是将整体式空调器一分为二，分别装在室内、外。

一般装在室内的系统有蒸发器、毛细管、离心风机、温控器、电器控制元件等；装在室外的系统有压缩机、冷凝器、轴流风机等。分体式的优点是室内占地小，安装维修方便，减少室内噪声，冷凝温度较低，制冷效率高。

空调器制冷时，压缩机压缩后将高温、高压的气态制冷剂排至冷凝器，轴流风扇将室外空气吸入，冷却冷凝器，同时将热空气排至室外。冷凝器的高压液态制冷剂通过室内、外机组的连接管及毛细管，降压后由分液头喷入蒸发器中蒸发，吸收室内循环空气中的热量而气化，低压制冷剂蒸汽通过中间的连接低压管，过热后被室外压缩机吸入并压缩成高压蒸汽，再重复上述过程。循环流过蒸发器表面的空气，冷却后被离心式蒸发器风扇吹入室内，使室温下降。

图 5-1　中央空调　　图 5-2　家用空调器

1988 年，第一台国产分体壁挂机 KF-19G1A“雪莲”诞生，开启了我国家用空调器行业的一个新时代。到 2001 年，我国空调器产量达 2312.88 万台，2008 年已经超过 8500 万台，2012 年空调器产量约 1 亿台。

5.1.1.2　空调管及其制造技术

空调管（ACR 管）全称为空调与制冷用铜管，是专门用于空调器和制冷系统热交换器的管材。这种管材具有直径小、壁厚薄、尺寸精度高、表面清洁度高、粗糙度小、有良好的散热性能等特点。

经过缠绕包装的铜盘管在空调厂家使用。大多通过内、外抽头方式进行放线，经过矫直弯曲切割做成发卡管，把发卡管穿入密排的铝箔片中，放在胀管机上进行胀管和扩口，制作成蒸发器和冷凝器。

空调管按截面形状可分为光管、内螺纹管、外翅内螺纹管。前两者称为一般空调管，后者称为高效管。按交货形态可分为直管、轴线盘管、蚊香盘管，见表 5-1。一般空调管的规格见表 5-2 和表 5-3。根据 GB/T 17791—2007，它们的主要技术指标列于表 5-4 中。

表 5-1　空调管的分类

产品形态	轴线盘管	直　管	蚊香盘管
类别	光面管、内螺纹管	光面管、内螺纹管、高效翅片管	单层、双层、或多层光面管

续表 5-1

产品形态	轴线盘管	直　管	蚊香盘管
规格 /mm×mm	光面管 $\phi(3.8\sim22.22)\times(0.25\sim1.8)$ 内螺纹管 $\phi(5\sim15.88)\times(0.25\sim0.3)t$	光面管 $\phi(9.52\sim28)\times(0.7\sim1.8)$	$\phi(6.35\sim28)\times(0.4\sim1.8)$
重量或长度	80～500kg	≤7m	15～50m
用途	蒸发器、冷凝器连接管	中央空调	连接管

表 5-2　光面空调铜管规格

序号	产品规格/mm×mm	用　途
1	$\phi(9\sim12.7)\times(0.3\sim0.38)t$	房间空调冷凝器用管
2	$\phi7\times(0.3\sim0.35)t$	房间空调蒸发器用管
3	$\phi(7\sim9.52)\times(0.41\sim0.5)t$	房间空调冷凝、蒸发器小弯头连接用管
4	$\phi(6.35\sim12.7)\times(0.7\sim0.8)t$	房间空调连接用管
5	$\phi(15.88\sim22.22)\times(0.41\sim1.0)t$	中央空调冷凝、蒸发器用管及连接用管

表 5-3　内螺纹铜管规格

序号	产品规格							用　途
	外径 /mm	底壁厚 /mm	齿高 /mm	齿条数	齿顶角 /(°)	螺旋角 /(°)	米克重 /m · g⁻¹	
1	5	0.20	0.14	40	40	18	33	空调蒸发器用管
2	6.35	0.26	0.20	55	40	10	57.5	空调蒸发器用管
3	7	0.27	0.18	60	53	18	61	空调蒸发器用管
4	7	0.25	0.15	50	40	18	55	空调蒸发器用管
5	9.52	0.30	0.20	60	53	18	90	空调冷凝器用管
6	9.52	0.28	0.15	60	53	18	85	空调冷凝器用管
7	9.52	0.28	0.12	65	50	15	80	空调冷凝器用管
8	12.7	0.41	0.25	60	53	18		
9	15.88	0.52	0.30	74	53	18		

表 5-4　空调铜管产品质量控制项目

序号	质量控制项目	产品质量指标及要求
1	化学成分	Cu：≥99.90%，P：$(150\sim400)\times10^{-4}\%$，O：$\leq10\times10^{-4}\%$ Bi：$\leq10\times10^{-4}\%$，Pb：$\leq20\times10^{-4}\%$，Fe：$\leq50\times10^{-4}\%$，S：$\leq20\times10^{-4}\%$

续表 5-4

序号	质量控制项目	产品质量指标及要求
2	尺寸及公差	外径：±0.05mm，壁厚：±0.02 mm
3	内腔清洁度	≤38mg/m^2，油含量≤10mg/m^2
4	外表面质量	无划伤、花纹、锯齿伤、油污，无氧化
5	力学性能(M 或 M_2)	σ_b：220 ~ 260MPa，δ_{50}≥45%，$\sigma_{0.2}$：50 ~ 80MPa
6	金相组织	晶粒度：0.020 ~ 0.045mm
7	工艺性能	扩口无裂纹；压扁时无肉眼可见的裂纹；水压试验

空调管常见的生产方式有挤压-轧制-拉伸法和水平连铸-轧制-拉伸法。

(1) 挤压-轧制-拉伸法。生产过程中铜材的热变形量高达95%以上，有利于铸锭内部缺陷的焊合，组织更加致密，能满足最终产品各种状态下晶粒和工艺性能要求。水封作用在细化晶粒组织的同时可免除管坯的内、外氧化。但存在挤压管坯偏心，使最终产品的精度受到影响；几何废料多，制约了成品率的提高；设备投资大、占地面积多、辅助设施多、维修费用高；工模具消耗和能耗很大；人员需求多，对操作和维护人员素质要求高。因此，该生产方法目前已退居次要地位。

(2) 水平连铸-轧制-拉伸法。这是20世纪80年代中后期研制开发出来的精密铜管生产方式。其特点是：生产流程短，省去了铸锭加热、挤压工序；直接由水平连铸机组生产出空心管坯，轧制后在线卷取成盘，盘卷单重可达1000kg，有效地提高了生产效率和成品率（综合成品率可高达85%以上）。三辊行星轧制由于变形迅速，加工率大（可超过90%），其变形热可使管坯温度维持在700 ~ 750°C，使铸态组织破坏后实现完全再结晶，在内、外均有气体保护和快速冷却区的冷淬作用下，得到表面光亮、内部组织为细小均匀等轴晶粒（晶粒尺寸在30μm以下）的管坯。铸轧法管材壁厚精度可控制在±5%以内，壁厚偏差小。机组电力安装容量小，节能效果好；设备投资较少，占地面积小；操作人员少，工模具费用较低。由于它具有明显的成本优势，已经成为空调管生产的主流工艺。当然，这种生产方式也有其局限性：由于铸造工序采用的是石墨结晶器，故生产低氧的产品比较难。该方法是为生产空调的TP2铜管开发的专用生产线，它不适用于复杂铜合金管的供坯，因而一旦ACR管材市场处于饱和状态，这种供坯的方法有可能会失去优势。

水平连铸-轧制-拉伸法典型的生产流程如下：

水平连铸 ϕ90mm×25mm→铣面 0.3 ~ 0.5mm→轧制 ϕ50mm×2.45mm→直线连拉和倒立式盘拉→水平缠绕→退火→内螺纹成形→水平缠绕→ 退火→包装入库

空调管生产属于薄壁精密铜管加工。因此，熔铸必须保证熔体的洁净和铸坯质量，否则会使后续拉伸无法正常进行。由于管材生产过程中没有安排清洗工序，因此拉伸用润滑油应能保证在退火时易挥发而不留残迹。成品退火时应在低温加热阶段进行可靠的连续内吹扫，以排尽铜管内润滑油的挥发物。退火一般在加氢、氮气气氛中进行。

内螺纹管由于改变了介质的流动方式（由平流转变为紊流），而且增大了换热面积，换热系数是同直径光管的2～3倍，从而大幅度提高了换热效率，逐渐取代了光管。内螺纹管成形普遍采用行星球旋压拉伸法，见图5-3。行星球旋压拉伸法采用“减径-旋压-定径”三级变形工艺，管材在拉模和游动芯头形成的环形腔内拉过后减径，然后进入行星球与螺纹芯头组成的旋压段，经过高速旋转的行星球的旋压，使管材内壁压成螺纹。管材经过定径模拉伸成所规定的直径。实际生产中，上述三个环节已集成在一个装置上（见图5-4），从而实现了连续成形。行星球旋压拉伸法的“减径-旋压-定径”三级变形工艺，不但使变形抗力减到最小，而且能够保证内螺纹管的外形尺寸和外表面的粗糙度。在工艺设计时三级变形程度应分别控制为65%、25%、10%。

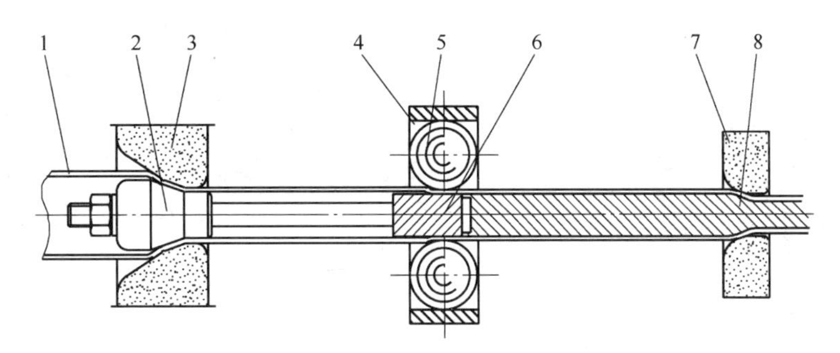

图5-3　行星球旋压拉伸法

1—管坯；2—游动芯头；3—减径外模；4—旋压环；5—钢球；
6—螺纹芯头；7—定径外模；8—内螺纹管

空调被覆铜管（见图5-5）是在铜管的外面套上用保温材料制成的保温套管，主要应用于空调制冷器等的连接管、配管等，以起到隔热、减少介质能量损失的作用。空调被覆铜管分为单盘管和双盘管，又称单孔管和双孔管、子母管等。单盘管和双盘管用途相同，只是单盘管是由单只被覆铜管组成，双盘管是由两只不同规格的铜管外被覆彼此相连的双孔保温管制成。

空调被覆铜管的制作比较简单，就是将加工完成的铜管按照一定的长度切定尺后，穿入保温套管内即可。但对于长度较大的长被覆铜管穿管，可以将铜盘管和保温套管卷料相互放卷对穿后定尺裁断。空调被覆铜管通常以盘管供货，长度不大于6m的也可直条供货。被覆铜管的制作工艺流程为：软状态定尺成品管（或

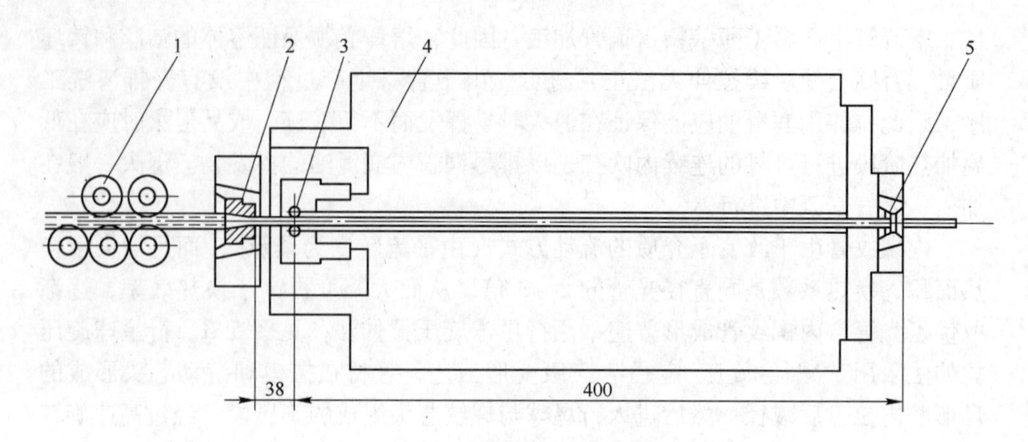

图 5-4　内螺纹管成形装置

1—矫直辊；2—减径拉伸；3—滚珠旋轮；4—空心轴高速调频电机；5—定径拉伸

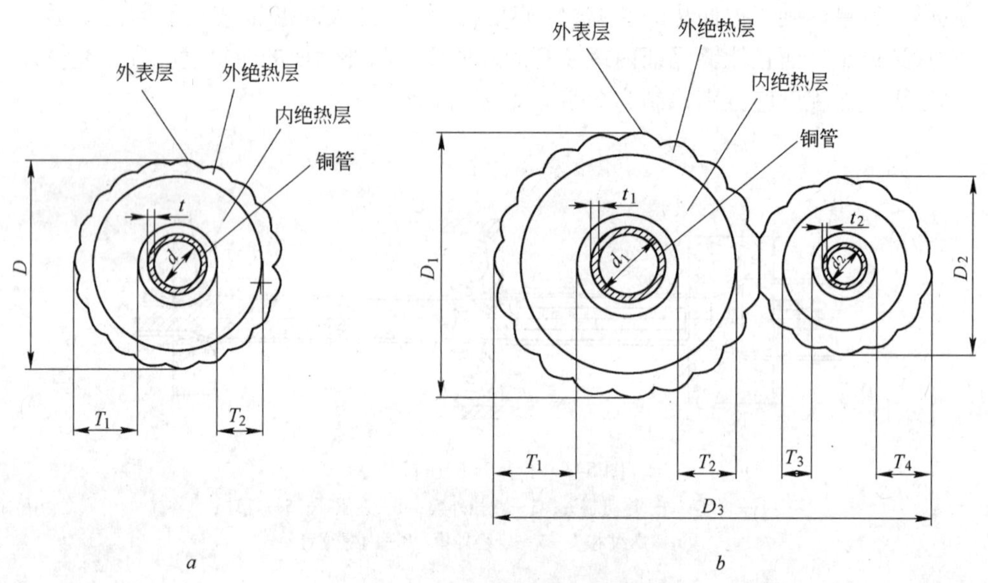

图 5-5　空调被覆铜管断面形状

a—单盘管截面图；*b*—双盘管截面图

卷料）→ 整形（在平台上展平，保证一定的直度）→端口加帽塞→穿管 →（定尺切断）→ 盘卷 →装箱入库。

5.1.1.3　高效传热管

为了进一步提高冷凝器和蒸发器的换热效率，中央空调已经采用高效传热管，这是一种带有外翅的内螺纹管。不同的翅形和翅高，其换热系数可以达到光管的 8 ~12 倍。

高效传热管的规格见表 5-5 和表 5-6。其他技术要求参见 GB/T 19447—2004。

表 5-5 高效冷凝器管的规格

序号	管坯规格		翅片段尺寸					翅片段管内尺寸		
	外径/mm	壁厚/mm	外径/mm	齿根处壁厚/mm	内径/mm	翅片数 *n*	翅高/mm	齿数 *n*	齿高/mm	螺旋角/(°)
1	15.88	1.22	15.60	0.65	17.07	26	0.90	20	0.33	40
2	19.05	1.12	18.77	0.63	16.00	51	0.69	45	0.33	40
3	19.05	1.32	18.80	0.70	17.00	26	0.90	10	0.33	40
4	25.4	1.12	26.15	0.63	23.85	46	0.65	38	0.55	40
5	25.4	1.25	25.30	0.71	23.80	46	0.69	45	0.48	40

表 5-6 高效蒸发器管的规格

序号	管坯规格		翅片段尺寸					翅片段管内尺寸		
	外径/mm	壁厚/mm	外径/mm	齿根处壁厚/mm	内径/mm	翅片数 *n*	翅高/mm	齿数 *n*	齿高/mm	螺旋角/(°)
1	19.05	1.24	18.77	0.64	17.25	51	0.76	38	0.35	45
2	19.05	1.32	18.77	0.70	17.59	51	0.69	38	0.35	45
3	19.05	1.35	18.77	0.69	17.27	51	0.75	45	0.40	45
4	19.05	1.13	18.25	0.57	17.59	46	0.63	45	0.40	45
5	25.4	1.18	25.25	0.64	23.75	46	0.70	45	0.40	45

高效传热管的加工成形一般采用横向轧制法，见图 5-6。它的工艺方法是：首先将管坯送入 3 个带有螺纹沟槽的轧辊所围成的通孔内，3 个轧辊同时压向孔心并同向转动，在适当的润滑条件下，轧辊上的螺纹突筋将管材外表面轧刻成翅片，而管材内表面也在螺纹芯棒和轧辊的挤压作用下刻制出螺纹。

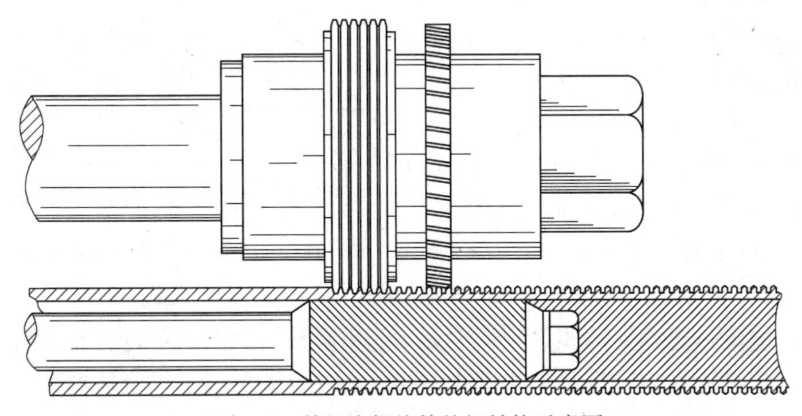

图 5-6 外翅内螺纹管轧辊结构示意图

高效传热管正朝翅片形状更加复杂的方向发展，以进一步提高换热效率。主要的途径：一是改变翅片形状，出现了如图 5-7、图 5-8 所示的形式；二是在管外用粉末烧结多孔金属层，见图 5-9。

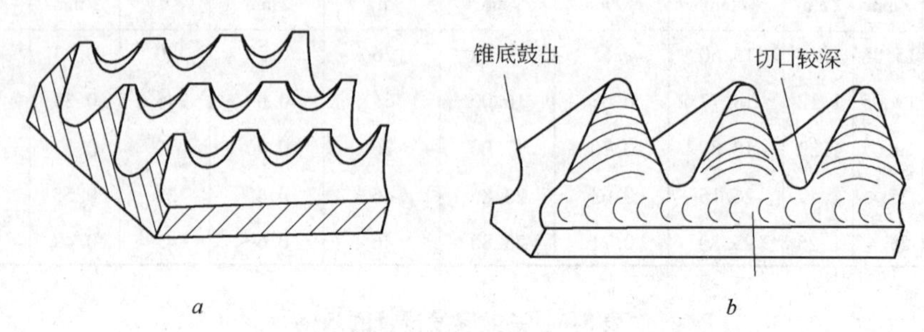

图 5-7　CCS-35 三维锥形齿冷凝管的表面

a—Thermoexcel-C 管的外表面；*b*—CCS-35 锥形齿管表面

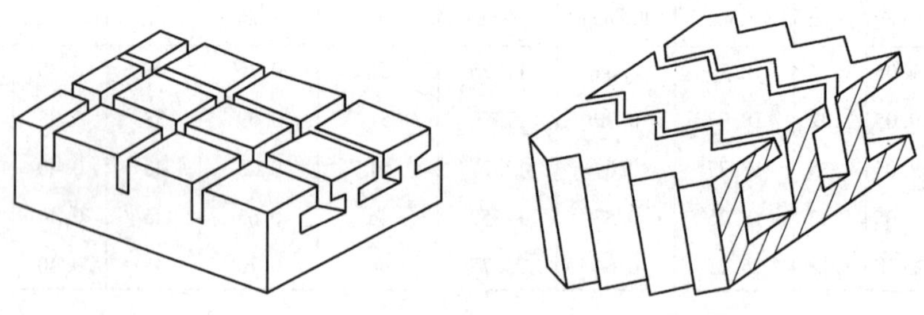

图 5-8　高效沸腾管示意图

5.1.2　太阳能集热器

我国具有非常丰富的太阳能资源，太阳能年辐照总量超过 5000MJ/m^2，年日照时数超过 2200h 以上的地区约占国土面积的 2/3 以上，这是太阳能产业发展最为有利的外在条件。目前，我国已成为世界上容量最大、最有发展潜力的太阳能热水器市场，太阳能热水器生产企业有 3000 多家，骨干企业有百余家，其中 2007 年年产值过 1 亿元的企业有 25 家。

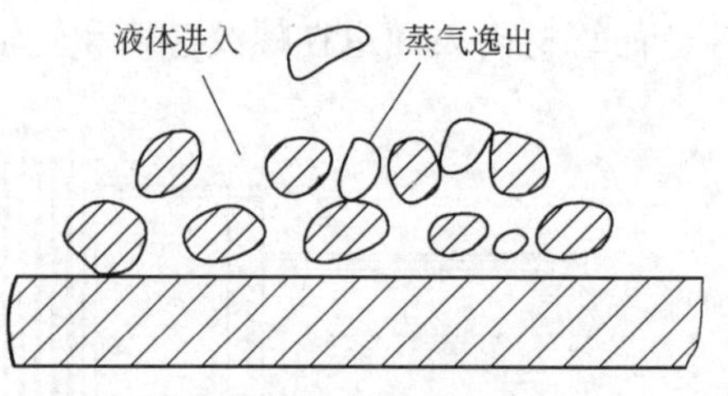

图 5-9　金属烧结多孔层的沸腾机理

太阳能集热器是太阳能热利用中太阳能采暖设备的核心部件，有全玻璃管型和平板型、热管真空管型和闷晒型 4 种。目前在我国市场上以全玻璃管型太阳能集热器为主，约占市场份额的 83%。各型太阳能热水器市场占有率见图 5-10。

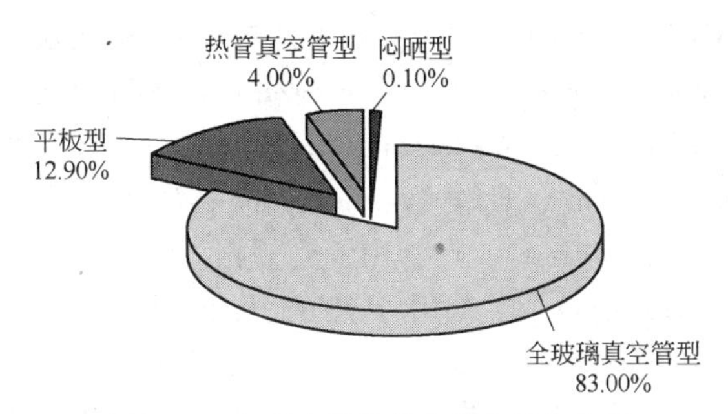

图 5-10　各型太阳能热水器市场占有率

随着太阳能行业的快速发展，以及与建筑一体化结合趋势的加剧，铜在太阳能中的应用量逐渐增大，例如太阳能热管、平板集热器用的铜带等。目前，平板集热器太阳能热水器与建筑良好的结合度，使其表现出良好的发展前景。按照《中国太阳能热水器产业发展研究报告》（2005 年）的数据，2005 年平板集热器总销售量 180 万平方米，按 2/3 全铜集热器考虑，每平方米集热器铜材的用量平均为 3.5kg 计算，每年用于集热器制造的铜材消耗量为 4200t。加上系统管路、管件的消耗，预计每年总的消耗量应该在 4500t 左右。随着国家对绿色能源倡导力度的加大，太阳能工程化规模将不断扩大，铜合金集热器的年产量上升，必将带动铜材消费的增量。

铜在太阳能热水器中的应用主要有热管、吸热板、翅片、进/出水管、铜配件等，见表 5-7。

表 5-7　铜在太阳能热水器中的主要应用

类型	热管	翅片	作用	进/出水管	图　示
大热管	纯铜	铜或铝	吸热	无	
小热管	纯铜	铜或铝	导热	无	
U 形管	纯铜	铜或铝	导热	铜质	
平板型管	纯铜	全铜或铜铝复合	吸热	铜质	

有关资料介绍：平板型用集热铜管规格 ϕ25mm×1mm×500mm，2 根/m^2，热管用铜管规格 ϕ10mm×0. 5mm×2000mm，4 根/m^2，耗铜管 1. 61kg/m^2；热管型用于集管铜管规格 ϕ15mm × 1mm × 625mm，1 根/m^2，热管用铜管规格 ϕ8mm × 0. 75mm×1400mm，6 根/m^2，耗铜管 1. 59kg/m^2；U 形管用于集管铜管规格 ϕ15mm×1mm×625mm，2 根/m^2，热管用铜管规格 ϕ8mm×0. 75mm×1450mm，12 根/m^2，耗铜管 2. 82kg/m^2；槽式用于热管用铜管规格 ϕ10mm × 0. 75mm × 1000mm，1 根/m^2，耗铜管 0. 18kg/m^2。

全玻璃真空管式太阳能热水器，由于价格低廉，多在不发达国家应用。其换热效率低、易裂，只能安装在平面屋顶上，不能与建筑物有机结合，制约了它在高楼用户以及太阳能锅炉、太阳能制冷、太阳能采暖等方面的发展。

太阳能集热器与建筑物有机结合是太阳能利用的时代要求，在欧美发达国家早已是建筑规范的重要组成部分。近年来，我国也已逐渐纳入建筑规范内容。

平板型太阳能集热器是太阳能低温热利用的基本部件，一直是世界发达国家太阳能市场的主导产品，除了热效率高以外，还能充分利用建筑物并与之一体化是它的突出优点。平板型集热器已广泛应用于生活用水加热、游泳池加热、工业用水加热、建筑物采暖与空调等领域。

平板型太阳能集热器主要由吸热板、透明盖板、隔热层和外壳等组成（见图 5-11）。

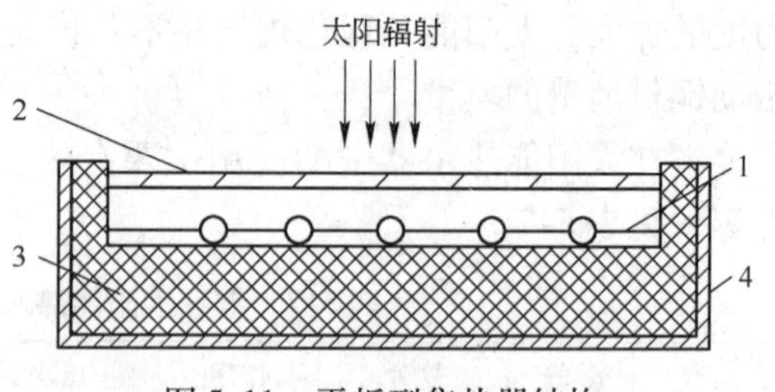

图 5-11　平板型集热器结构

1—吸热板；2—透明盖板；3—隔热层；4—外壳

平板型太阳能集热器工作时，太阳光辐射穿过透明盖板后，投射在吸热板上，被吸热板吸收并转换成热能，然后将热量传递给吸热板内的传热介质，使传热介质的温度升高，作为集热器的有用能量输出。

吸热板是平板型太阳能集热器内吸收太阳辐射能并向传热介质传递热量的部件。通常物质对光的吸收率与反射率相差不大，必须在材料上涂上选择性涂层才能降低其反射率，提高吸热能力。以前，世界上只有德国和瑞典具有磁控溅射选择性涂层的技术，因而占有了世界 80% 平板型太阳能集热器的市场。近两年，我国攻克了这一技术难题，平板型太阳能集热器在我国将会迅速发展。

在平板型的吸热板上，通常都布置有排管和集管。吸热板的结构形式见图 5-12。目前，管板式和蛇管式应用较普遍。

基板和排管由金属（铜、铝）或复合金属（铜-铝等）制成。铜材由于传热性能好，是最佳选择。排管与基板焊接在一起，因而推荐使用焊接性能优良的磷脱氧铜 TP2。铜板的规格一般为(0. 10 ~0. 3)mm×(400 ~1000)mm×(600 ~2000)mm。

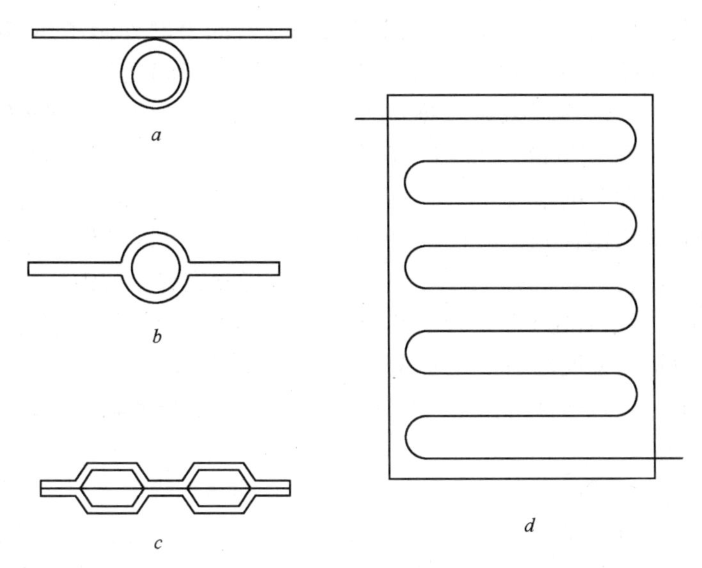

图 5-12 吸热板的结构形式
a—管板式；*b*—翼管式；*c*—扁盒式；*d*—蛇管式

一般使用半硬态（Y_2）产品，$R_m \geqslant 240$MPa、$R_{p0.2} \geqslant 200$MPa、$A_{11.3} \geqslant 10\%$、HV 为 70～110。由于要在基板表面涂一层选择性涂层，因此要求板材表面应光洁，表面粗糙度 $Ra \leqslant 0.6\mu m$，无起皮、麻点、腐蚀等缺陷。铜管规格一般为 $\phi(9.52 \sim 15.0)mm \times (0.35 \sim 1.0)mm$，盘管供货。据测算，平均每 $1m^2$ 平板型太阳能集热器用铜材 4kg 板材，则 1000 万平方米平板型太阳能集热器需铜材 4 万吨。

太阳能热利用的范围远不止于家用热水系统。目前各国已着力推广应用于更广阔的工业领域，如纺织业的煮炼、漂白、水洗；食品加工业的烘烤；造纸业的蒸煮、漂白；木材加工业的干燥、合成；塑料业的漂洗、DI 水切水；医药业的酰化、干燥；石油业的稠油开采和运输以及海水淡化、烟草烘烤等等，都有了太阳能热利用的成功范例。据测算，工业能耗约占社会总能耗的 70%，而热力过程消耗占工业能耗的 60%。若按 10% 的热力过程能耗由太阳能集热器提供，则所需的集热器面积为 2460 万平方米，需铜材 36 万吨。

5.2 水气系统

5.2.1 铜水（气）管

铜水管用于建筑水道管已有悠久的历史。埃及金字塔内的铜水道管距今已有 4500 年。近百年来，铜水管在发达国家应用广泛。英国 95% 的水道管使用铜管，美国、澳大利亚、加拿大约占 85%，新加坡、中国香港约占 75% 以上。1963

年，美国铜发展协会跟踪铜水管应用情况，40 年间总共安装了 86 亿米的铜水管。2000 年美国铜水管消费量达 31.5 万吨，欧洲达 33.3 万吨。

铜水管虽一次性投资略大（据资料测算，在高层建筑中，铜水管占总投资的 3.24%。单位面积造价比 PP-R 管高出 4.35 元），但由于它具有一系列的优点，得到了现代社会的推崇。

铜水管化学稳定性强，耐蚀性好，使用寿命长，可以做到“一次安装，终身受用”。北京协和医院的铜水道管已使用百年仍然完好。而镀锌钢管寿命一般仅 10 ~20 年。铜水管比 PP-R 管耐压、抗冲击、防火、防渗，与管件接口严密、可靠。铜水管适应温度范围大，最低达-196℃，最高可达 205℃。特别是其具有对水体无污染、很强的抑菌作用（5h 以内 99% 的大肠杆菌就会灭绝）和可完全回收再利用等优点。

虽然我国在殷商时期就有过青铜器的辉煌，但将铜管大量用于水道管却始于 21 世纪初，并多用于高级宾馆。20 世纪末，我国政府加大了推广力度，发布文件、制订规划、发布建筑指南（淘汰镀锌钢管、推荐铜管）和铜水（气）管国家标准。2004 年，我国铜水管消费量达到 5 万吨。随着我国人民生活水平的提高和健康意识、环保意识的增强，据估计，到 2010 年铜水管消费量将达到 10 万吨以上。近年来，我国铜水（气）管及管件产量和消费量见表 5-8。

表 5-8　近年来我国铜水（气）管及管件产量和消费量

年份		2003	2004	2005	2006	2007	2008	2009
铜水（气）管	产量/万吨	3.5	4.8	5.5	6.0	6.7	7.5	8.0
	消费量/万吨	3.2	3.5	4.0	4.5	5.5	6.0	6.5
管配件	产量/万吨	9.5	10.8	11.5	12.2	13.0	14.0	15.1
	消费量/万吨	4.5	4.7	5.0	6.1	6.8	7.5	8.2

铜水（气）管除在传统的供水、配水、供热、燃气、医疗气体管道等系统应用外，还在集水、集热、燃油（气）传输、灌溉等领域发挥作用。

铜水（气）管用焊接性能和抑菌性能更好的磷脱氧铜 TP2 制造，有三种供应状态，即硬（Y）、半硬（Y_2）和软（M）态。按照管材外径可分为小口径（$\phi(6\sim30)$ mm×1mm）、中口径（$\phi(30\sim76)$ mm×2mm）、大口径（不小于 ϕ80mm×2mm）三组。按壁厚则分为薄壁、中壁、厚壁三档，分别适用于民居、高档建筑和深埋等三种环境场合。根据 GB/T 18033—2000，管材的状态、规格见表 5-9，力学性能见表 5-10。表 5-11 为中国 GB/T 18033—2007 中规定的铜水管和铜气管管材的外形尺寸系列。

铜管除了对尺寸公差和力学性能有要求外，还应按照 GB/T 18033—2007 要求进行水压、气压试验和无损探伤。

表5-9 铜水（气）管的状态、规格

牌号	状态	品种	规格/mm		
			外径	壁厚	长度
TP2	Y	直管	6～219	0.6～6	3000
	Y_2		6～54		5800
	M		6～35		
	M	盘管	≤19		15000

表5-10 铜水（气）管力学性能要求

牌号	状态	公称外径/mm	抗拉强度/MPa	伸长率/%	
				A_5	A_{10}
TP2	Y	≤100	≥315		
		>100	≥295		
	Y_2	≤34	≥250	≥30	≥25
	M	>35	≥205	≥40	≥35

表5-11 中国铜水管和铜气管管材的外形尺寸系列（GB/T 18033—2007）

外径/mm	平均外径①公差/mm		壁厚/mm			理论重量/kg·m^{-1}			硬态（Y）最大工作压力P②/MPa			半硬态（Y_2）最大工作压力P②/MPa			软态（M）最大工作压力P②/MPa		
			类型														
	普通级	高精级	A	B	C	A	B	C	A	B	C	A	B	C	A	B	C
6	±0.06	±0.03	1.0	0.8	0.6	0.140	0.116	0.091	24.23	18.81	13.70	19.23	14.92	10.87	15.82	12.30	8.96
8	±0.06	±0.03	1.0	0.8	0.6	0.196	0.161	0.124	17.50	13.70	10.05	13.89	10.87	8.00	11.44	8.96	6.57
10	±0.06	±0.03	1.0	0.8	0.6	0.252	0.206	0.158	13.70	10.77	7.94	10.87	8.55	6.30	8.96	7.04	5.19
12	±0.06	±0.03	1.2	0.8	0.6	0.362	0.251	0.191	13.69	8.87	6.56	10.87	7.04	5.21	8.96	5.80	4.29
15	±0.06	±0.03	1.2	1.0	0.7	0.463	0.391	0.280	10.79	8.87	6.11	8.56	7.04	4.85	7.04	5.80	3.99
18	±0.06	±0.03	1.2	1.0	0.8	0.564	0.475	0.385	8.87	7.31	5.81	7.04	5.81	4.61	5.80	4.79	3.80
22	±0.08	±0.04	1.5	1.2	0.9	0.860	0.698	0.531	9.08	7.19	5.92	7.21	5.70	4.23	5.94	4.70	3.48
28	±0.08	±0.04	1.5	1.2	0.9	1.111	0.899	0.682	7.05	5.59	4.62	5.60	4.44	3.30	4.61	3.66	2.72
35	±0.10	±0.05	2.0	1.5	1.2	1.845	1.405	1.134	7.54	5.59	4.44	5.99	4.44	3.51	4.93	3.66	2.90
42	±0.10	±0.05	2.0	1.5	1.2	2.237	1.699	1.369	6.23	4.63	3.68	4.95	3.68	2.92			
54	±0.20	±0.05	2.5	2.0	1.2	3.600	2.908	1.772	6.06	4.81	2.85	4.81	3.82	2.26			
67	±0.24	±0.06	2.5	2.0	1.5	4.509	3.635	2.747	4.85	3.85	2.87						
85	±0.24	±0.06	2.5	2.0	1.5	5.767	4.641	3.502	4.26	3.39	2.53						
108	±0.30	±0.06	3.5	2.5	1.5	10.226	7.374	4.467	4.19	2.97	1.77						

续表 5-11

外径/mm	平均外径①公差/mm		壁厚/mm			理论重量/kg · m^{-1}			硬态（Y）			半硬态（Y_2）			软态（M）		
			类型						最大工作压力 P②/MPa			最大工作压力 P②/MPa			最大工作压力 P②/MPa		
	普通级	高精级	A	B	C	A	B	C	A	B	C	A	B	C	A	B	C
133	±0.40	±0.10	3.5	2.5	1.5	12.673	9.122	5.515	3.39	2.40	1.43						
159	±0.60	±0.18	4.0	3.0	2.0	17.335	13.085	8.779	3.23	2.41	1.60						
219	±0.70	±0.25	6.0	5.0	4.0	35.733	29.917	24.046	3.53	2.93	2.34						

①管材的平均外径是在任一横截面上测得的最大外径和最小外径的平均值。

②最大工作压力（P）指工作条件为65℃时，硬态管允许应力（S）为63MPa，半硬态管允许应力（S）为50MPa，软态管允许应力（S）为41.2MPa。

铜水（气）管生产方法按照供坯方式可分为以下4种：半连续铸锭-挤压-轧制-拉伸、水平连铸铸管-铣面-行星轧制-拉伸、铸锭-热穿孔-轧制-拉伸、上引管坯-轧制-拉伸。其中半连续铸锭-挤压-轧制-拉伸方法生产的管材变形量大，组织最致密；水平连铸铸管-铣面-行星轧制-拉伸方法的生产效率最高，长度不受限制，但不能生产大口径管材；铸锭-热穿孔-轧制-拉伸方法比较适合生产薄壁管材，但管坯的外径和壁厚沿轴向公差波动大，通常带有螺旋痕缺陷，故在拉伸的第一、第二道次中，必须合理设计工艺，使管坯半成品外圆精度高，并消除环状痕；上引管坯-轧制-拉伸方法的生产成本最低，附加值最大，但不能生产中、大口径管材。

半连续铸锭-挤压-轧制-拉伸方法的典型工艺流程如下：

ϕ245mm×500mm（600℃）→挤压 ϕ64mm×4.0mm→轧制 ϕ56mm×2.8mm→拉伸 ϕ50mm×2.0mm→拉伸 ϕ46mm×1.5mm→拉伸 ϕ42mm×1.2mm→切定尺→检验→成品

水平连铸铸管-铣面-行星轧制-拉伸方法的典型工艺流程如下：

水平连铸管坯 ϕ90mm×23mm→铣面→行星轧制 ϕ48mm×2.3mm→二连拉 ϕ28mm×1.2mm→盘拉 ϕ25mm×1.05mm→ϕ21mm×0.95mm→ϕ18mm×0.8mm→ϕ15mm×0.7mm→ϕ12mm×0.6mm→成品

上引管坯-轧制-拉伸方法的典型工艺流程如下：

上引管坯 ϕ80mm×8.0mm→铣面 ϕ79mm→轧制 ϕ40mm×2.0 mm→连续拉伸至 ϕ25mm×0.95mm→成品

5.2.2　覆塑铜管

1996年我国开始生产覆塑铜管。它是在铜管外侧包覆一层低密度聚乙烯塑料，可以起到保护铜管免遭磕碰，防止锈蚀和隔热的作用。还可以避免铜管外侧在潮湿夏季发生“出汗”现象。包覆不同颜色的塑料可以与室内装饰协调一致。因此它在我国南方有很好的市场。

覆塑铜热水管的规格见表5-12，截面形状见图5-13。生产已实现自动化，其生产流程和装置见图5-14。主机是螺杆挤塑机，结构见图5-15，工艺参数见表5-13。

表5-12 覆塑铜热水管的规格

公称尺寸/mm	ϕ12	ϕ18	ϕ22	ϕ28	ϕ35	ϕ42	ϕ54
齿数	14	16	18	20	22	24	26
塑料外径/mm	15	19	27	33	41	47	61

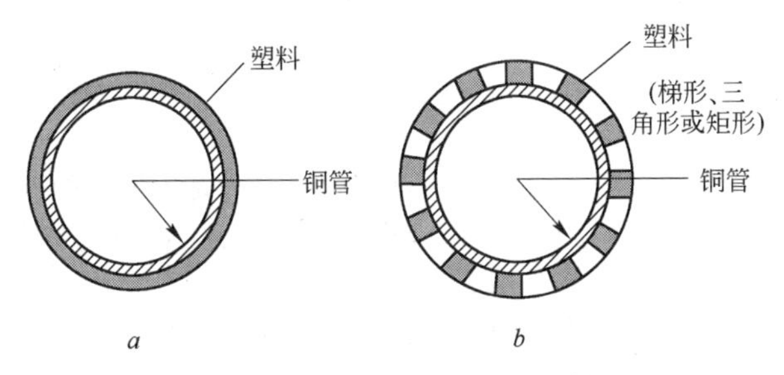

图5-13 覆塑铜管的截面形状

a—平形环；*b*—齿形环

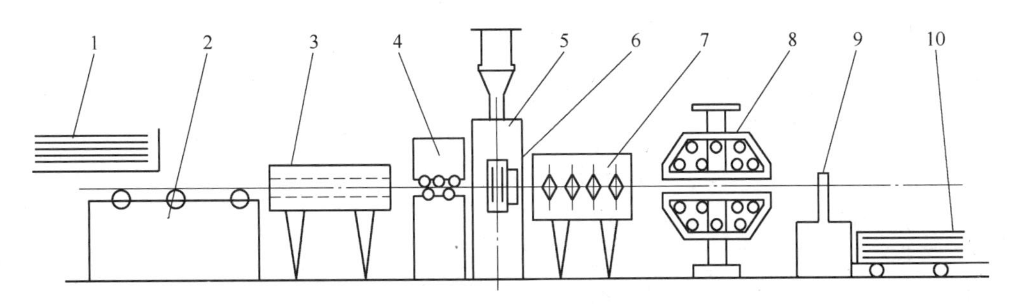

图5-14 覆塑铜管的生产流程和装置

1—裸管上料架；2—送进辊筒；3—预热器；4—矫直送进；5—螺杆挤出机；6—定型装置；7—水冷器；8—牵引装置；9—剪断机；10—成品存放台

在我国覆塑铜管尚未纳入国家标准，各企业生产均执行行业标准YS/T 451—2002。

5.2.3 管接头及配件

铜水（气）管的连接需要根据规格和用途（连接、变向、变径、分配等）采用不同的管接头与之匹配，因此管接头及配件是管网系统中不可缺少的组成部分。

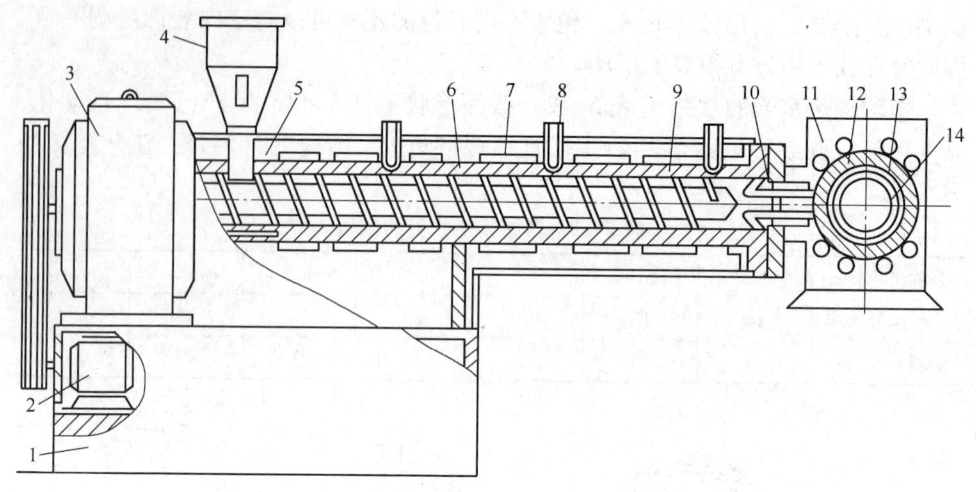

图 5-15　螺杆挤塑机的结构

1—机座；2—电机；3—传动装置；4—料斗；5—料斗冷却区；6—料筒；7，11—加热器；8—热电偶；9—螺杆；10—过滤网；12—模口；13—挤出产品；14—原管

表 5-13　覆塑铜管挤塑成形工艺参数

类别	规格/mm	供料段温度/℃	压缩段温度/℃	计量段温度/℃	模口温度/℃	铜管预热器温度/℃	挤压速度/m·mm^{-1}	铜管送进速度/m·mm^{-1}
冷水管	ϕ15	110	125	130	140	350	6	5.5
热水管	ϕ54	110	115	125	134	390	4	1.7

国标 GB/T 11618.1—2008《铜管接头》中的管接头属于承插式钎焊型纯铜管接头，见表 5-14。典型产品实物图及示意图分别见图 5-16、图 5-17。

表 5-14　铜管接头品种和型号

品　种		形式	代号
45°弯头		A	A45E
		B	B45E
90°弯头		A	A90E
		B	B90E
180°弯头		A	A180E
		B	B180E
等径	三通接头		T（S）
异径			T（R）
异径接头			R
套管接头			S
管帽			C

图 5-16　铜管接头

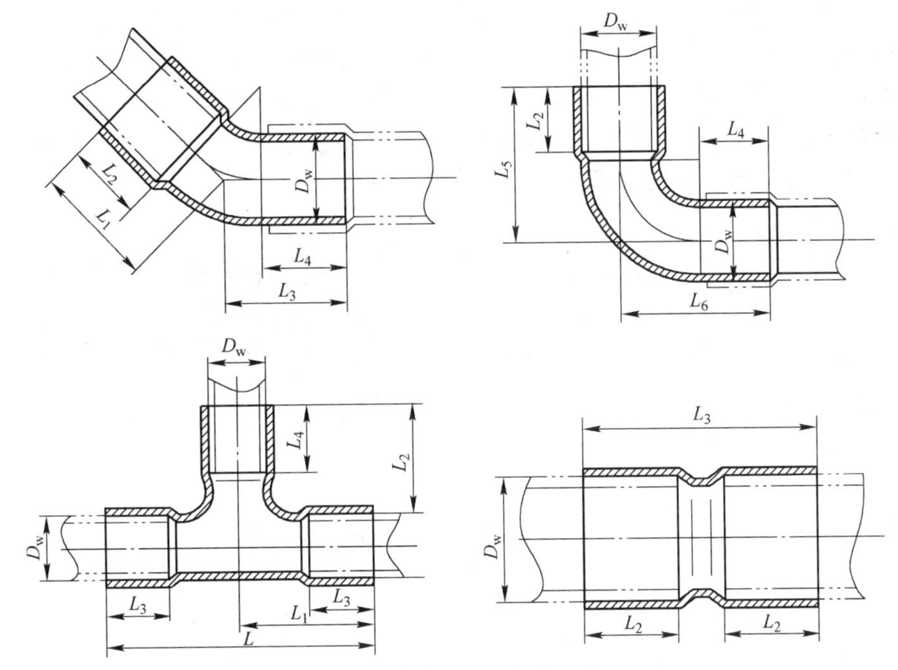

图 5-17 典型管接头产品示意图

管接头及配件的生产属于铜管的深加工，铜管厂附设管件的生产车间，将会获得很好的经济效益。

5.2.3.1 弯头的生产

弯头的生产流程如下：

管坯→成型→清洗→整形→倒角→刻字→抛光→清洗→烘干→去毛刺→检验→成品

弯头的生产方法有绕动法、推弯法、压弯法三种。绕动法是在弯管机上利用芯棒使管料沿弯曲胎模缠绕弯曲成形的，见图 5-18。芯棒有两种形式：圆头式芯

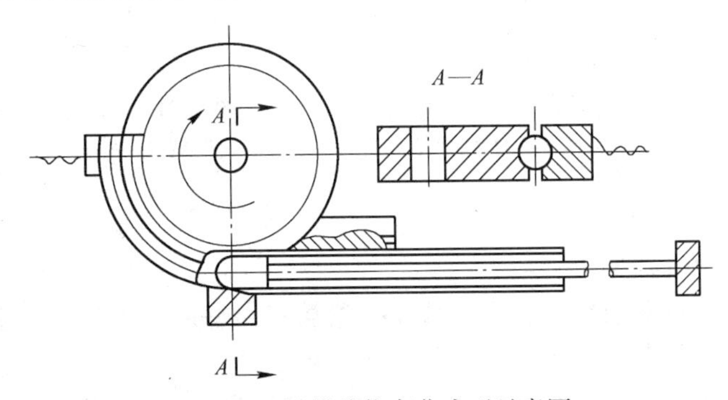

图 5-18 胎模缠绕弯曲成型示意图

棒和多球式芯棒，见图5-19。多球式芯棒由多个圆球串接在软轴上而成，适用于薄壁、多次弯曲成型的管件。推弯法又分冷推和热推两种。推弯成型在推弯装置上进行，装置简单，见图5-20。冷推时要求管材相对壁厚 $t/D \geqslant 0.06$。压弯法比较简单，效率高，可以压制带直段的管件，但弯曲半径、形状受到限制，图5-21所示为V形管件压弯模。

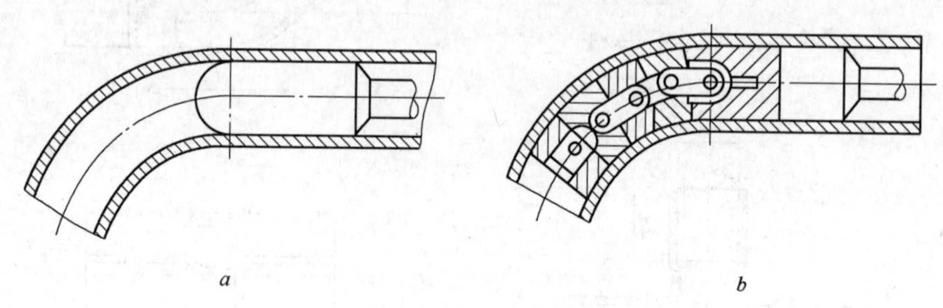

图5-19　圆头式芯棒和多球式芯棒成形

a—圆头式芯棒；*b*—多球式芯棒

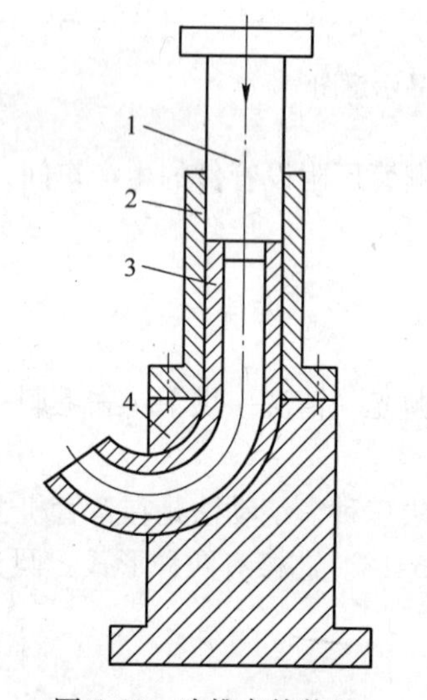

图5-20　冷推弯管装置

1—压柱；2—导向套；3—管坯；4—弯曲型模

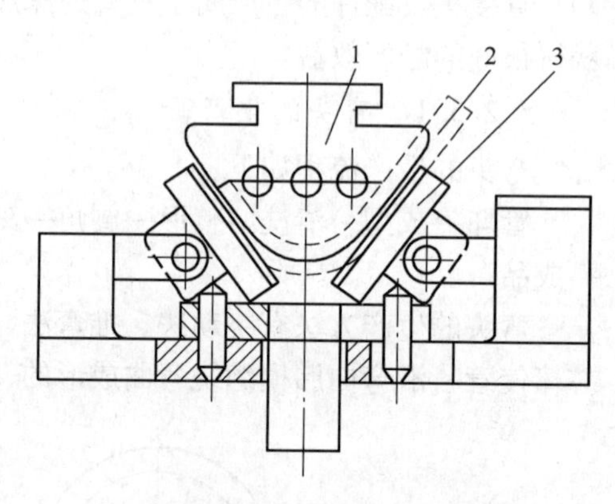

图5-21　V形管件压弯模

1—凸模；2—管坯；3—摆动凹模

5.2.3.2　三通的生产

三通的生产流程如下：

管坯→清洗→灌填料→钻孔→成型→熔填料→整形→倒角→刻字→抛光→清洗→烘干→去毛刺→检验→成品

目前，上述流程已由自动生产线完成。挤胀成型如图5-22所示。

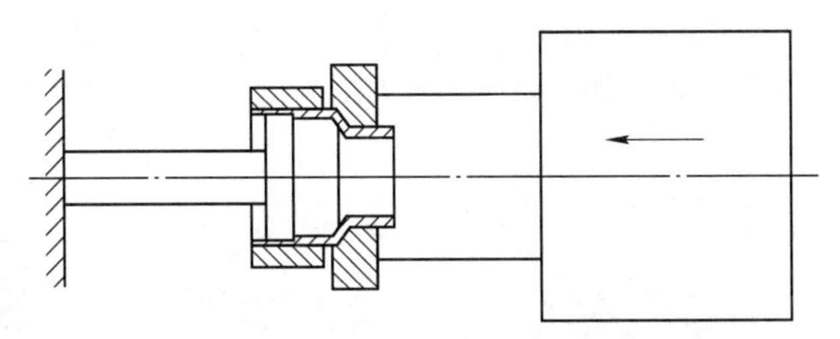

图 5-22 挤胀成形示意图

5.3 铜材在建筑五金及其他方面的应用

5.3.1 建筑五金

建筑五金是建筑物或构筑物中使用的金属制品、配件的总称，一般具有实用和装饰双重功能。铜质建筑五金主要用作建筑门锁、执手、撑挡、合页、拉手、插销、栏杆、扶手、感应启闭门装置等。

铜栏杆、铜扶手（见图 5-23）华丽、高贵，多用在高级宾馆、标志性建筑和别墅中。以 H65 黄铜管材为主，直径多为 ϕ40 ~ 100mm，壁厚为 0.6 ~ 1.2mm。除了弯头外，一般采用拉制硬态产品。对产品的主要要求是外观及表面质量。

图 5-23 华丽的铜扶手

我国是世界上第一制锁大国，用于制锁的铜材每年消费数万吨。制锁用铜材有板材、棒材和型材。板材用作冲制锁面、球形把手、钥匙等零件，型棒材用作锁芯、锁舌等零件，分别见图 5-24 ~ 图 5-26。

制锁用板材（标准中称制锁铜带）一般采用 H65 黄铜，厚度通常为 0.4 ~ 1.0mm，锁面板为半硬态，冲制球把手则用软态制品。制锁用型棒材采用易切削黄铜，最常见的为 HPb59-1。有挤制和铸造两种状态，铸棒经扒皮后整径拉伸供货。

合页（见图5-27）通常用板材和型材制造，板材经裁切后弯折再钻（冲）孔而成；型材则经剪切后机加工而成。合页用铜材通常都采用黄铜 HPb59-1。

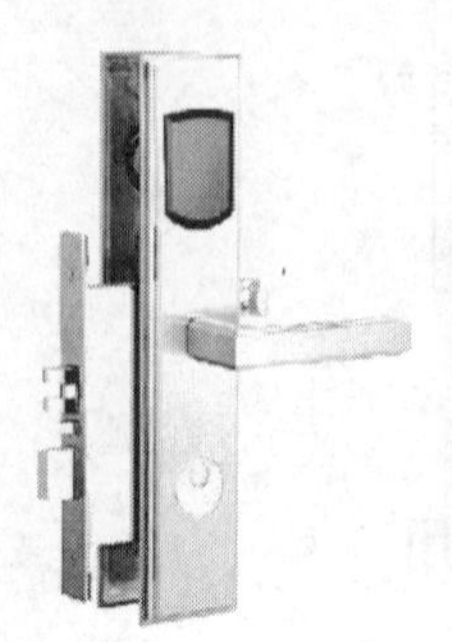

图5-24　各种锁具

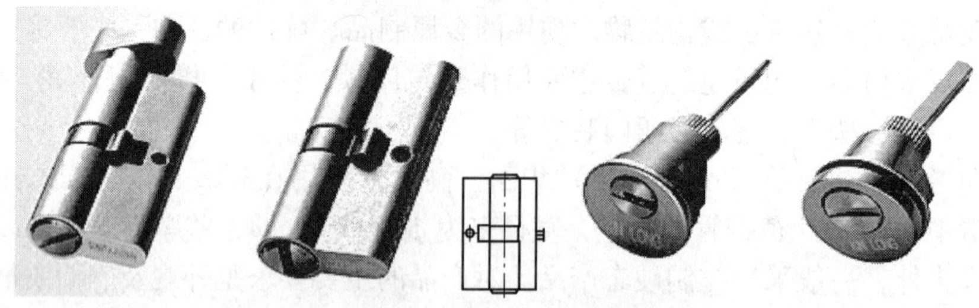

图5-25　铜锁芯

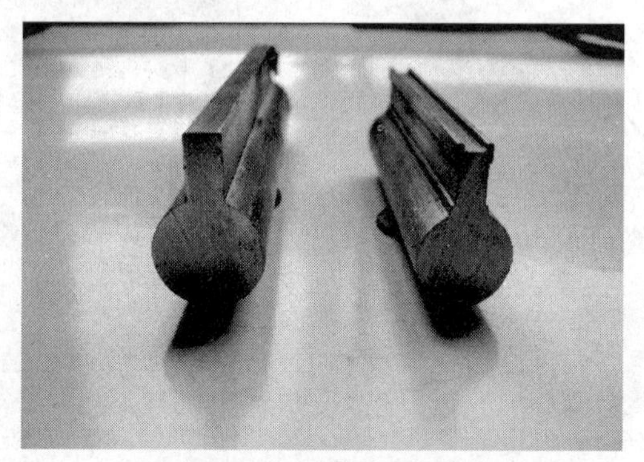

图5-26　锁舌用型材

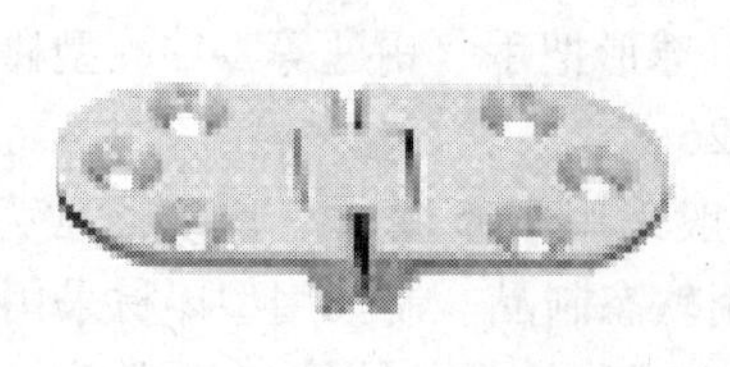

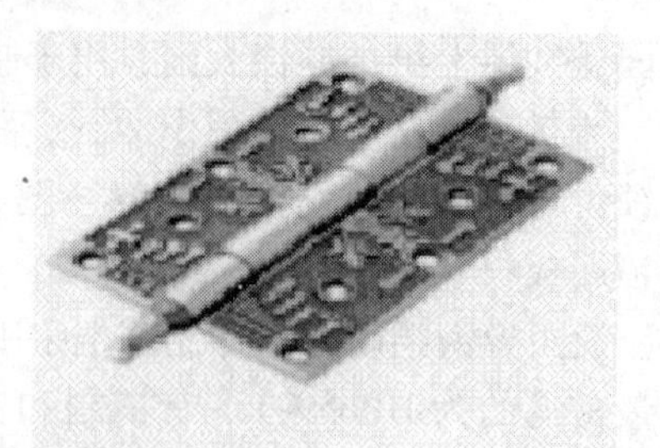

图5-27　合页和合页型材

5.3.2 屋面板和幕墙

铜及其合金由于其特有的稳定性和高抗腐蚀、易于加工的特性和独特、自然的外观效果，非常适用于屋面和幕墙材料，在许多著名的建筑上都使用。由于经受温度、阳光、雨水的作用，铜板颜色会发生渐进的变化，逐渐生成氧化层，以保护风化效应，最终产生出铜特有的铜绿，同时也是永久性的保护层。

与水泥制品、玻璃钢和工程塑料（PVC）等相比，铜材是纯天然材料，可循环利用，环保好；免维修、寿命长达数百年；色彩华贵、价值永恒；更具阻燃功能。作为建筑材料，其可塑性强，易安装，在建筑行业受到推崇。由于铜板极佳的加工适应性和适度的强度，广泛应用于平锁扣、立边咬合、侧嵌板系统以及雨排水等系统中。

铜板在屋面和幕墙方面的应用可追溯到中世纪的中欧，最古老而完整的铜屋顶建于1280年的哥特式“海尔德申姆教堂”。铜材作为屋面墙面材料在欧美、日本、东南亚有广泛的市场。据估计，全世界每年消费量近20万吨。随着我国经济的发展和生活水平的提高，近几年，我国的消费量也在大幅度增长，进而出现了一批专业屋面和幕墙制造、安装企业，前景看好。图5-28所示为“太古铜”幕墙实例。

图5-28 “太古铜”幕墙实例

屋面板或幕墙板用铜板按尺寸剪裁后翻边，在安装时再进行咬合。

用于屋面和幕墙的铜合金主要是T2、TP2、H62、H65。T2、TP2具有端庄的古铜色（所谓“太古铜”即由此而来），而H62、H65则具有华丽的金黄色。铜板材厚度一般为0.6～1.0mm，宽度为600～1200mm，长度为1000～2000mm。作为幕墙用铜板，比屋面板要求严一些，表面应光洁，不应有划伤、起皮、压坑和夹杂等缺陷。为了节约铜材，降低成本，目前幕墙多用铜塑复合板代替铜板。其产品为三层复合，即表层为铜材，里层为铝材，高分子材料为黏合剂，使用效果良好。用于铜塑板的铜带厚度更薄，为0.13～0.5mm，合金牌号为T2、H62。图5-29所示为中国上海世博会中国铁道馆使用铜塑复合板幕墙实例。

图 5-29 中国上海世博会中国铁道馆幕墙施工情景

与铜质屋面相配套，屋檐集水管（俗称落水，见图 5-30）也用铜材制造，有 K 形、半圆形等形状，通常采用 0.6～1.0mm 的 T2、TP2 冷轧半硬铜板加工而成。

图 5-30 铜屋檐集水管

5.3.3 地板条、防滑条

铜地板条可分为两类：一类用作地板砖块的隔条，另一类用作阶梯的防滑条。两者都有装饰作用。前者为光面，后者则用铜板剪切成铜条并进行折边（见图 5-31），然后再压成花纹；或者用挤压的方法挤制成“L”形的型材，其大面带有纵向凸棱。铸造成形的地板条，档次较低，常有“砂眼”等缺陷。地板隔条一般厚为 2～4mm，宽为 5～12mm；防滑条一般厚为 3～5mm，宽为 30～50mm，典型规格有 40mm×3mm 等。各种形状的铜防滑条及地板隔条见图 5-32、图 5-33。

图 5-31　尚未压花的防滑条

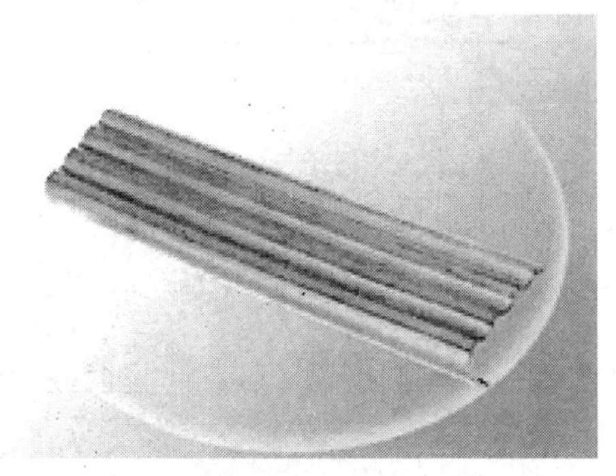

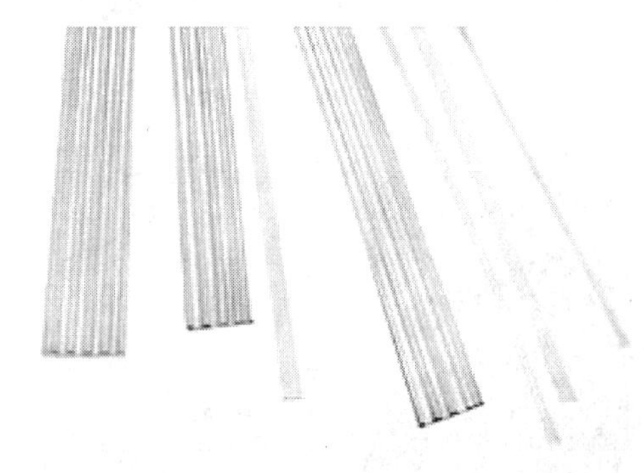

图 5-32　铜防滑条

图 5-33　铜地板隔条

5.3.4　铜门窗

铜门窗由于价格昂贵，多用于星级宾馆、会展中心、博物馆、剧场、豪华别墅等，见图 5-34。人民大会堂大门在 20 世纪 80 年代末翻新时就采用了铜门，使之更加华丽端庄。铜门窗主要使用板材和型材，一般用 T2、TP2、H65 或 QSn6.5-0.1 合金，铜门窗型材多为挤压成形，见图 5-35。

图 5-34　铜门窗

图 5-35　铜门窗型材

5.4　建筑防渗

建筑防渗漏是建筑工程中一个极其重要的课题。尽管有了许多新型防渗漏材料问世，但使用铜材防渗漏仍是最可靠的选择之一。

100 多年前，欧美、日本就开始使用厚度 0.1mm 以下的纯铜铜箔作屋面防渗材料。如今，特大型水库、水电站、船闸的大坝防渗墙芯部都采用厚度为 5.0～15.0mm 的紫铜板作防渗材料。著名的黄河小浪底水库大坝和电站机房使用的防渗铜板达 200t。

选择铜箔或铜板作建筑防渗材料，其最主要的原因是铜比钢铁、铝合金等对建筑水泥（碱性）具有很好的耐蚀性，比涂料或其他工程塑料等有机材料具有更好的防低温或高温的抗老化特性。

5.5 避雷装置

雷电是一种自然现象，对人类的生命和财产安全危害极大。随着输变电压的急剧提高和用电设备的普及以及高层建筑物的日益增多，其危害日益凸显，防雷也就成了一个重大的问题。

1750 年，富兰克林以著名的风筝试验为基础，提出以针尖放出电荷缓慢中和雷云中的电荷，即用避雷针来避雷的设想。它虽不能“避雷”，但能将雷“引向”自身来保护其周围的设施，见图 5-36。

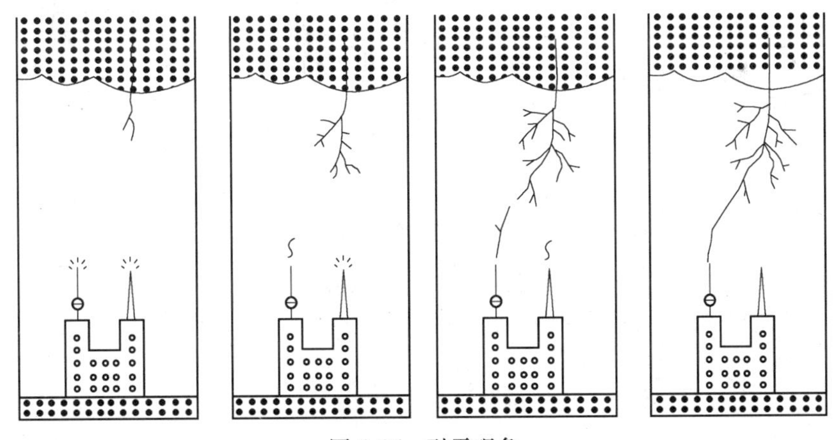

图 5-36 引雷现象

在科学技术日益发展的今天，虽然人类还不可能完全控制暴烈的雷电，但是经过长期的摸索与实践，已积累起很多有关防雷的知识和经验，形成一系列对防雷行之有效的方法和技术，包括接闪、均压连接、接地、分流、屏蔽等。现代防雷系统见图 5-37。

铜材是现代防雷系统中的主要材料，主要是以圆导体（电线）的形式应用在接闪导引、均压连接、分流装置上。而作为接地材料，则以板、条的形式应用于接地板。它们多使用一般的纯铜 T2、TP2。除导电性外，对用于防雷系统的铜材没有特别的技术要求。由于发电厂、变电所、输电网塔（杆）、建筑物的数量巨大，因而用于防雷系统的铜材数量也十分可观。

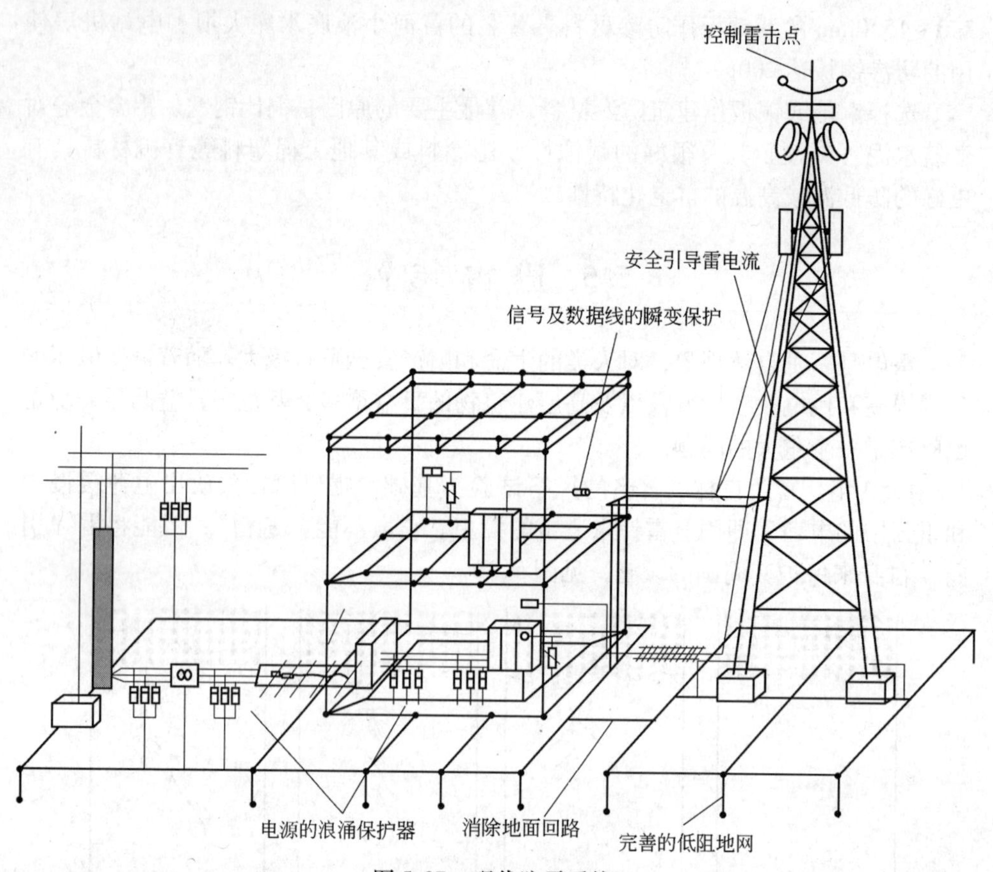

图 5-37　现代防雷系统

6　铜材在机械制造业中的应用

铜材在机械制造业中的应用十分广泛。按照铜材在机械部件中的功能可分为四大类。

第一类，是作为结构材料用于各种支架、容器、连接件、紧固件；

第二类，是作为耐磨材料，应用于各种齿轮、蜗轮蜗杆、轴瓦、轴承、轴承保持器、阀件、摩擦副等；

第三类，是作为弹性材料，应用于各种弹簧、开关器件；

第四类，是作为换热材料，应用于各种冷凝器、蒸发器等热交换器。

6.1　铜材在结构件中的应用

铜合金由于成分不同而具有不同的特性，但都具有一定的强度、韧性和良好的冷热加工成形性能，可以进行铸造、轧制、拉伸、锻压、冲压、弯折等加工成形，以满足不同结构件的应用要求。例如用紫铜、黄铜制造的连接螺栓、垫片、销钉；用锡黄铜制造的冷凝器管板；用铝青铜制造的各种阀座、铆接件；用普通黄铜制造的支架、端盖；用铬青铜制造的电机轴；用白铜制造的各种反应釜、容器等。

由于使用场合多种多样，使用的铜合金产品的形状、品种和规格也多种多样，有板、带、管、棒、型及铸件等。仅作为连接件的螺栓、螺母、垫片消费的铜合金棒线或型材几乎就占铜材消费量的1/8以上。

6.2　铜材在耐磨器件中的应用

6.2.1　蜗轮蜗杆

蜗轮减速机是一种能够改变传动方向的变速机构（见图6-1），在轧钢机、工程机械、船舶、汽车、摩托车等传动系统中有广泛的应用。蜗轮减速机的主要部件是互相啮合的蜗轮和蜗杆（见图6-2）。

图6-1　蜗轮减速机实例之一

通常，蜗轮和蜗杆用两种不同的高强度耐磨材料制造，以免两者同时磨损、同时更换而使维修成本提高。合金钢和铜合金是最常见的匹配材料。铜合金则主要采用强度高、耐磨性优良的四大铝青铜（QAl9-

2、QAl9-4、QAl10-3-1.5、QAl10-4-4）挤制棒（或拉制棒）或其锻件（由截断的棒材热镦而成）。目前，我国可供棒材规格最大可达 ϕ250mm。铝青铜棒材的性能见表6-1。

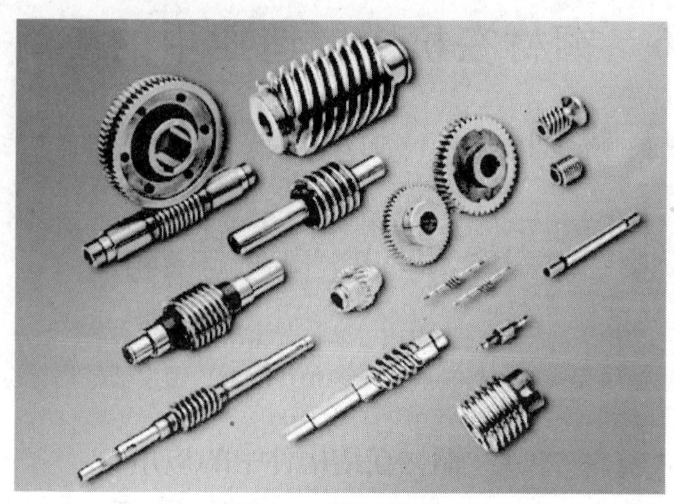

图6-2　蜗轮和蜗杆

表6-1　铝青铜棒材的性能

合金牌号	直径/mm	抗拉强度 R_m/MPa	伸长率 A/%	布氏硬度 HBW
QAl9-2	≤45	≥490	≥18	110 ~ 190
	45 ~ 160	≥470	≥24	
QAl9-4	≤120	≥540	≥17	110 ~ 190
	>120	≥450	≥13	
QAl10-3-1.5	≤16	≥610	≥9	130 ~ 190
	>16	≥590	≥13	
QAl10-4-4	≤20	≥690	≥5	170 ~ 260
	20 ~ 120	≥655	≥6	
	>120	≥590	≥6	

提高铝、铁、镍的含量可以进一步提高材料的强度和耐磨性，因而在QAl10-4-4合金的基础上又开发出了QAl10-5-5（Fe5%、Ni5%）、QAl11-6-6合金（Al11%、Fe6%、Ni6%），其性能优于QAl10-4-4，热加工性能良好。例如QAl11-6-6合金挤制棒的抗拉强度可达700MPa以上。

6.2.2　齿轮

钟表和其他各种精密仪表都大量使用齿轮、棘轮、摆轮等。ϕ160mm 以下中小规格的齿轮大多用切削性能良好的铅黄铜和锌白铜挤制或拉制棒材切片加工而成；大规格齿轮则用铅黄铜、铝青铜和锌白铜锻件加工而成。用于拧旋零件的拉花棒则用连铸 HPb59-1 棒坯直接扒皮拉花而成。

铅黄铜和锌白铜挤制或拉制棒材的性能见表 6-2 和表 6-3。

表 6-2 铅黄铜和锌白铜挤制或拉制棒材的性能

合金牌号	材料状态	直径/mm	抗拉强度/MPa	伸长率/%	
				$A_{11.3}$	A
HPb59-1	拉制	5～20	≥430	≥10	≥12
		21～40	≥400	≥12	≥14
		41～60	≥380	≥16	≥19
	挤制	>30	≥370	≥18	≥21
HPb63-0.1	拉制	5～40	≥380	≥15	≥18

表 6-3 锌白铜 BZn15-20 棒材的性能

材料状态		直径/mm	抗拉强度/MPa	伸长率/%
拉制	Y	5～12	≥450	≥5
		13～25	≥400	≥7
		26～40	≥350	≥12
	M	5～40	≥300	≥30
挤制	R	40～80	≥300	≥30

6.2.3 摩擦副

摩擦副是液压泵等滑靴滑履中两个相对运动件的总称。摩擦副通常由两种不同的高强度耐磨材料制造，以降低维修成本。锡磷青铜、高强度耐磨复杂黄铜都是很好的摩擦副材料。

锡青铜是良好的耐磨材料，在离合器中作为摩擦片、轴套、耐磨衬垫广泛使用。随着锡含量的提高，锡青铜强度大幅度提高，特硬状态下，QSn10-0.3 的抗拉强度可达 795MPa，是相同状态 QSn6.5-0.1 的 1.25 倍。

航空液压泵曾大量使用蒙乃尔（NCu28-2.5-1.5）或其他镍-铜合金（如 NCu30-4-2-1）作齿条、滑靴材料，由于镍-铜合金加工困难以及成本较高，近年来，则转向使用复杂铝黄铜、锰黄铜。复杂铝黄铜、锰黄铜的成分、性能及生产技术见本书 7.1.3 节同步器齿环的相关内容。

6.2.4 轴承

轴承是机器中的重要部件，它是支承传动轴所受的力，并将轴固定在适当的位置上只做转动而不产生径向和轴向移动的装置。

轴承的种类很多，按其工作时摩擦的性质，可分为滑动轴承和滚动轴承（见图6-3）两大类。铜材在滑动轴承中作为轴瓦材料，在滚动轴承中多用于制造限定滚珠或滚柱（或滚针）位置的轴承保持器（见图6-4）。

图6-3 滚动轴承

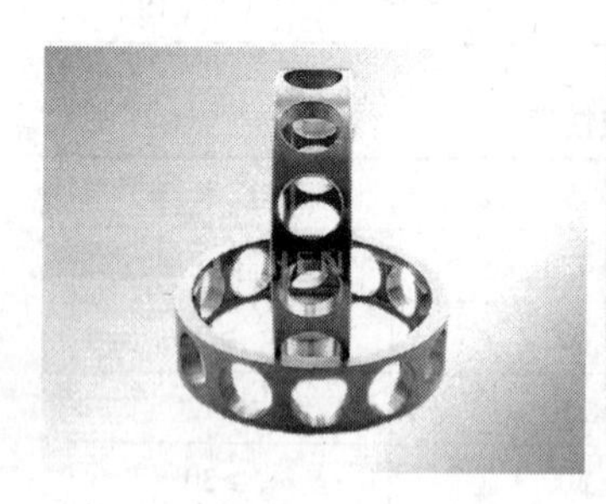
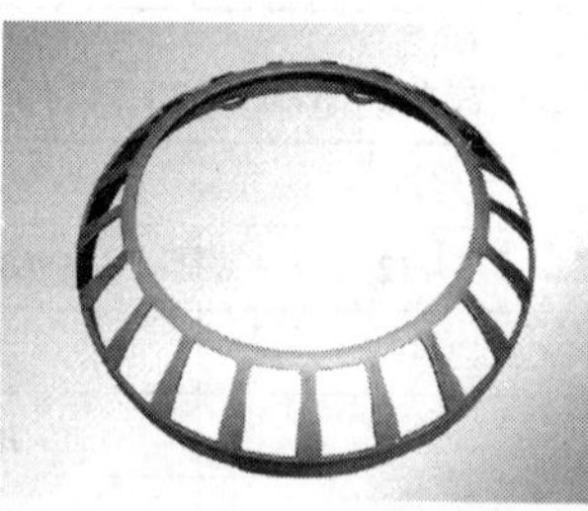

图6-4 轴承保持器

在滑动轴承中，轴瓦直接与轴接触，它一方面承受轴传来的径向压力，另一方面在轴的转动中与之摩擦。因此，轴瓦应当具有较高的强度和耐磨性。铜合金用作轴瓦材料最常见的是锡青铜（Sn-Zn-Pb系铜合金），固溶在铜中的锡和锌提高了铜合金的强度，软质点铅和锡则可保证在轴与轴瓦的相互摩擦中不致使轴受到磨损。中小型轴瓦一般用铸管或挤制管材制造，而大型轴瓦则用铸型铸造。

Sn-Zn-Pb系铜合金也用来制造滚动轴承，QSn4-4-4就被称为轴承青铜，它可用来制造套筒轴承和止推轴承、衬套、滚珠（柱）等。QSn4-4-4锡青铜合金的成分（质量分数）范围为：3.5% ~4.5% Sn、1.5% ~4.5% Zn、3.5% ~4.5% Pb、0.01% ~0.50% P和0.01% Fe_{max}。该合金热加工困难，但冷加工性能良好。其硬态抗拉强度可达675MPa，硬度可达93HRB。

轴承保持器的制造工艺一般是先将铜管切片后热模锻、冲压，成形后再进行机械精加工。轴承保持器用的铜材最常见的是HPb59-1、HPb58-2.5、HPb63-3等铅黄铜挤制管材。

镶嵌式固体自润滑轴承具有低摩擦系数、高承载能力和工作寿命长的特点，它以所谓“高力”黄铜为基体，在其摩擦面上开若干排列有序的孔穴，并向孔穴内嵌入石墨、二硫化钼等固体润滑剂，制成的轴承可实现无油润滑，在高温、高载、低速、防污以及水中或其他无法进行人工润滑的工况条件下被广泛使用。

所谓“高力”黄铜，实际上是一种复杂铝黄铜（HAl63-6-4-3），其化学成分见表6-4，代表性产品为ϕ49.3mm×11.3mm～ϕ108mm×15.7mm挤制管，其性能见表6-5。

表6-4 HAl63-6-4-3的化学成分（质量分数） （%）

Zn	Cu	Al	Mn	Fe	Sn	Ni	Pb	Si
余量	62.0～64.5	5.5～7.0	3.0～4.5	2.5～3.5	≤0.2	≤0.5	≤0.2	≤0.05

表6-5 HAl63-6-4-3热挤管的性能

规格/mm×mm	状态	R_m/MPa	$R_{m0.2}$/MPa	A/%	硬度HB
ϕ49.3×11.3	R	784	512	14	234
ϕ78.5×15.9	R	768	497	16	230

6.3 铜材在弹性器件中的应用

弹性是指材料受到外力发生变形而当取消外力后材料回复到原样的能力。铜合金作为弹性材料在机械零件中有着广泛的应用，如各种弹簧、簧片、紧固用防松垫圈、插销等等，见图6-5。而各种弹簧、簧片、紧固用防松垫圈、插销等则广泛应用于各种柜门（舱门、闸门）、阀泵、电器或机械开关等设备的升降、启闭、通断机构，还广泛应用于防震、紧固的场合。利用簧片颤动发声则在器乐如萨克斯、双簧管上都有很好的应用。

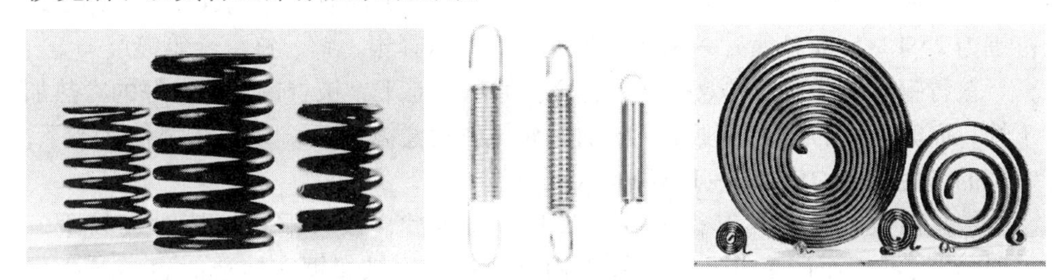

图6-5 各种弹簧

6.3.1 锡磷青铜

铜合金中作为弹性材料应用最广泛的是锡磷青铜。锡磷青铜与普通紫、黄铜、大部分铝合金以及普通钢相比，具有较高的强度、弹性模量和疲劳强度，并且具有较好的导电、耐蚀性能，弹性稳定性好等特点（即抗应力松弛能力强）。例如 QSn6. 5-0. 1 特硬带材的弹性模量为 128. 4GPa，在 150℃、100h 条件下，疲劳强度可达 245MPa，$(\sigma_0-\sigma_t)/\sigma_t$ 可达15. 0。硬态 QSn6. 5-0. 4 带材弹性模量为 109. 8GPa，在 150℃、应力为 30MPa 试验条件下，蠕变速度可保持在 0. 0009%/h。因此，在各种继电器中作为弹性触头（簧片）元件，是锡磷青铜带材最主要的使用方向。我国每年有 6 万吨左右的锡磷青铜带主要用于弹性簧片元件。

锡磷青铜在铸造时极易产生锡元素的反偏析（即锡偏聚到铸锭表层的现象），致使在热加工时材料产生裂纹。采用水平连铸带坯冷轧的工艺大大提高了成材率。锡磷青铜变形抗力较大，冷加工中需经多次中间退火。

6. 3. 2 铍青铜

铍青铜是最优秀的铜基弹性材料，具有极高的弹性极限和抗疲劳强度。用铍青铜制造的弹性元件，其弹性滞后、弹性后效及弹性不完整性都很小。此外，铍青铜还兼有高强度、导电性好、耐蚀、耐磨、无磁、无冲击火花等特点。是航空、航天、矿山井下等领域对弹性元器件有高可靠性要求时的首选弹性材料。因此，铍青铜用来制造膜片、膜盒、发电机电刷弹簧、波纹管和军工、宇航与井下用继电器簧片、撞针、夹卡、高压断路器弹簧、接触电桥以及各种无火花工具等。

目前，应用广泛的弹簧片大都由铍青铜精制而成。铍青铜本身具有的机械特性不仅更容易制造出更多的形状以适应不同的使用要求和安装方式，更重要的是，在外力释放后，铍青铜簧片表现出来的优越回复能力，可以满足频繁启合的运动部位的电联接的应用要求。铍青铜制成的簧片具有接合压小、形变范围大、低频段和高频段屏蔽性能优异，质量轻，安装方式灵活多样等优点。簧片的压缩范围为 25% ~50%。簧片一般表面抛光，也可选择银、锌、铬、金等镀层。

铍青铜属于典型的时效强化铜合金。固溶状态下，铍青铜具有良好的冷热加工性，而时效后的强度、硬度，特别是屈服强度急剧提高。无论在哪种状态下，它们的弹性模量均为 124 ~138GPa。

铍是活泼金属，具有很强的脱氧作用。因此，铍青铜在熔炼时极易吸气（实质是吸氢）而产生气孔，最好采用真空熔炼。铍青铜在铸造时容易产生偏析，热轧或冷轧时均易引起裂边。适当的铸造速度和冷却强度可以减轻偏析（如水平带坯连铸的偏析就比一般的半连续立式铸造的轻）。铍青铜带材生产的关键是控制固溶-形变-时效的工艺参数。铍青铜（QBe2. 0）热加工温度应控制在（790±5）℃，终轧入水淬火温度应为 600 ~650℃。中间软化退火温度应在较高温度（如 780℃）下进行。铍青铜（QBe2. 0）时效制度为 317℃/3h。

尽管铍青铜具有许多突出的优点，但在高温下铍蒸气和粉尘（主要是 BeO）

具有很高的毒性，可致人急性或慢性中毒。因此，在熔炼-铸造及热加工中必须进行有效的防护。铍青铜的应用也因此受到了很大的限制。

为了解决避免铍中毒的问题，人们不断努力开发其替代品。钛青铜和镍硅青铜系列就是研究开发的重点。钛青铜具有高的强度、硬度和弹性极限，还有高的耐磨、耐疲劳、耐热和耐蚀性，导电性仅次于铍青铜，在许多情况下可以替代铍青铜用作弹性材料。但钛青铜加工硬化倾向明显，冷加工变形抗力大，增加了中间退火次数和冷加工的难度，增加了成本。相对而言，镍硅青铜比钛青铜加工难度小。最近某企业开发的 LE702 合金（3.5% ~4.5% Ni、0.6% ~1.0% Si、0.2% ~0.4% Zn、0.05% ~0.3% Mg、Cu 为余量）半连续铸锭，经过热轧、在线固溶、铣面和形变-多级时效热处理，薄带的弹性模量为 125GPa，热膨胀系数为 1.7×10^{-5}/℃，抗拉强度为 725MPa，屈服强度为 650MPa，疲劳强度为 230MPa，显微硬度（HV）为 203，电导率达 53.1% IACS，可应用于航天继电器。其开发的另一种铜-镍-硅青铜 QNi6-1.5-0.5（4.5% ~6.5% Ni、1.2% ~1.6% Si、0.25% ~0.5% Cr），其 0.15 ~0.5mm 带材的抗拉强度达 840 ~900MPa，屈服强度达 700 ~830MPa，断后伸长率为 3% ~8%，弹性极限达 700 ~780MPa，硬度（HV）为 240 ~260，弹性模量为 112GPa，电导率仍达 32% IACS。

6.4 铜材在热交换器上的应用

6.4.1 常规热交换器

热交换器又称换热器和换热设备，是使两种流体之间进行热量交换而实现加热或冷却目的的装置。

热交换器在国民经济和人们日常生活中应用极其广泛，如动力锅炉过热器，冶金炉空气预热器，汽轮发电冷凝器，制冷、制糖、制盐、纸浆、食品、制药设备中的蒸发器、冷凝器等都是热交换器。热交换器在各种化工生产过程中的应用更是不胜枚举。一套 30 万吨聚乙烯装置，其中的各种热交换器达 350 ~400 台，约占其总投资的 25%。在航空航天工业中，为了及时取出发动机及辅助动力所产生的大量热能，热交换器也是不可缺少的器件。家庭用空调、冰箱的心脏部件就是热交换器。

热交换器是铜加工材第三大消费领域。我国仅空调、制冷行业消费量就达 60 ~70 万吨，电站和船用冷凝管年消费量为 2 ~3 万吨，其他换热设备用铜材消费量为 10 ~15 万吨。

热交换器根据工作原理可分为间壁式换热器、蓄热式换热器和混合式换热器。根据使用目的可分为冷却器、加热器、冷凝器和汽化器。根据传热面的形状和结构可分为管式换热器和板式换热器。图 6-6 所示为几种常见换热器。

图 6-6　几种常见换热器

a—立式管壳式冷凝器；*b*—卧式管壳式冷凝器；*c*—套管式冷凝器；
d—空气冷却式冷凝器；*e*—淋水式冷凝器

由于铜合金具有优异的导热性，因此是热交换器的首选材料。主要品种是各种纯铜（T2、TP2、TU1）板材和管材。但是，由于工作环境不同，为了降低成本，而采用 H90、H68、H62。另一些场合要求更高的耐蚀性，则采用 HSn70-1、HAl77-2、HSn62-1 等黄铜和 BFe10-1-1、BFe30-1-1 等白铜合金。

20世纪70年代，人们为了改善黄铜的抗脱锌腐蚀性能，在黄铜中添加0.03%～0.06%的砷（As），即H68A和HSn70-1A，添加硼（B）黄铜（HSn70-1AB，其硼含量为0.0015%～0.01%），效果良好。硼可细化晶粒，与砷同时存在时，可提高铜合金的耐腐蚀性，其在冷却水中固形物含量小于4000mg/L、氯离子含量小于800mg/L时使用效果好。但硼是活泼元素，其成分的均匀性控制还有待于进一步提高。

高锌黄铜冷凝管的另一个问题是应力腐蚀敏感性问题。因此，冷凝管在加工后应立即进行消除应力退火。冷凝器穿管、装配过程中也应轻拿轻放，防止管子受附加应力。

板式换热器由一系列互相平行、具有波纹表面的金属薄板叠合而成。由于其换热面积大、介质流动为强烈湍流，因而换热效率比管壳式高15%～30%。同时，由于其独特的结构，可以快速更换其中任意板片，方便维护检修，从而在海洋工程、地热利用等领域得到了推广应用。典型的板式换热器的结构见图6-7。

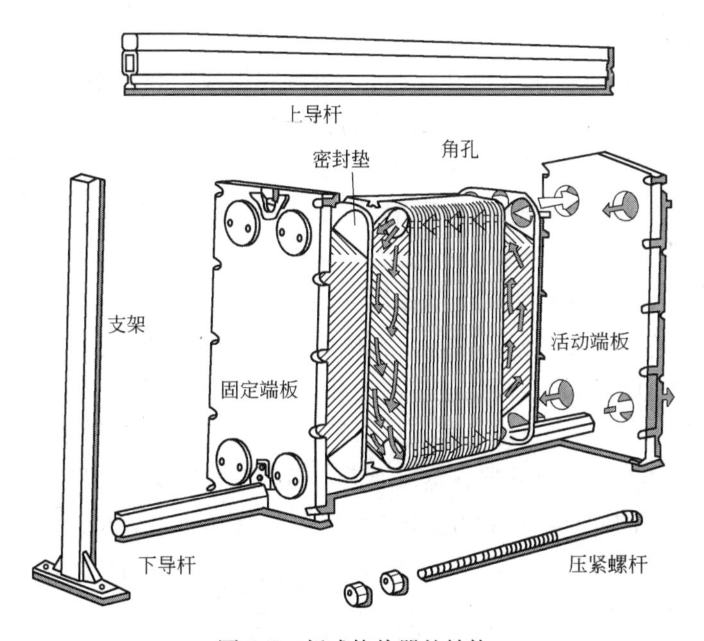

图6-7 板式换热器的结构

超低温冷冻技术的发展推动了相关产品的开发。低温深冷冰柜要求制冷效果达到-150℃，而普通冰箱仅-20℃。深冷冰柜的蒸发器所采用的管材与内胆应具有更大的接触面积，以及更好的导热能力。因此使用“D”形铜（TP2）管代替“D”形铝管。其规格为D11.5mm×7mm×0.75mm，其断面形状见图6-8。

“D”形铜管的生产采用挤压-拉伸或行星轧制-拉伸法均可，都是在圆管坯

(退火态)基础上过渡到"D"形，最后2道次均为空拉，前一道为过渡，最后一道为整形。

热交换器的应用环境多种多样，要求换热器制造商和材料供应商必须共同努力，在细分使用条件的基础上，有针对性地研究开发适应不同环境的热交换器和铜合金材料。

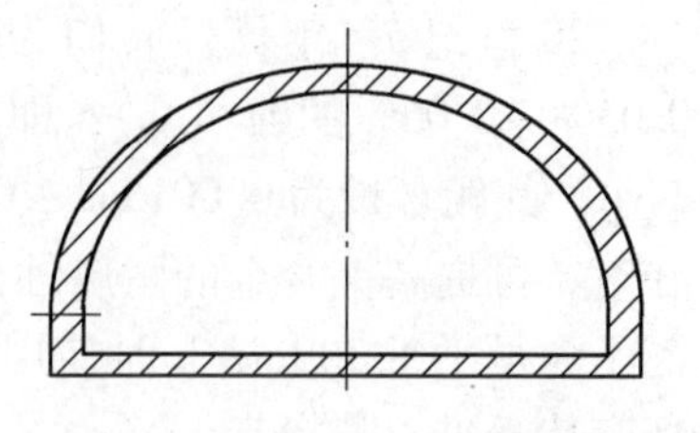

图6-8　"D"形铜管断面形状

6.4.2　热管

热管及由此而构成的热管换热器作为一种高效热交换器正在开拓其应用领域。早在1942年美国的Gaugter就提出了热管原理。热管换热器是20世纪70年代发展起来的，经过几十年来科学家和科技人员的努力，不但使热管的理论不断完善，其应用也从原先的宇航热控制扩展到电子元器件散热、余热利用、新能源等领域，并且取得优异的效果。

热管是热管换热器的一种高效换热元件，图6-9为吸液芯热管的典型结构图。它由管壳、毛细多孔材料（管芯）、蒸汽腔组成。热管制造的工艺很复杂，主要的工序过程是：首先将管芯放入管内，清洗并烘干后将其一端封闭，并抽成负压（$1\times10^{-1\sim-3}$），充入适量的工作液体，再将其密封。从换热角度可将热管分为三部分，即蒸发段、绝热段和凝结段。工作时，蒸发段中存在于毛细多孔材料中的液体（换热工质）受热则汽化蒸发，蒸汽在腔内流向凝结段，在此遇冷则凝结液化，凝结液在毛细抽吸力的作用下经管芯流回蒸发段。显然，蒸发是一个吸热过程，而凝结是一个放热过程。在热管内，由于毛细多孔材料的存在，工质自动地不断完成吸热蒸发-凝结放热的循环，不断地将热量从热管的一端传送到另一端，如图6-10所示。由于蒸发潜热很大，因而可以在不大的温差下在热管两端传送很大的热量。绝热段在蒸汽通道中不承担换热任务，只是作为分隔冷源和热源的手段，因而可以按照需要任意设计其长短和分布形式。

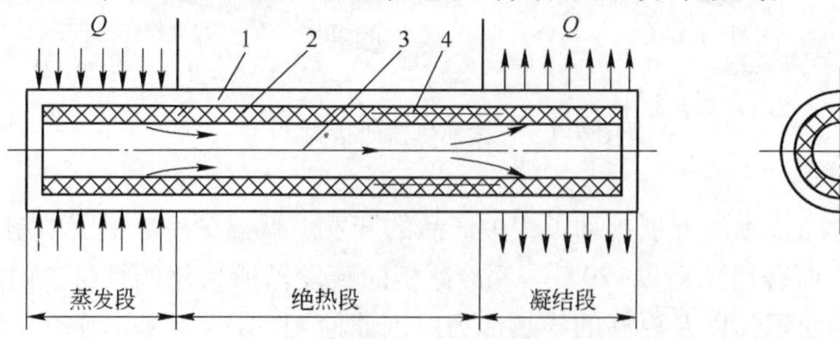

图6-9　有吸热芯的典型热管结构示意图

1—管壳；2—管芯；3—蒸汽腔；4—液体

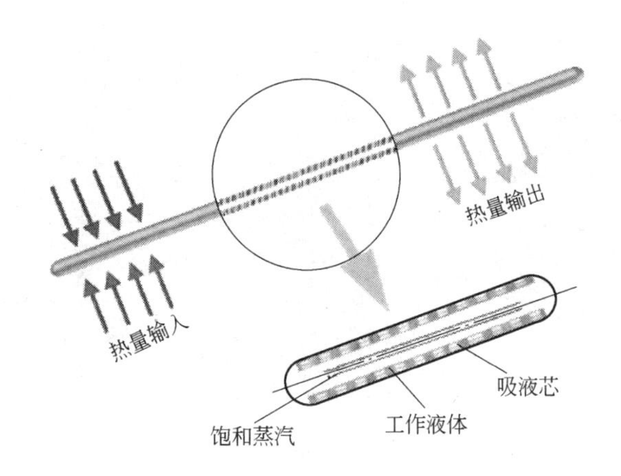

图 6-10 热管散热器原理图

热管是依靠自身内部工作液体的相变来实现传热的换热元件，具有以下基本特性：很高的导热性（单位质量的热管可多传递几个数量级的热量，因而人们把热管称为热的超导体）、优良的等温性、热流密度可变性、热流方向的可逆性、热二极管与热开关性能、环境的适应性等。因此，热管不但在 CPU 散热器上大量应用（见图 6-11），而且在化工、地热利用方面（见图 6-12）具有潜在的应用前景。此外，随热源和冷源的条件而变化，热管的形状可做成电机的转轴、燃气轮机的叶片、钻头、手术刀等。热管也可做成分离式的，以适应长距离或冲热流体不能混合的情况下的换热；热管既可以用于地面（重力场），也可用于空间（无重力场）。

图 6-11 热管已在 CPU 散热器上大量应用

图 6-13 所示为铜热管的几种代表性产品。典型的铜热管由 TU1 无氧铜或 TP2 磷脱氧铜制成，TU1 无氧铜的导热性好，TP2 则具有良好的焊接性能。

图 6-12 常见的热管散热器

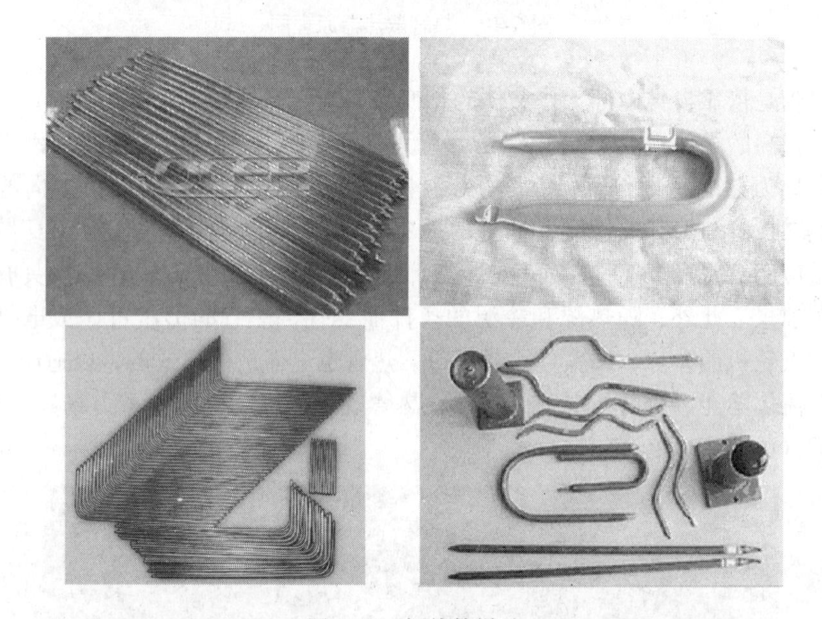

图 6-13 铜热管样品

热管用铜管的规格为 ϕ3 ~ 200mm，用于 PC 的铜管一般为 ϕ6mm×0. 3mm，单根长度为 150 ~ 300mm；ϕ8mm 也是常用的热管规格，见图 6-14。用于笔记本电脑的热管具有管径小、长度大的特点，见图 6-15。

热管用铜管的性能要求主要有：热导率、力学性能和爆裂温度。对导热性而言，选材一旦确定，导热系数也就确定了。因此，用户一般是测电导率或复验化学成分。力学性能要求，一般热管成形都要经过折弯工序，在弯曲时管材既不能折弯开裂，又不能出现皱折。因此要求材料既要有一定的强度，又要有一定的延展性或韧性。为了使热管安全可靠地运行，客户要求铜管具有经受略高于其工作温度的能力，即爆裂温度。如PC用铜热管的爆裂温度应高于300℃。

因此，热管用铜管的生产需要良好的熔铸条件，确保锭坯或管坯内部无缩松、裂纹、气孔、夹杂等缺陷；铜管加工要控制好状态，使管材的强度和延伸有较好的匹配，确保热管的成形加工。此外，应采用适当措施提高铜材的再结晶温度，确保爆裂试验合格。

管芯是热管的核心，毛细多孔材料和结构一般有丝网、沟槽、粉末烧结与纤维四种（见图6-16）。

图6-14　九州风神 ϕ8mm 热管散热器

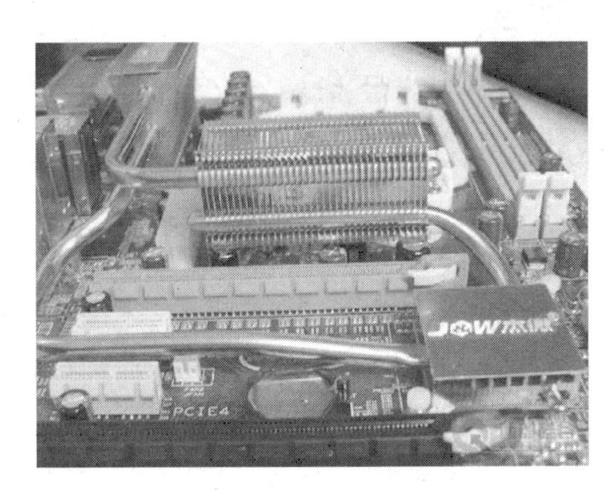

图6-15　装有热管散热器的笔记本电脑主板

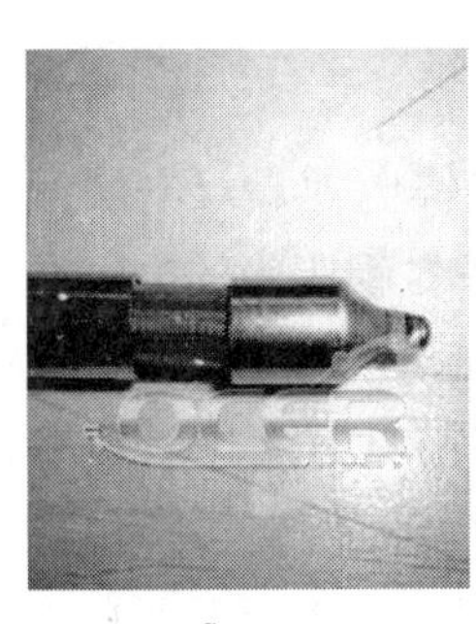

a

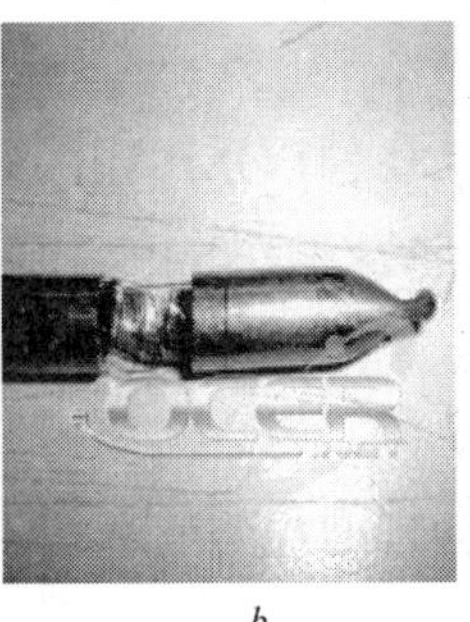

b

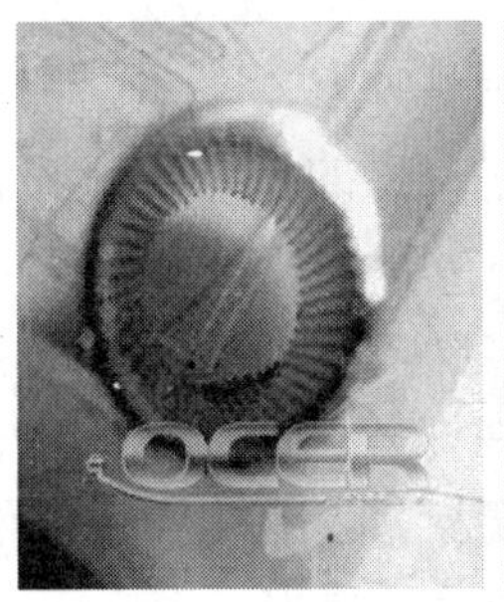

c

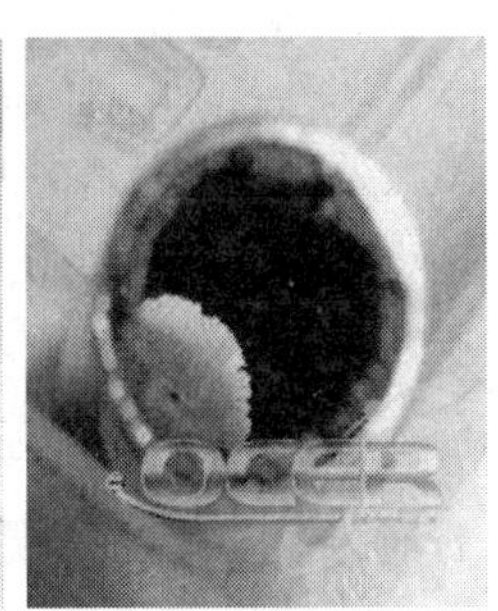

d

图6-16　毛细多孔管芯的结构

a—丝网结构；*b*—纤维结构；*c*—沟槽结构；*d*—粉末烧结

丝网和纤维不易与管壳内壁紧密结合，增大了热阻。在PC散热器上，大部分都是沟槽与粉末烧结两类结构，其中烧结热管占80%，沟槽热管占20%。烧结式是在管内用一个同心胎管与铜管形成环形空腔，填充高纯度铜粉烧结而成，工艺比较复杂，管子较短。同心沟槽式热管是热管毛细结构中制造比较简单的一种，采用整体成形工艺制造，成本是一般烧结式热管的2/3。

近年来，在铜管内侧粘贴泡沫铜作为多孔材料取得了进展。泡沫铜是一种新型泡沫材料，既有微孔毛细作用、增加换热面积，又有良好的导热作用，见图6-17。用泡沫铜替代铜粉，可制成管形或薄片，将它贴在管材内侧再进行烧结，效率和效果均优于粉末烧结。

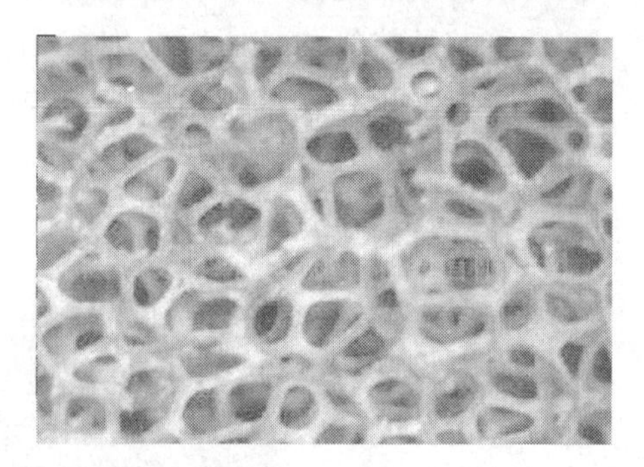

图6-17　泡沫铜

泡沫铜是一种在铜基体中均匀分布着大量连通或不连通孔洞的新型轻质多功能材料。泡沫铜的制造方法：将NaCl颗粒与电解铜粉以及添加剂混合均匀后压制生坯，在烧结炉中置于氩气气氛下烧结，得到的物品置于循环热水装置中将NaCl颗粒溶除，再在超声波水浴中洗涤和用丙酮清洗，最后烘干，即制得有由三维相互连通的空间网络构成的开孔（孔隙率为50%～81%、平均孔径为0.2～4mm）和基体中存在微观孔洞的通孔泡沫铜产品。

泡沫铜是一种新型功能材料，主要应用于以下领域：

（1）电极材料。优良的导电性能使泡沫铜广泛应用于镍锌电池、双电层电容器等新型电池的电极骨架材料。另外，泡沫铜作为电解回收含铜废水的电极材料使用，也具有非常广阔的前景。

（2）催化剂。在许多有机化学反应中，人们尝试直接利用具有大比表面积的泡沫铜替代冲孔铜板，作为化学反应催化剂；泡沫铜作为光催化空气净化载体，也获得了较为成功的应用。

（3）导热材料。泡沫铜具有优良的导热性能，使其成为性能优异的阻燃材料，在国外许多先进的消防器材上获得应用，尤其是作为火焰隔离器材具有优异的效果；另外，人们利用泡沫铜优良的导热性能及表观通透性，制作成电机、电器的散热材料。

（4）消声及屏蔽材料。声波在泡沫铜表面发生漫反射，并通过膨胀消声、微孔消声等原理，达到消声的效果；铜的屏蔽性能与银接近，是一种性能优异电磁屏蔽材料。

（5）过滤材料。优良的结构特性及对人体基本无害的泡沫金属铜产品，作为医用过滤材料，也获得了成功的应用；同时，泡沫铜在水净化装置中的应用也具有较好的前途。

（6）流体压力缓冲材料。泡沫铜对流体的分散及缓冲作用，使其作为各种压力仪表的减压保护装置，具有优异的效果。

6.4.3 微热管

1984 年在日本举行的第五届国际热管会议上，微热管的概念最早由 T. P. Cotter 提出。随着微电子技术的迅速发展，电子器件的微型化已经成为现代电子设备发展的主流趋势。电子器件特征尺寸不断减小（例如，微处理器的特征尺寸在 1990 ~2000 年从 0.35μm 减小到 0.18μm），芯片的集成度、封装密度以及工作频率不断提高，这些都使芯片的热流密度迅速升高。芯片热流密度的不断升高则对电子器件热可靠性设计提出了更高的要求。因而对微热管散热器的研究开发在世界范围内迅速形成一股热潮。

微型热管的结构经历了从重力型、具有毛细芯的单根热管，到具有一簇平行独立微槽道的平板热管，进而发展到内部槽道簇之间通过蒸汽空间相互连通的形式，试图为各种小面积、高热流元件散热提供有效的方法。

由于微通道传热具有结构的紧凑性、极强的导热性、热流密度可变性、热流方向的可逆性等特点，可以满足电子产品对散热装置紧凑、可靠、高散热效率等的要求。因此，普遍认为微通道散热技术必将成为未来微电子元器件及其系统散热的主流，成为未来电子产品集成度技术能否继续发展的关键。

总体而言，由于铜的高导热和良好的成形性，在未来微热管材料中必有作为，但其高的价格则必然削弱其竞争力。作为铜加工材料工作者应当关注的是该领域的发展趋势，跟踪其进展，研究相关材料的生产工艺方法和材料特性，并评估其制造成本，为微热管设计者提供参考资料，寻找铜材的机会。目前，值得特别关注的是，与微通道热管的成形方法相应的是微细管（见图 6-18）的生产方法。“微细管”开发对材料工作者提出了两项任务：一是铜基材的高度纯净化、致密化，不允许有任何疏松、气孔、裂纹和夹杂；二是微米尺度微细管的加工成形。

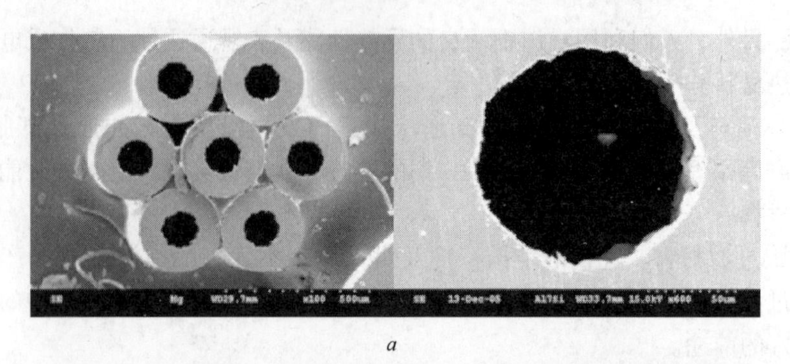

a

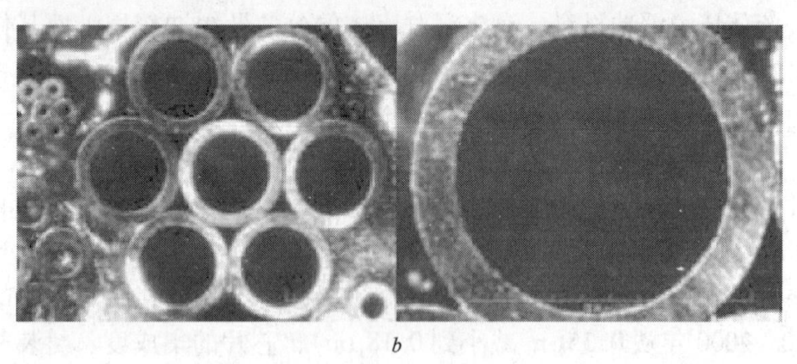

b

图 6-18　集束式微细铜管

a—$d_i = 123\mu m$（by SEM）；b—$d_i = 962\mu m$（by OM）

6.5　铜材在焊接中的应用

焊接是机械制造中一个重要的加工方法，是将两个金属件连接在一起并实现冶金结合的加工方法，应用十分广泛。尤其在汽车、造船、桥梁和冰箱、洗衣机等家电生产中都大量应用。在诸多焊接方法中铜材扮演着重要角色，电极和焊丝是其两个主要应用目标市场。

6.5.1　电极

作为电极材料，铜材主要用作电阻焊的电极头和滚轮，分别见图 6-19 和图 6-20。

根据电极在电阻焊中传导电流、压力和逸散焊接区热量的特点，对电极材料的基本要求如下：

（1）高的电导率和热导率，自身电阻发热小，能迅速逸散焊接区传来的热量，以延长电极寿命，改善焊件表面受热状态。

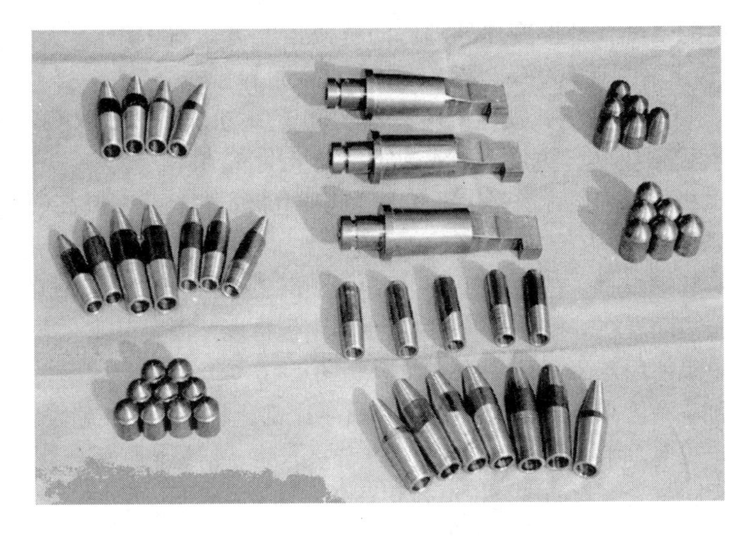

图 6-19 各种电阻焊电极头

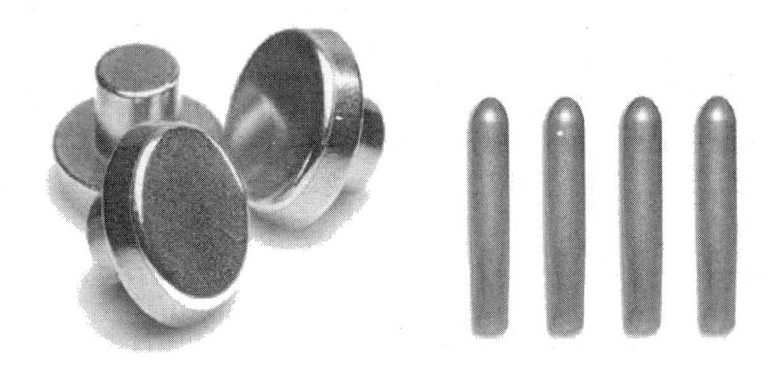

图 6-20 滚轮和电极头

（2）高温下的强度和硬度高，有良好的抗变形和抗磨损能力。

（3）高温下与焊件金属形成合金化的倾向小，物理性能稳定，不易粘附。

（4）材料的生产成本低，加工方便，变形或损坏后便于更换。

铜合金由于具有优良的导热、导电性、适当的强度和高温下的稳定性而成为最主要的电极材料。用于电极材料的铜合金有普通紫铜 T2、铜-银合金 TAg0.1、铜-镉合金 QCd1、铜-铬合金（QCr0.5）等。T2 导热导电性好，但高温强度低，易变形和磨损；TAg0.1 导热导电性最好，强度虽优于 T2，但仍不适应于 300℃以上高温；QCd1 导电率和强度都较高，但镉有毒，对环境和人体有害。QCr0.5 经时效处理后电导率可达 80% IACS，软化强度是冷加工 T2 铜的 2 倍；QCr0.5-

0.1具有更高的强度，经形变热处理后的抗拉强度可达600MPa，软态电导率达80%IACS，软化温度近500℃，是比较好的电极材料。

为了提高材料的性能，提出了用25%～50%Cr粉末冶金制取Cr-Cu电极的方案。该方案已取得实际进展，并实现了小批量供货。

最好的电极材料当属弥散强化无氧铜。这种电极材料，由于其高硬度（HRB：82～86）、高导电率（大于77%IACS）及抗高温软化性能（软化温度高于900℃）优良，焊接镀锌钢板时，在氧化铝强化铜电极顶部工作面形成的氧化铝保护层，能有效防止电极表面层在焊接低碳钢板过程中与钢板粘接，很大程度上减轻了电极损耗，提高了电极使用寿命（是Cu-Cr-Zr合金的4～6倍）和生产效率。

从材料加工角度来说，TAg0.1、T2棒材生产都比较容易，而铬、锆铜合金棒材生产有一定难度。第一，铬和铜的密度差异大，铬、锆易烧损，合金成分的均匀性控制难度大；第二，它们都是析出强化合金，淬火-形变-热处理工艺复杂；第三，铬、锆铜合金变形抗力大，大规格棒材需要大吨位挤压机。弥散强化无氧铜则需粉末冶金制坯，流程长，成本较高。而且，变形抗力更大，冷加工比较困难。

6.5.2 焊丝

焊丝是铜合金以及其他金属件钎焊、气焊、氩弧焊的关键材料，熔融后与被焊件冶金接合，成为焊缝的一部分，是损耗材料，市场较大。据估计，我国年消耗量在3万吨以上。根据焊接对象的不同，焊丝的铜合金成分各异，牌号较多。主要有普通紫铜T2、磷脱氧铜TP2、银铜TAg0.1、锡青铜QSn4-3-3、铝青铜QAl7、白铜B10、BFe10-1-1等。其主要规格为$\phi1$～10mm，一般由水平连铸坯杆扒皮后拉伸而制成。

6.6 铜材在冶金工业中的应用

6.6.1 高炉冷却壁板

炼铁高炉寿命是钢铁行业提高效率、降低成本的关键。以前，高炉内壁多用耐火材料砌筑，尽管炉壁砌得很厚，但高炉寿命仍旧很低。20世纪后期开发了用铜板作冷却内壁的材料，因其热阻小、热承载能力大、铁水在其表面形成的“渣皮”具有保护作用，可以在高温和高流速煤气冲击下不变形，从而使高炉寿命从原来的5～8年提高到15～20年以上，炉墙厚度只有原来的三分之一。

高炉冷却壁铜板通常采用T2、TP1、TAg0.1等纯铜热轧厚板制造，见图6-21。厚度一般为120～150mm，宽度为800～2000mm，长度为1400～4000mm。抗拉强度大于300MPa，硬度大于40HB。考虑到高炉的安全性，铜壁板必须致密，无疏松、气孔、裂纹等冶金缺陷。为了保证板材符合上述要求，应选用较厚的铸锭，保证热轧具有60%以上的变形率，板材的密度大于8900kg/m^3，并进行相应的无损探伤检验。图6-21所示为高炉冷却壁板。

图6-21 高炉冷却壁板

6.6.2 结晶器用铜材

结晶器是金属铸造成形模具中的一种，一般指半连续或连续铸造时熔体在一定形状的两端通透的容器中凝固（结晶）成一定形状铸坯时所采用的容器。

金属半连续或连续铸造时结晶器起着约束金属熔体、冷却熔体使之结晶凝固成形的作用。图6-22为一种典型的、立式半连续铸造铜及其合金圆铸锭的组装式结晶器结构示意图，它主要由外壳、内套、上部压板，以及密封材料和螺栓等构成。其中，内套用紫铜制造，它的内侧是铸造平滑的工作面，另一侧根据设计要求加工成沟槽状，与外套装配后形成水路型腔，以便冷却水流通，熔体的热量经内套工作壁传导给冷却水，从而凝固结晶。

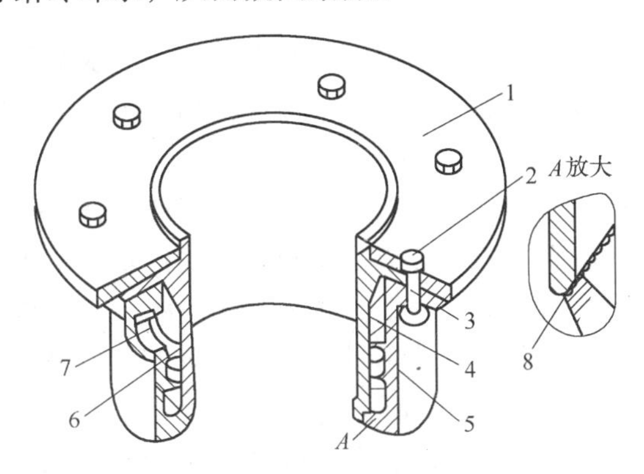

图6-22 组装式圆铸锭结晶器

1—上部压板；2—连接螺栓；3—密封材料；4—内套；5—外壳；6—导向螺纹；7—进水孔；8—喷水孔

结晶器内套（或内衬）工作条件比较恶劣，一边是几百摄氏度到千余摄氏度的高温熔体，一边是接近室温的冷水，内壁还要承受金属坯壳的滑动摩擦。这就要求结晶器内套材料必须有很好的导热性，铜及铜合金是应用最多的材料。

结晶器用铜材消耗量最大的是钢铁连铸业。钢铁连铸用结晶器有两种，一种是方坯立弯铸造用弧形结晶器，另一种是组合式板坯结晶器。前者的工作部分由弧形铜结晶器管制造，后者则由加工好的厚度为 20 ~ 45mm 的铜板件组装而成。图 6-23 所示是连铸结晶器用弧形铜管。

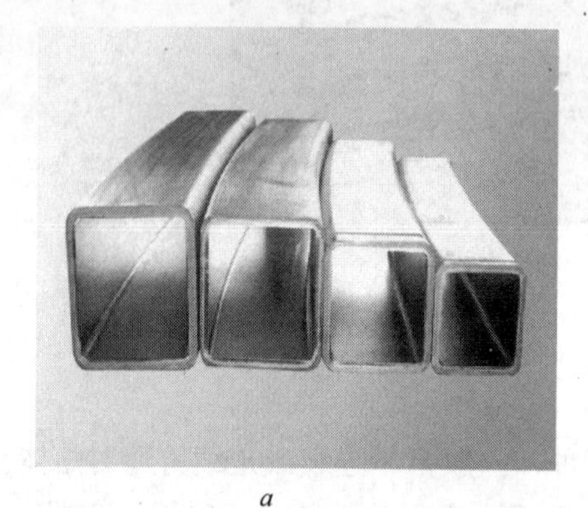

a

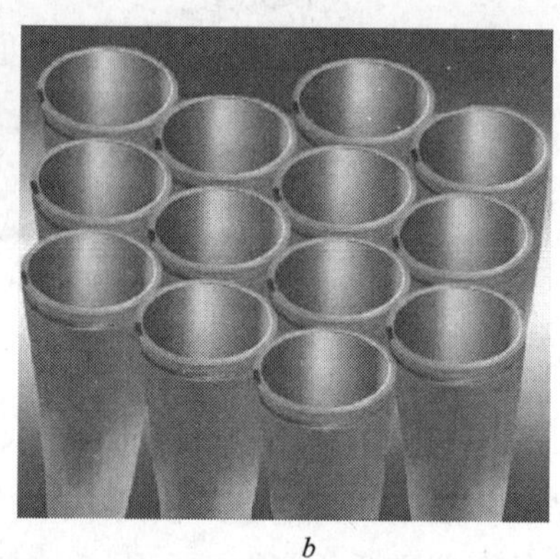

b

图 6-23　连铸结晶器用铜管

a—立弯连铸方坯结晶器用弧形铜管；*b*—连铸圆坯结晶器用铜管

带锥度的结晶器铜管可以采用仿形加工或带内芯和外模的压力成形方法制造，仿形加工是一种铣削加工，会破坏铜材的组织结构，影响使用寿命，加工复杂锥度需要特殊的加工设备，制造成本提高。压力成形会产生较大的头尾几何废料，铜的实收率低。

弧形结晶器带内芯和外模的压力成形制造过程比较复杂。它一般采用挤压圆形管作坯料，经过过渡拉伸成矩形管坯再用顶弯的方法加工成带锥度的弧形铜管。其工艺流程如下：

挤压圆管坯→收口→过模→车外圆→过方→收口→整形→扩径→变形→退火→抛光→成品拉伸→端面加工→铣槽→抛光→涂油包装→入库

变形和成品拉伸是弧形铜管加工的两个关键工序，变形是指方管通过变形模由直管变成弧形管，成品拉伸则是用弧形芯杆拉伸定形。图 6-24 所示为弧形芯杆的形状，图 6-25 所示为成品拉模的形状。

采用爆炸成形的方法代替带内芯和外模的压力成形方法取得了较好的效果。爆炸成形的结晶器铜管可以制成多锥度及内腔的小圆角，尤其有利于报废的旧结晶器修复再利用。

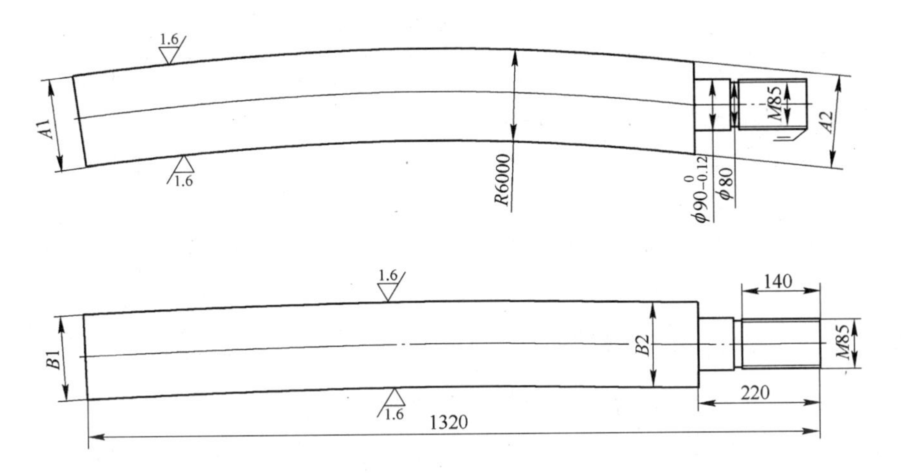

图 6-24 弧形芯杆的形状（实例）

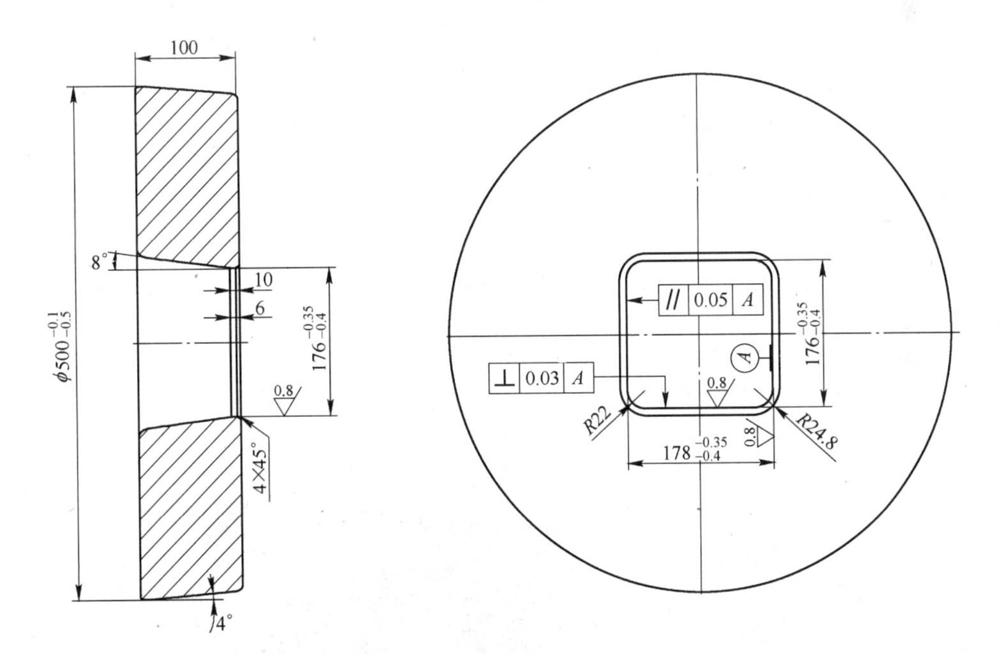

图 6-25 成品拉模的形状（实例）

各类结晶器用铜材主要是 H90（用于熔点较低的金属）、T2、TP2、TU2、TAg0. 1。按照国家“取消第一代、限制第二代、发展第三代”材料的政策，铬锆铜如 Cu0. 4Cr0. 2Zr 和 Cu0. 8Cr0. 2Zr 作为第三代材料，因其兼具优良的导热性和较高的抗高温软化性能（再结晶温度高）得到了推广应用。几种结晶器板材的性能见表 6-6。

表 6-6　几种结晶器板材的性能

合金牌号	抗拉强度/MPa	伸长率/%	屈服强度/MPa	硬度 HB	电导率/% IACS
TAg0.1	310 ~ 360	18 ~ 20	298 ~ 353	94 ~ 103	97 ~ 100
T2	260 ~ 290	18 ~ 20	270 ~ 280	89 ~ 92	97 ~ 100
TP1	270 ~ 290	18 ~ 20	270 ~ 280	89 ~ 92	92 ~ 95
C18200	400 ~ 460	23 ~ 28	350 ~ 450	120 ~ 140	75 ~ 80
C18150	430 ~ 460	25 ~ 28	380 ~ 430	130 ~ 160	75 ~ 82
C18000	630 ~ 660	>10	540 ~ 580	185 ~ 195	43 ~ 47

以钢铁板坯连铸结晶器铜材为例，据调查：每套结晶器拉钢平均寿命为 6 万吨，一般可修复重用 3 次。我国年产钢板约 2.14 亿吨，则需结晶器 1200 套。按每套结晶器需毛坯铜板 1.9t 计算，则全国每年需结晶器铜板 2300t 左右。

结晶器用厚铜板采用铸锭热轧法生产。为保证板材的性能和致密性，要采用 200mm 以上的厚铸锭，以使热轧有足够大的加工率。目前国内只有几个企业可用真空炉熔铸铬锆铜合金板锭，但受真空炉容量限制，铸锭单重仅 2t 多，影响了热轧成品率和结晶器厚板的内部组织。

6.6.3　电炉感应器

感应熔炼炉（图 6-26*a*）和感应加热炉（图 6-26*b*）是完成金属冶炼和热处理加热过程的重要设备，都是利用感应电流的热效应加热炉料。由于感应熔炼和感应加热都具有加热快、热效率高、功率范围大、清洁、易实现自动化等显著优点，因而在钢铁、铜、镍、铝、镁等金属及合金材料的生产中被广泛应用。感应器是各种感应炉的核心部件。感应器主要部分是感应线圈（见图 6-27），通常用圆形或异形纯铜（T2、TP2）管制造，以便内部通水冷却线圈自身。

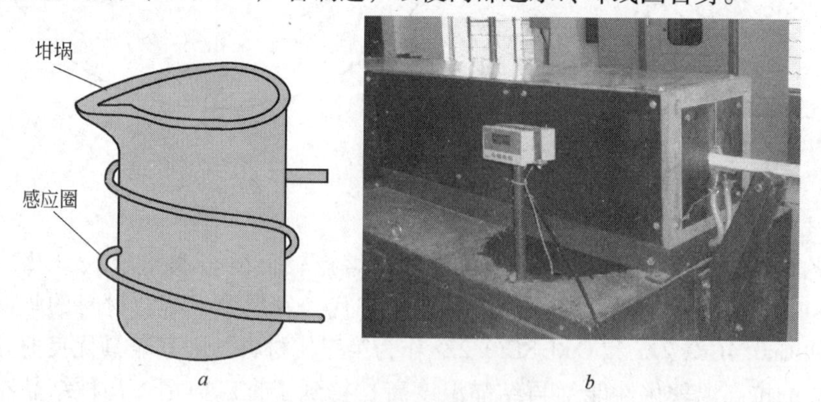

图 6-26　感应炉

a—感应熔炼炉；*b*—感应加热炉

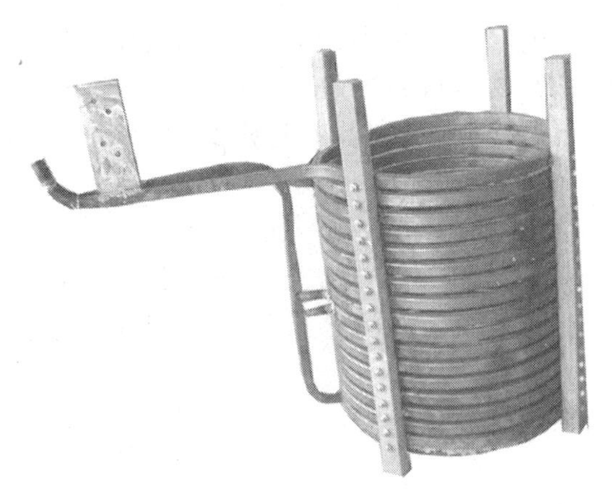

图 6-27 感应线圈

根据感应炉的用途、容量的不同，选用相应的感应器结构和不同的铜管制作感应器线圈。感应器线圈用铜管主要有圆管、方管、偏心管、“D”形管等，见图 6-28。

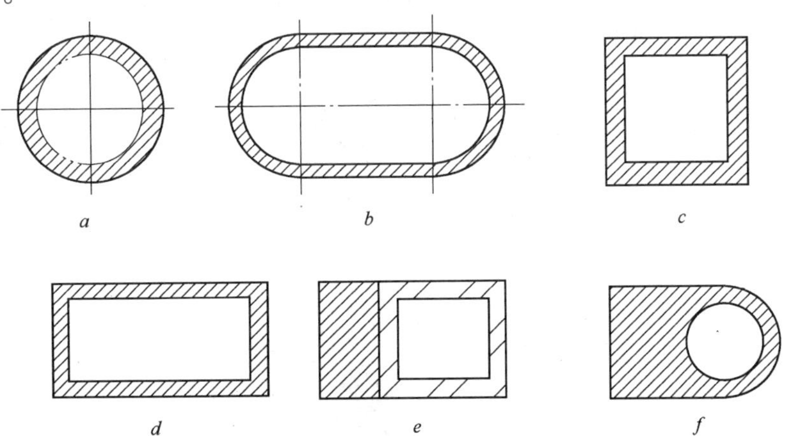

图 6-28 感应器线圈用铜管的断面形状

a—圆铜管；*b*—扁圆铜管；*c*—正方形铜管；*d*—长方形铜管；
e—偏心方铜管；*f*—偏心圆铜管

6.7 铜材在轻工、制药、食品工业中的应用

6.7.1 模具

食品以及某些药品，如蛋糕、饼干、巧克力、点心、冰棒、片剂药品等模具通常都采用紫铜板带（特殊情况下也有使用锌白铜）深冲而成。一是

因为紫铜板带延展性好，便于冲制成形，且成形后的模具强度较高。二是紫铜导热性能好，有利于成形食品的散热和冷却。三是铜材具有较好的耐蚀性，模具寿命长。更重要的是铜材具有特殊的抑菌作用，这对食品卫生安全是非常重要的。

食品等模具用铜板带材的厚度一般为0.35～1.5mm。根据模具冲制时的拉伸比，铜板带的状态可以是M态、Y_8态、Y_4态。模具对铜板带的质量要求是表面应光洁，无起皮、麻点、夹杂、划伤、压坑和腐蚀斑，板形应平直，无波浪和瓢曲。

我国人口众多，各种食品、药品需求巨大，因而其模具用铜板带的需求也相当可观。

6.7.2　反应釜

反应釜是化工、轻工、药业中重要的生产装置。反应釜实际上是一个发生化学或生物反应的容器，它由输入管道或漏斗、搅拌器、加热或冷却装置及输出管道和罐（筒）体组成。根据反应物质的性质，罐（筒）体选用不同的金属或玻璃钢等材料制作，见图6-29。

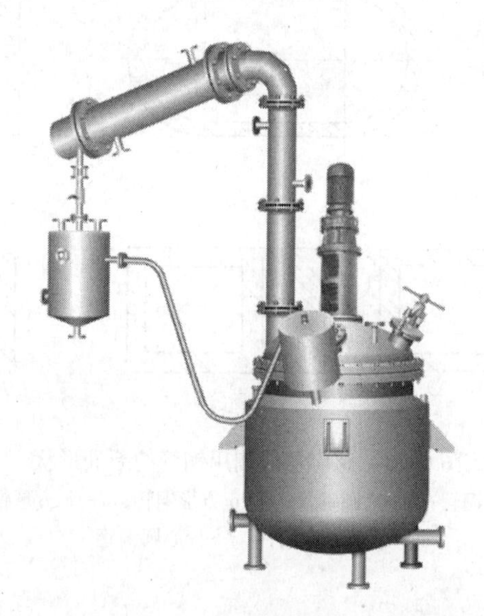

图6-29　反应釜

铜材由于具有导热性、耐碱、耐氯离子腐蚀以及抑菌的特点，在化工、轻工、药业的许多反应釜中常有应用。反应釜用铜板有紫铜、青铜和白铜，厚度一般为1.0～10mm。有时为了节约设备成本，采用铜-钢复合板，或用薄铜板作内衬。

6.7.3 印刷制版

铜版印刷已有久远的历史，早在唐朝就达到了相当成熟的程度。早期铜版印刷是人工刻板，现代则是把图稿照相分色后做成阳片，经晒版、腐蚀后做成铜质印版。铜质印版与凹版正好相反，是图文着墨部分凸起，而空白部分凹下，所以铜版印刷也称凸版印刷。

铜版印刷的优点是印刷压力较大，墨色饱和，文字厚实，底色平服。比较适合于印刷简单的图文。铜版印刷的特征是网纹较粗，以网点大小表现深浅层次，而文字和底色不加网纹，以实地印刷，铜版压力较重。因此，现代印刷中如邮票、挂历、风景画等仍大量采用铜版印刷。

铜版印刷中铜质印版一般用紫铜，如 T2、T3、TP2，常见厚度为 1.5 ~ 6.0mm。对铜版的要求主要是表面和板形，表面应光洁，无起皮、麻点、夹杂、划伤、压坑和腐蚀斑，板形应平直，无波浪和瓢曲。

图 6-30 为我国近几年印刷铜版消费状况及其趋势图。目前其年消费量近 2 万吨，今后几年将保持 10% 左右的增长率。

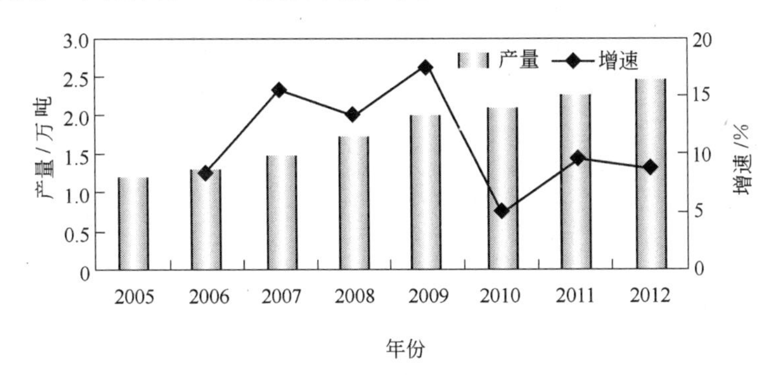

图 6-30 2005 ~ 2012 年中国印刷铜版市场产品消费走势
（资料来源：北京君略产业研究院）

6.7.4 铜材在造纸业的应用

随着文明程度的进步，纸张及纸产品的应用比任何时代都更加广泛。近年来，我国造纸业以 16.5% 的速度增长，到 2007 年我国纸浆和纸产品产量达到 6500 万吨，成为世界第二大造纸国。人均消费量在 50kg/a 以上。

铜材在造纸业中的应用主要有两个特殊产品：纸浆铜网和造纸铜版。我国纸浆铜网用铜丝年需求量为 1000 ~ 1800t。

造纸主要有三个过程：将植物纤维制成纸浆，将纸浆制成纸页和纸页烘干、压平并成卷或切成纸板。在纸浆制成纸页的过程中，浆料从流浆箱喷射到铜网上之后，在网部上形成湿纸页并进行脱水。由于纸浆为碱性，而铜在碱性溶液中有较强的耐蚀性，所以铜网得到了广泛的应用。造纸机按铜网的结构有长网形、夹网形和圆网形三种，一般采用 ϕ1.0mm 以下的紫铜线（T2 丝）编织而成。同样，由于铜有耐碱性，湿纸页压光辊套也多用铜材制造。图 6-31 所示为装有压光辊铜套的造纸生产线。

图 6-31　装有压光辊铜套的造纸生产线

7 铜材在交通运输领域的应用

交通运输是经济发展的基础和现代社会生存和发展的基本需要，对国家的政治、经济、民生、国防等都具有十分重要的意义。交通运输包括陆路交通、水上交通和空中交通等。本章仅介绍铜材在陆路交通运输中的应用，铜材在水上交通和空中交通中的应用分别在第 8 章和第 9 章中介绍。陆路交通分为公路交通和轨道交通两种。

7.1 汽车用铜材

7.1.1 汽车用铜材的市场需求

汽车运输因其可到达性和灵活性，在运输业中具有独特的作用，无论是货物还是人员运量都比铁路、水路和航空大。作为代步工具，其快捷、方便、舒适受到人们的青睐。汽车可分为四大类：载货车、客运车和小轿（卧）车、交叉性客货两用车。载货车（卡车）有重型、轻型和微型之分，还包括各种改装车，如翻斗车、战车、装甲车、消防车、槽车等；客运车有公共汽车、豪华大巴、面包车、轻型客车等。

汽车制造业是当代发达国家的支柱产业，技术含量高、产业链长，与冶金、化工、电子、机械制造、城乡建设等诸多行业关联度高，可以带动各个行业的发展，因而受到各先进国家的高度重视，发展迅速。目前，全世界汽车保有量已超过 8 亿辆，年产量为 5800 ~ 6100 万辆，其中 75% 左右为小轿车。1950 年以来世界汽车产量见表 7-1。

表 7-1 1950 年以来世界汽车产量

年份	产量/万辆	轿车所占比重/%
1950	1057.7	77.28
1960	1648.8	77.86
1970	2016.7	77.72
1980	3849.5	74.21
1990	4037.5	75.15
2000	6078.0	74.89
2010	7760.9	

我国的汽车工业始建于 1953 年。1956 年长春一汽生产出第一批“解放”牌载重汽车，次年生产出第一批“东风”牌轿车。1992 年我国汽车产量突破 100 万辆大关，2002 年突破 300 万辆大关，标志着我国汽车生产进入了快车道。2009 年我国汽车产量达 1379.1 万辆，超过美国和日本，成为世界第一大汽车生产国。2010 年和 2011 年虽然仍处在世界经济危机之中，但我国汽车产量继续保

持增长态势，分别为1826.47万辆、1841.89万辆，占世界汽车总产量的23%。近年来，我国汽车产销量见表7-2。

表7-2　近年来我国汽车产销量

年　份	2004	2005	2006	2007	2008	2009	2010	2011
产量/万辆	519.7	615.3	727.9	888.2	950	1379	1826	1841
销售量/万辆	507.1	592	721.6	约884	938	1364.5	1806.2	1850.5

数据来源：《中国汽车市场》。

铜材在汽车中主要用于散热器、变速箱、电力和电子接插件、空调、制动器、增压器、气门芯、油管等。据有关资料统计，每辆中、重型卡车铜材单耗为16～20kg，轻型货车为11～14kg，大、中型客车为15～18kg，各类轿车为18～20kg。每辆汽车的铜材平均消耗量为15～18kg，相关资料表明，2004年我国汽车铜材消费量为10.3万吨，到2009年猛增到24.7万吨，5年间增长1.4倍。

7.1.2　汽车水箱用铜带

汽车水箱结构在20世纪七八十年代发生了根本性变化，其典型的汽车水箱结构如图7-1所示。其中，水管、主片、上盖板、侧板用普通黄铜（H90、H70、H68、H62）板制成，波浪形散热翅片用专用水箱带制成，其换热效率较老式水箱提高了15%以上。汽车散热器制造工艺流程见图7-2，波浪形散热翅片见图7-3，图7-4为波浪形散热翅片与水管接合示意图。

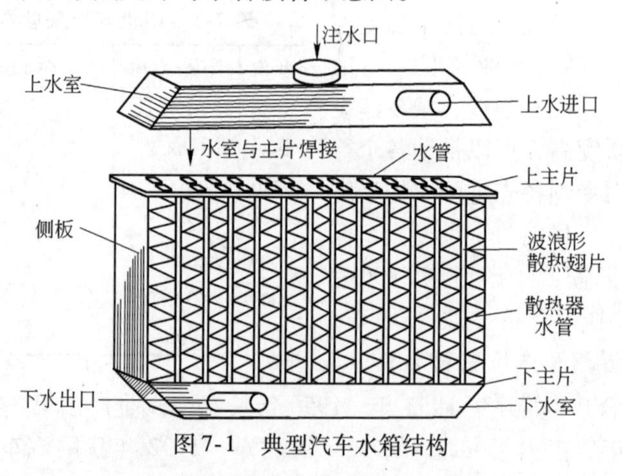

图7-1　典型汽车水箱结构

有资料显示，每辆载货车水箱平均铜耗量为16kg，客车为12kg，小轿车为4kg。估计2008年我国汽车水箱用铜材在7万吨左右。

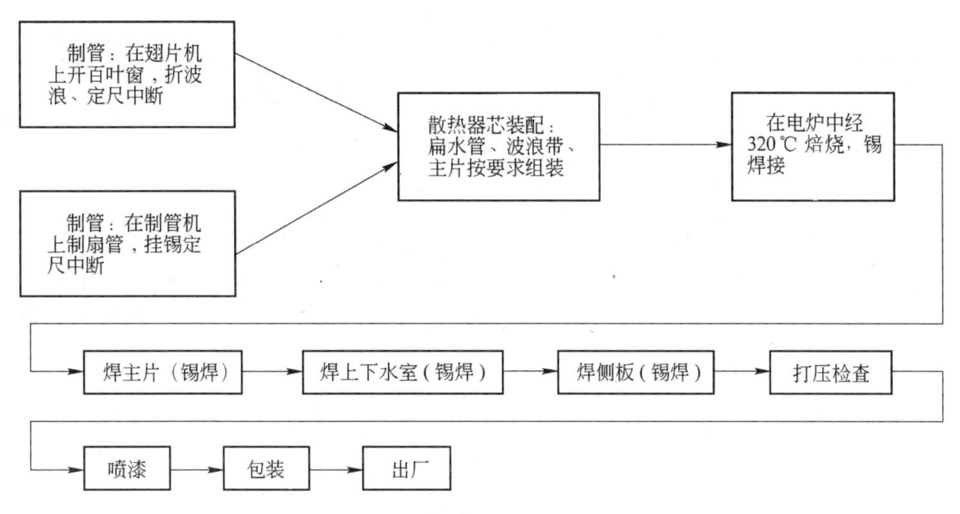

图 7-2　汽车散热器制造工艺流程

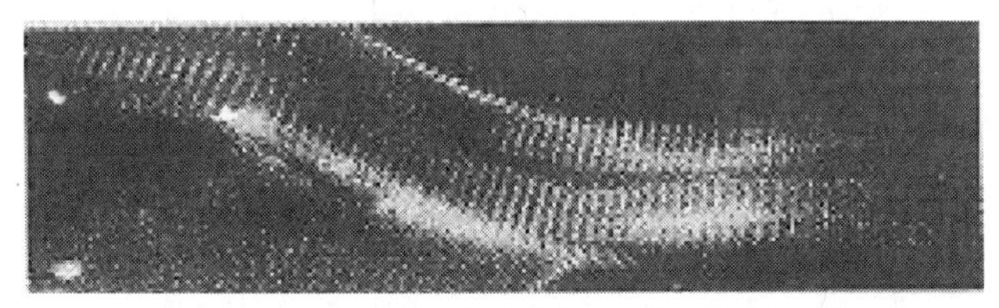

图 7-3　用铜带冲制的波浪形散热翅片

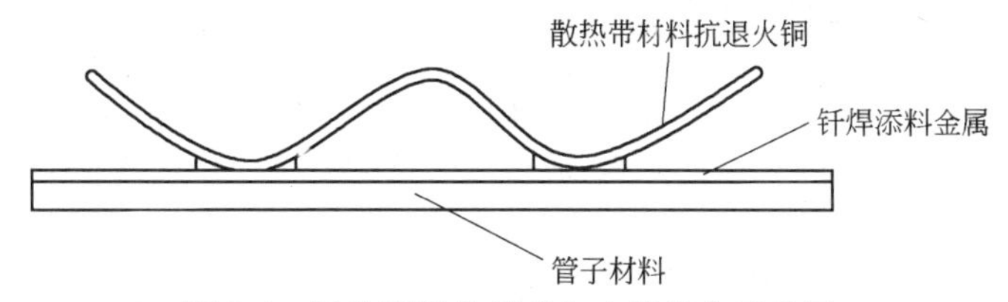

图 7-4　波浪形散热翅片与水管接合示意图

汽车专用超薄（0.038～0.06mm）水箱带应具有优良的导热性能（电导率应大于80%IACS），较高的软化温度（高于380℃），以及良好的加工性能和焊接性能。国内外供应的超薄水箱铜带的技术性能要求见表7-3。

表 7-3　国内外供应的超薄水箱铜带技术性能要求

材料牌号状态	执行标准	产地	尺寸允许偏差				物理力学性能				化学成分/%
			厚度及公差/mm	宽度及公差/mm	长度/m	侧弯度/mm·m^{-1}	电导率/%IACS	软化温度/℃	抗张强度/MPa	硬度(0.98N)HV	
CST Y	企业标准	沈阳	0.045±0.002	(16～100)±0.075	>200	2	≥80	≥380	>400	≥100	$w(\mathrm{Cu})>99.6$ $w(\mathrm{Sn})<0.12$ $w(\mathrm{Te})<0.12$

续表 7-3

材料牌号状态	执行标准	产地	尺寸允许偏差				物理力学性能				化学成分/%
			厚度及公差/mm	宽度及公差/mm	长度/m	侧弯度/mm·m^{-1}	电导率/% IACS	软化温度/℃	抗张强度/MPa	硬度(0.98N) HV	
TS T	企业标准	山东	0.042±0.002 0.045±0.003	(12~100)±0.08	>300	1.5	>85	>390	400~500	130~150	w(Cu)=99.6 w(Sn)<0.05 调质小于0.01
TG Y	双方协议	上海	0.06±0.005	(30~70) +0.00 −0.20	>100	<2/1	≥65	>380	300~450	110~145	w(Cu)≥99.6 w(Sn)≤0.5
SM 0802 Y_2	协议书	瑞典	0.06±0.005	(52~70) +0.00 −0.10	100~200	<4/2	>94	>390	340~400	110~130	w(Cu)≥99.6 w(Cd)=0.05~0.12
SCu R_3	协议书	日本	0.06 +0.00 −0.007	(34~71) +0.00 −0.20	>200	<1.5/1	>85	>390	275~343	110~130	
冷却带	生产需要	汽车散热器厂	0.06±0.005	(30~78) +0.00 −0.10	>200	<1.5/1	>85	>390	300~400	105~130	w(Cu)≥99.6 w(Sn)<0.5

注：表面外观质量，要求表面应光滑、清洁，不应有皱纹（波纹）、裂缝、洞孔、起皮、起刺、气泡、结疤、斑点、水迹、酸迹、油迹等缺陷。带材两边应切齐、平直，无毛刺、缺口、卷裂、裂边、脏物等。

超薄水箱带一般采用微合金化铜合金，通过添加微量元素 Ag、Cr、Sn、Cd、Ti、Zn、Fe、Mg、P 等元素提高合金的强度和抗软化温度。我国现在生产的两种典型合金的成分见表 7-4。

表 7-4 超薄水箱带合金成分

合金名称	铜含量/%	微量元素含量/%		
TUG1	>99.60	Sn0.15	Cr0.024	P0.0086
TUG2	>99.60	Sn0.11	Te0.011	P0.0075

合金材料抗软化特性除与成分有关外，还与加工工艺，特别是预精轧后的退火工艺及成品加工率、成品退火工艺等有关。

超薄水箱带生产方法按供坯方式可分为两种：一种是铸锭-热轧-冷轧法，另一种是水平连铸-冷轧法。一般采用铸锭热轧到 12~15mm，开轧温度不低于 850℃，终轧温度不低于 650℃。0.045mm 成品的预精轧坯料厚度为 0.13~0.25mm，中间退火温度为 450~500℃，成品最佳退火温度为 420~480℃。带材退火应在保护性气氛（97% N_2+3% H_2）中进行。

超薄水箱带正朝着更薄的方向发展。在20世纪，国外带材大都为0.038mm，而目前多采用0.025mm厚的带材，甚至采用0.020mm厚的带材。

汽车水箱带以铝代铜已经相当普遍，特别是普通货用车上，应当引起关注。

7.1.3　同步器齿环材料

汽车同步器齿环用来完成汽车变速功能，是变速箱输入、输出轴上关键的齿轮零件，使输入、输出轴的转速与变速齿轮的转速保持同步，从而使汽车在变速时减少齿轮间的冲击，达到灵活、方便、平稳的目的。

汽车工业的迅速发展，带动了同步器齿环需求的增长，也为同步器齿环材料提供了广阔的市场空间。每辆汽车平均使用5～6个齿环，每个齿环平均用铜材0.4kg。2006年我国齿环产量近4000万件，用铜材约1.5万吨。2008年同步器齿环用铜材为2～2.4万吨。同步器齿环形状见图7-5。

图7-5　同步器齿环形状

同步器齿环使用寿命一般要求不得低于10～15万次。由于齿环在变速时承受较大的冲击负荷和摩擦，因此，齿环材料多用高强、耐磨、易切削且热塑性好的复杂黄铜制造。轿车等轻型车选用Cu-Mn-Si多元复杂黄铜，中型、重型车倾向于选用Cu-Al系高强耐磨多元复杂黄铜。

我国同步器齿环用管材由洛铜在20世纪90年代开始研制开发。经过近20年的努力，已经建立了汽车同步器齿环的行业标准。YS/T 669—2008中同步器齿环用管材的规格和状态、主要合金成分和性能分别见表7-5～表7-8；非标准齿环用管材的合金成分和性能分别见表7-9、表7-10。

表7-5　齿环用管材的规格和状态

状　态	外径/mm	壁厚/mm	长度/mm
挤制（R）	35～200	4.0～25.0	≤6000

表 7-6 齿环用管材的合金成分

合金牌号	化学成分（质量分数）/%											杂质总和/%
	Cu	Al	Mn	Si	Fe	Ni	Sn	Co	Pb	Cr	Zn	
HMn57-2-2-0.5	56.5~58.5	1.3~2.1	1.5~2.3	0.5~0.7	0.3~0.8	≤0.5	≤0.5	—	0.03~0.8	—		<0.03
HMn59-2-1.5-0.5	58~59	1.4~1.7	1.8~2.2	0.6~0.9	0.35~0.65	<0.2	—	—	0.3~0.6	—		<0.03
HMn62-3-3-0.7	61~63	2.4~3.4	2.7~3.7	0.5~1.0	≤0.6	—	—	—	≤0.05	—	余	<0.03
HMn62-3-3-1	59~65	1.7~3.7	2.2~3.8	0.5~1.3	≤0.6	0.2~0.6	0.5	—	≤0.15	0.07~0.27	量	<0.03
HMn64-8-5-1.5	63~66	4.5~6.0	7.0~8.0	1.0~2.0	0.5~1.5	≤0.5	<0.5	—	0.3~0.8	—		<0.03
HAl61-4-3-1.5	59~62	3.5~4.5	—	0.5~1.5	0.5~1.3	2.5~4.3	—	1.0~2.0	—	—		<0.03
HAl64-5-4-2	63~66	4.0~5.0	3.0~5.0	≤0.5	1.8~3.0	≤0.5	≤0.3	—	0.2~1.0	—		<0.03

表 7-7 齿环用挤制管材的性能

合金牌号	抗拉强度 R_m/MPa	伸长率 A/%	布氏硬度 HBW	洛氏硬度 HRB
HMn57-2-2-0.5	—	—	140~170	—
HMn59-2-1.5-0.5	—	—	160~175	—
HMn62-3-3-0.7	≥550	≥5	≥160	—
HMn62-3-3-1	≥535	≥2	—	≥86
HMn64-8-5-1.5	≥650	≥5	210~260	—
HAl61-4-3-1.5	≥635	≥5	200~260	—
HAl64-5-4-2	—	≥4	205~285	—

表 7-8 齿环用挤制管材的显微组织状态

合金牌号	基体		金属间化合物强化相
	相组成	视场比例/%	
HMn57-2-2-0.5	β+α	—	Mn-Si-Fe 强化相在基体 β+α 上均匀分布
HMn59-2-1.5-0.5	β+α	α≤40	Mn-Si 强化相在基体 β+α 上均匀分布
HMn62-3-3-0.7	β+α	—	Mn-Si-Fe 强化相在基体 β+α 上均匀分布
HMn62-3-3-1	β+α	—	Mn-Si 强化相在基体 β+α 上均匀分布
HMn64-8-5-1.5	β+α	α≤40	Mn-Si 强化相在基体 β+α 上均匀分布
HAl61-4-3-1.5	β+α	α≤30	Co-Ni-Si-Fe 强化相在基体 β+α 上均匀分布
HAl64-5-4-2	β	—	块状富铁强化相

表 7-9 非标同步器铜合金齿环材料化学成分（质量分数） （%）

合金牌号	Cu	Al	Mn	Fe	Ni	Si	Pb	Sn	P	Co	Zn	杂质总和
H59GM-1	58.0~59.0	1.4~1.7	1.8~2.2	0.35~0.65	0.2	0.6~0.9	0.3~0.6	0.1~0.4	—	—	余量	—
HAl61-4-3-1	60~62	3.5~4.5	—	0.3~1.3	2.5~4.0	0.5~1.5	—	—	—	0.5~1.0	余量	≤0.5
QN4080	56.5~58.5	1.3~2.1	1.5~2.3	0.3~0.8	≤0.5	0.5~0.7	0.3~0.8	≤0.5	—	—	余量	≤0.5
ZHD58-2-2	57.0~60.0	≤1.0	1.5~2.5	≤0.6	—	—	1.5~2.5	≤0.5	≤0.01	—	余量	≤0.5
084	63.0~66.0	4.5~6.0	7.0~8.5	0.5~1.5	<0.5	1.0~2.0	0.3~0.8	<0.5	—	—	余量	≤0.5
MBA-4	57~62	4.3~5.2	—	2.0~3.0	—	—	—	—	—	Ti1.2~2.0	余量	—

表 7-10　非标齿环管材室温组织及纵向力学性能

合金牌号	α 混合晶	抗拉强度/MPa	伸长率 δ_{10}/%	硬度 HB
H59GM-1	≤25%	≥550	≥5	168±8
HAl61-4-3-1	—	≥637	≥2	HRB≥98
QN4080	≤25%	—	—	140 ~ 170
ZHD58-2-2	—	—	—	160 ~ 170
084	≤40%	—	—	210 ~ 260
MBA-4	—	≥600	≥10	HRB85 ~ 106

同步器齿环管的生产方式有三种：铸锭挤压法、水平连铸法、离心铸造法。水平连铸和离心铸造的管坯精锻齿环时金属损耗多、成品率低，组织和性能控制难度大，但工序短、成本低。挤制管坯精锻成品率高，组织致密，性能保证能力强，是同步齿环管生产普遍采用的方法。

轿车同步器齿环的生产工艺流程如下：熔炼→铸造→挤压→管材→精整→管材→切片→热精锻成型→机械精加工→加工齿环。切片到加工齿环的工序由齿环厂完成。

同步器齿环生产除了采用管材生产外，还有采用铸棒通过锻压、碾扩的方式来生产齿环精锻坯料的。具体的生产工艺为：水平连铸棒材→锯切→锻压→冲孔→碾扩→热精锻→机加工→加工齿环。这种生产方法避开了挤压工序，由于经过了锻压、碾扩工序，齿环的组织较为致密，性能良好。但由于需要冲孔，因此几何废料较多，成品率不高。

同步器齿环管材合金成分复杂，生产中有以下两方面问题需要特别注意：

一是合金元素多，成分范围较窄。特别是铜含量较低，熔铸的难度较大。铸锭最易出现裂纹、夹杂、表面冷隔等缺陷。齿环类合金的喷火温度约 1100℃。熔铸温度过高易引起元素的烧损，并增加熔体的吸气倾向，使铸锭出现气孔。实际生产中的熔铸温度为 1050 ~ 1080℃。半连续铸造，多为一次水直接水冷，冷却强度大，易使铸锭出现中心裂纹、纵向裂纹甚至劈裂。实践证明，齿环类合金应采用一、二次水分开，水量可调节的结晶器进行红锭铸造，这是铸造成功的关键。为了减少铸锭内部夹杂、夹渣、气孔等铸造缺陷，最好用水平连铸的方式生产铸锭。

二是合金的组织控制。通常此类合金为 β+α+（金属间化合物-强化相）的组织。一些汽车齿环厂要求控制 α 相的比例（通常要求不大于 25% ~40%），从而保证管坯的性能。为此，必须优化并严格控制化学成分，铁、锰可以中间合金形式加入，铝和锌因易烧损，应最后加入。加料后，用木炭覆盖液面。调整 Mn、Si 的成分时，应去除熔体浮渣后，再加纯金属，并加强覆盖。另外，由于高锌黄铜中，锌易烧损，故无论是浇铸还是长时间保温超过2h，均应考虑补锌。一般熔体温度1080℃，保温2h，可补加0.2～0.5kg/100kg的锌。此类合金一般不宜热挤压后直接入水冷却，否则易弯曲变形，矫直应采用热矫的方法。

7.1.4 汽车接插件材料

汽车电子、电器系统是汽车的主要用铜部分，占汽车用铜量的45%～50%。其中接插件平均用铜1.5～2.0kg。据此，我国每年接插件用铜材在4万吨以上，其中带材在2万吨以上。

近年来，汽车电器（防抱死装置、气囊等安全系统、通讯系统、导航系统等）的电气、电子线路大幅度增加，配线更趋复杂。因此，为使电器配线简单化，在发动机室和车厢内设置了接线箱（简称J/B）。它淘汰了中继端子而代之以在J/B母线上设置压接式端子。

汽车接插件分为4类：端子类（含片形端子、仪表端子、灯座端子、单粒端子等）、插座类（含继电器插座、发电机插座、开关插座、保险器插座等）、线束类（含孔式接头、叉式接头线夹、电源线、高压电火线等）和开关类（含电源开关、空调开关、音响开关等），见图7-6。

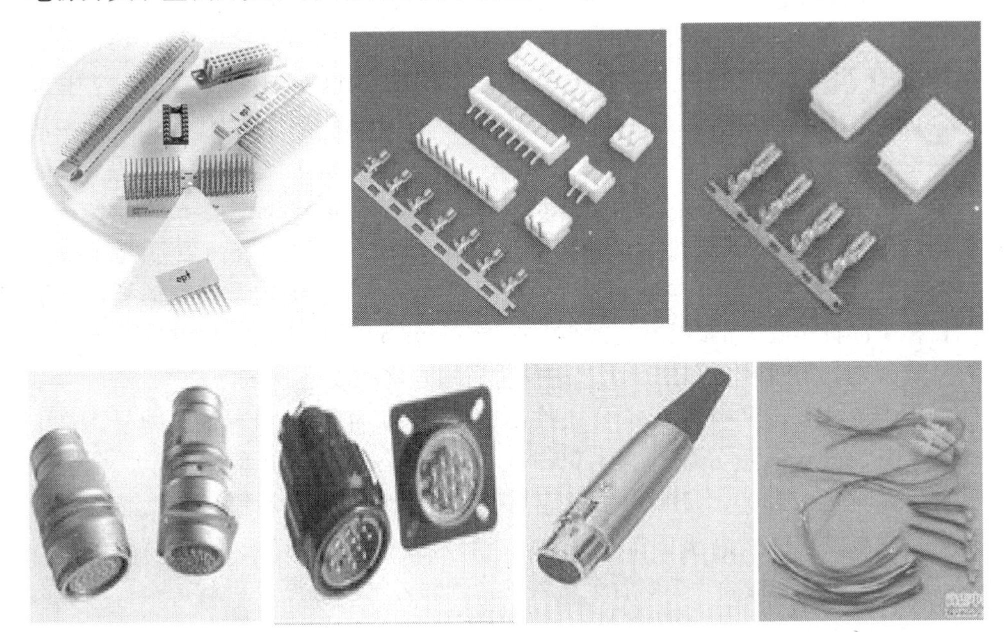

图7-6 几种汽车接插件

汽车电子、电器用接插件使用的主要铜材品种是铜线（圆线和扁线）、铜带，主要合金牌号有 H65、H62、T2、QSn6. 5-0. 1、TAg0. 1 等。一般以 H65、QSn6. 5-0. 1 带为主，状态为半硬（Y_2）和硬态（Y），厚度为 0. 2 ~ 1. 5mm，要求材料有良好的塑性，90°反复弯曲 3 次以上不裂，并有较高的强度，见表 7-11。近年来，国内已有公司开始研制 C70250 接插件材料。

表 7-11　典型汽车端子铜带规格及性能

合金牌号	规格/mm×mm	抗拉强度 R_m/MPa	伸长率 A/%	硬度 HB
H65	(0. 3 ~ 0. 6) ×305	410 ~ 480	≥16	140 ~ 160（Y）
QSn6. 5-0. 1	(0. 3 ~ 0. 5) ×305	580 ~ 630	≥20	120 ~ 140（Y_2）
				180 ~ 210（Y）

锡磷青铜是传统的也是比较好的弹性材料，它在铸造时易产生锡的反偏析，这是由于铜-锡合金结晶温度范围宽（150 ~ 160℃），且合金元素扩散速度慢而造成的，因而热加工性能非常差，使其应用受到限制。20 世纪 70 年代，锡磷青铜水平连铸带坯技术获得成功，避开了热加工工序，直接冷轧生产带材，大幅度提高了成品率和生产效率，锡磷青铜带材得到了更多的应用。

锡磷青铜带的典型工艺流程如下：

熔炼（1200℃）→保温（1180℃）→水平连铸（16mm）→铣面（14. 5mm）→均匀化退火（670℃）→冷初轧（2. 4mm）→退火（530℃）→冷中轧（0. 8mm）→退火（500℃）→精轧（0. 25mm）→消除应力退火（230℃）→清洗→平整→分切→成品

规格为 1. 46mm 厚（1. 46mm×28. 7mm、1. 46mm×59mm、1. 46mm×67mm，状态以半硬为主）H65 端子带用量很大，对公差、板形和表面质量要求很严（厚度尺寸公差要求高于国家标准 2. 25 ~ 4. 5 倍）。由于国内大中型铜板带企业的目标产品都是 0. 5mm 以下的薄带，生产 1. 46mm 厚 H65 端子带在产品精度上有一定困难，需对装备和生产工艺进行适当的改造和改进。

美国奥林公司和一些日本公司推出的 C19020 合金（日本企业牌号为 NB-105），其成分（质量分数）为 1. 0% Ni、0. 5% Sn、0. 05% P，Cu 余量，合金性能好，尤其是在 150℃、1000h 后的应力松弛率仅为 10%，不到 H70 黄铜的 1/5，适合于汽车发动机室高温工作条件。该材料应力松弛特性好，主要得益于细微 Ni-P 析出物的作用。NB-105 合金材料的物理和力学性能见表 7-12。

表 7-12　NB-105 合金材料的物理和力学性能

方向	抗拉强度/MPa	屈服强度/MPa	弹性模量/GPa	伸长率/%	硬度 HV	电导率/%IACS
纵向	475	460	132	9. 0	150	50
横向	480	470	134	4. 5		

C44250是一种低锡黄铜，含74.2% Cu、0.8% Sn，余量为Zn。其特征性能见表7-13。

表7-13 C44250合金带材不同状态的性能

状态		1/2H	H	EH	ES	SS
电导率/%IACS	L. D	25				
	I. D					
弹性模量/GPa	L. D	116	107	112	95	105
	I. D	116	119	123	112	120
屈服强度/MPa	L. D	411	558	628	752	790
	I. D	411	568	651	753	881
抗拉强度/MPa	L. D	493	620	690	828	864
	I. D	490	661	746	931	1005
伸长率/%	L. D	31.7	13.2	5.1	3.0	2.1
	I. D	27.3	12.7	5.6	4.2	2.3
弹性极限/MPa	L. D	356	433	506	309	647
	I. D	367	538	681	556	995
维氏硬度HV		159	194	215	230	259

从表7-13中可以看出，C44250的1/2H和H态的带材的各向异性小，强度和延伸配合得均衡，抗应力松弛性好，适用于小型端子。而ES态和SS态表现出很高的强度和弹性极限，更适用于重视横向机械强度的窄极距连接器。

要求更高的仪表接插件则采用锌白铜和铍青铜。国外已经开始使用镍硅青铜（C70250）或高锡青铜（C52100）作接插件材料，国内也在研制和试生产。如新近开发的QSn10－0.3合金，其含量（质量分数）为：Sn9.0%～11.0%，P0.03%～0.35%，Pb小于0.05%，Fe小于0.1%，余量是Zn。其物理和力学性能见表7-14。该合金水平连铸成15mm带坯经铣面冷轧至3.75mm厚后退火，再冷轧至0.15mm，带材的抗拉强度 R_m=1030MPa，A=2.5%，硬度为290HV。

表7-14 高锡青铜QSn10-0.3合金的物理和力学性能

状态	R	1/2H	H	EH	ES
熔点/℃	1000				
密度/kg · m^{-3}	8780				
电导率/%IACS	11.0				
线膨胀系数/$℃^{-1}$	18.4×10^{-6}				
抗拉强度 R_m/ MPa	455	570	690	795	835
伸长率 A/%	68	32	13	7	3
硬度HRB	55	92	97	100	103

7.1.5　汽车动力电池用铜材

在化石类能源紧缺和倡导低碳经济的今天，环保汽车—混合动力和纯电力汽车受到各国政府的大力支持和人们的热切关注。2009 年德国、日本投资建设动力电池的生产。在我国，电动汽车用动力电池开发项目是国家“863”、“973”计划等高新技术产业规划重点支持的领域，2010 年我国出台了纯电动力汽车保护和补贴政策。预计到 2012 年中国将形成 50 万辆新能源汽车，到 2020 年新能源汽车带动全球车用动力电池市场需求将超过 2000 亿元。虽然新能源汽车单车用铜会略有减少，但动力电池组和充电柱（站）建设仍然需要大量的铜材。

汽车动力电池是电动汽车驱动的动力源，又称为磷酸铁锂锂离子电池。由于其电容量大，主要用于动力驱动等方面，具有寿命长、使用安全、容量大、耐高温、环保等优点 。动力电池由正极、负极、聚合物膜、电介质组成。其工作原理是在充电时，锂离子透过隔膜从负极到正极；放电时，锂离子透过隔膜从正极到负极的过程。

在动力电池上使用的铜材主要有异形棒材、板带材、箔材，其合金牌号均为紫铜 T2。由于不同的电池生产厂家、装载不同品牌的车辆，动力电池的外形及使用铜材品种、规格也有所不同。图 7-7 所示为车载动力电池组。

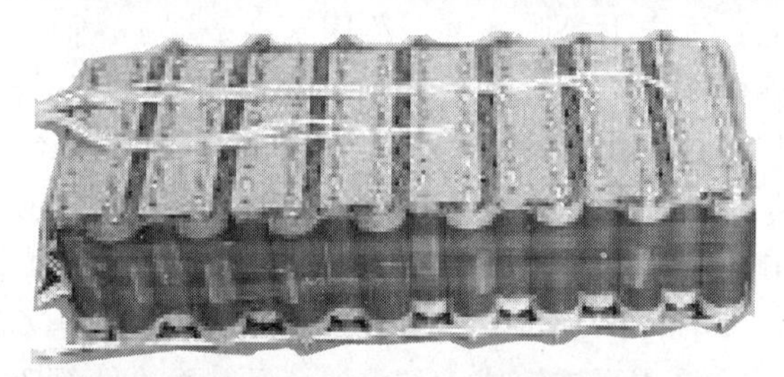

图 7-7　车载动力电池组

7.1.5.1　异形铜母线

铜母线形状规格目前至少有三种以上，图 7-8 为异形铜母线负极柱断面示意图。

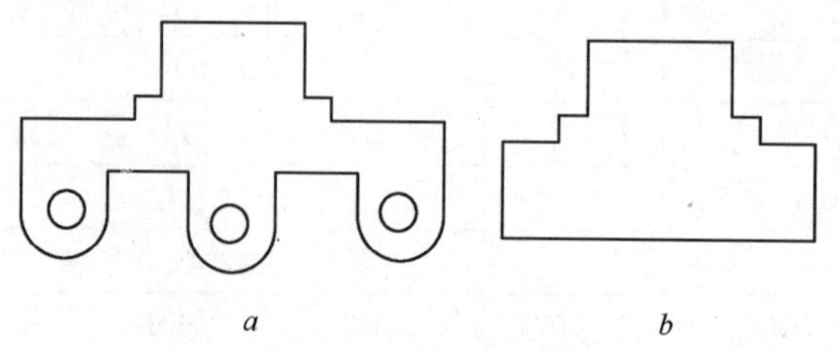

图 7-8　异形铜母线负极柱断面示意图

a—Ⅰ型负极柱；*b*—Ⅱ型负极柱

极柱铜母线为Y状态，产品生产工艺为挤压-拉伸型材，外形尺寸好，平直度较好、表面清洁光亮。通过对异形铜母线的锯切下料、钻孔等机加工达到电池极柱要求的尺寸和精度。

7.1.5.2 板带箔材

目前，使用的铜板带材为0.3mm、1.0mm两种规格，一般为板式供货，然后根据需要裁切成一定长度的窄条使用。这些铜板主要作为极板材料和电连接片（用于将单个电池连接组合成电池组）使用。目前该铜板、带材在板形、表面、性能等方面均没有形成产品标准规范，主要是控制成分，以保证电导率。使用铜箔的厚度为0.03mm，大多使用电解铜箔。

7.1.6 气门芯管及其他

汽车车轮内胎充气气门芯（见图7-9）一般用易切削铅黄铜厚壁管制造，其合金材料以HPb63-0.1居多，主要产品规格为ϕ8(8.5)mm×3(3.5)mm、ϕ26(27)mm×10.8mm。我国汽车气门芯用铜材年消费量为10000~18000t。

气门芯管通常不推荐采用水平连铸管拉伸，而是主张采用挤压-拉伸法生产，这是因为挤压法制得的管坯致密度高，强韧性好。其典型的生产流程为：

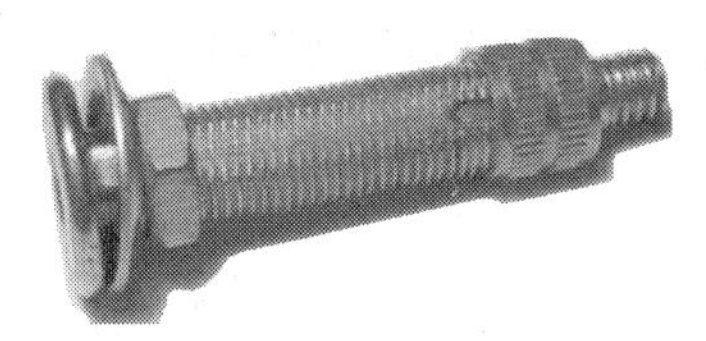

图7-9 气门芯

铸锭ϕ225mm→挤压ϕ46mm×12.5mm→拉伸ϕ40mm→退火→拉伸ϕ34mm→退火→拉伸ϕ30mm→退火→拉伸成品ϕ26mm×10.8mm

汽车空调器是空气调节工程的一个重要分支，需求量很大，与中央空调和家用空调相比，其体积小得多。过去汽车空调换热器也用铜材制造，近年来为了减重节能，其换热器越来越多地用铝管代替铜管。

汽车上还有一些用铜合金制造的耐磨耐蚀零件，如轴套、轴瓦、增压器浮动轴承、刹车片、弹簧等。轴套、轴瓦、弹簧等大多用锡青铜，增压器浮动轴承则主要采用高锡青铜和高铅青铜，而刹车片则是50%（Cu-Fe）粉末冶金陶瓷材料。增压器浮动轴承用高锡青铜和高铅青铜的规格与性能见表7-15。

表7-15 高锡青铜和高铅青铜的规格与性能

合金牌号	规格/m	状 态	抗拉强度/MPa	伸长率/%
QSn10-1	17~22	Z	≥360	≥13
QSn10-10	17~22	Z	≥220	≥6
QSn6-6-3	16~19	Z	≥170	≥10
QPb7-6	16~19	Z	≥140	≥10

QSn4-4-2.5锡青铜合金具有高耐磨性、易切削、易焊接、耐腐蚀和在冲击下不产生火花等特点，在汽车、拖拉机上用于制造衬套、圆盘轴承衬垫等耐磨零件，被称为汽车青铜。其抗拉强度可达480MPa，屈服强度140MPa，硬度（HRB）在83以上。

7.2　轨道交通用铜材

7.2.1　轨道交通用铜材市场需求

轨道交通可分为轻轨、地铁和电气化铁路等三种，是现代交通的重要组成部分。特别是现代以特大型城市为中心的所谓“1小时城市圈”、“3小时城市圈”等经济区理念，促使高速电气化铁路等轨道交通得到了高速发展。电气化铁路与现有其他动力牵引的铁路相比，具有节能（其热效率可达20%～26%）、运输能力大（功率大，可使牵引总重提高）、运输成本低、维修少、机车车辆周转快、污染少（粉尘少、噪声小）、劳动条件好等优点。而时速为200～350km/h的高速铁路的优越性则更加突出。

2009年我国铁路总里程为8.6万千米，超过俄罗斯，仅次于美国，位居世界第二。电气化铁路营运里程达到3万千米，高铁营运里程突破2380km，位居世界第一。根据国家批准的《中长期铁路网规划》，到2020年我国铁路运营总里程将达到12万千米，电气化率达到60%（7.2万千米）。“十一五”期间铁路规模之大、标准之高，是中国铁路发展史上从未有过的。按照规划，铁路基建总投资12500亿元，是“十五”建设投资规模的近4倍。其中高速铁路是最大亮点。到2012年“四纵四横”（京沪、京广、京哈、沪深、青岛太原、徐州宝鸡、宁汉渝成、杭州长沙）高铁客运专线将陆续贯通，届时将有1.3万千米客运专线及城际铁路投入运营，其中时速为300～350km的有8000km，时速为200～250km的有5000km。目前“十二五”规划已经出台，表明“十二五”期间我国铁路总投资为2.8万亿元，新增铁路3万千米。按照电线化率和复线均超过50%的要求计算，实施如此大规模的铁路建设，每年对铜接触导线的需求约为20000km，重约2.6万吨。再加上北京、上海、广州等城市新建地铁及轻轨所需接触导线和线夹等附件所需铜材，总计将超过3万吨。

7.2.2　接触线

接触线是一种传输电力的裸线线缆（俗称葫芦线，见图7-10），由它通过受电弓（见图7-11）将电流传给机车上的受电设备，广泛应用于电气化铁路和城市轨道交通等系统。

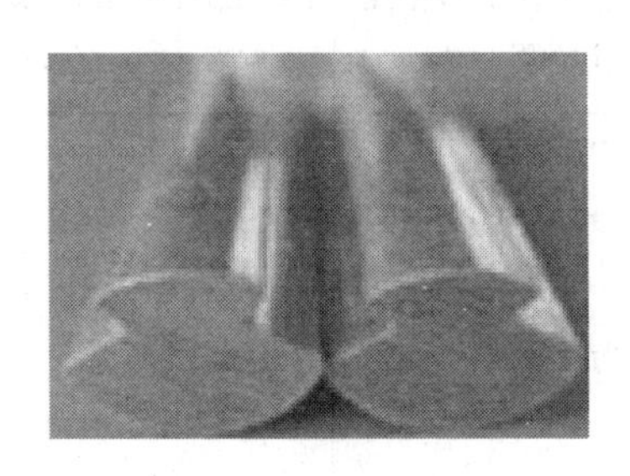

图 7-10　铜接触线

图 7-11　受电弓

目前电气化铁路正朝着高速、重载、安全、节能方向发展。轨道交通高速化进程加快，世界上最高时速 500km/h 的铁路已在法国投入运营。我国铁路提速步伐加快，时速为 300 ~ 350km/h 的京沪、京津、武广、郑西等“高铁”已陆续开通（见图 7-12）。随着我国经济规模的迅速扩大和我国人民生活的日益富裕，“十二五”期间我国“高铁”必将以更快的速度发展。

图 7-12　和谐号电机列车

为适应接触线在运行时的高频波动冲击和高速摩擦，要求线材具有高强度、高导电、耐高温、耐摩擦、耐疲劳和抗蠕变性能。

为适应不同时速的要求，人们开发了 Cu-Ag、Cu-Sn、Cu-Mg、Cu-Ag-Sn、Cu-Cd 等十几种铜合金，见表 7-16、表 7-17。

法国列车时速 300 ~ 500km/h 的铁路线上应用的 Cu-0.2Sn 合金线，其强度达到 537.5 MPa、电导率达到 77.6% IACS。德国开发的 Cu-0.5Mg120 接触线抗拉强度为 503 MPa、电导率达到 68.1% IACS，列车时速达到 330km/h。日本已开发的 PHC-110 型 Cu-Cr-Zr 系合金，接触线抗拉强度达到 555.5 MPa、电导率达到 78.8% IACS。

表 7-16　各国高速铁路接触网线设计参数及合金选择

速度 /km · h^{-1}	国家	抗拉强度 /MPa	拉断力 /kN	抗拉强度 (300℃时) /MPa	电导率 /% IACS	线密度 /kg · m	架线张力 /kN	材料和截面面积 /mm^2
240	日本	340	57.82	212.9	97.0	1.51	14.7	铜 170
300	法国	358	53.7	224.2	97.0	1.33	20	铜 150
250	德国	395	47.4	377	96.5	1.07	15	银铜 120
350	法国	637	64.5	483.8	77.6	1.07	15	锡铜 120
270	法国					1.07	14	镉铜 120
330	德国	5503	60.4	465	68.1	1.08	20	镁铜 120
300	日本	655	73.2	608	60.2	0.942	20	钢铜 110
300	日本	493	54.3	373	81.1	0.957	20	钢铜 110
370	日本	350	68.6		46.5	0.758	15/20	钢铝 196

表 7-17　各国和地区高速铁路接触网线的使用情况

<table>
<tr><th rowspan="2">国家或地区</th><th rowspan="2">线路</th><th rowspan="2">最高时速 /km · h^{-1}</th><th colspan="3">接触线</th><th rowspan="2">β值</th><th rowspan="2">安全系数</th></tr>
<tr><th>材质</th><th>规格/mm^2</th><th>悬挂张力/kN</th></tr>
<tr><td>中国</td><td>京津城际</td><td>单弓 350</td><td rowspan="3">Cu-0.5Mg</td><td rowspan="3">120</td><td rowspan="3">27.0</td><td>0.61</td><td rowspan="3">1.66</td></tr>
<tr><td rowspan="2">德国</td><td>科隆-莱茵、美茵</td><td>单弓 400
双弓 330</td><td>0.70</td></tr>
<tr><td>纽伦堡-英格尔斯塔特</td><td>单弓 350</td><td>0.61</td></tr>
<tr><td rowspan="2">西班牙</td><td>马德里-塞尔维亚</td><td>单弓 300
双弓 280</td><td>Cu-0.1Ag</td><td>120</td><td>15.0</td><td>0.70</td><td>2.19</td></tr>
<tr><td>马德里-巴塞罗那</td><td>单弓 350</td><td>Cu-0.5Mg</td><td>150</td><td>31.5</td><td>0.64</td><td>1.81</td></tr>
<tr><td rowspan="3">中国</td><td>武汉-广州</td><td rowspan="3">双弓 350</td><td rowspan="3">Cu-0.5Mg</td><td rowspan="3">150</td><td>30.0</td><td>0.65</td><td>1.80</td></tr>
<tr><td>郑州-西安</td><td>28.5</td><td>0.67</td><td>1.90</td></tr>
<tr><td>北京-上海</td><td>32.0</td><td>0.69</td><td>1.83</td></tr>
<tr><td>比利时</td><td>布鲁塞尔-姆毕科村</td><td>300</td><td>Cu-0.5Mg</td><td>150</td><td>30.0</td><td>0.56</td><td>1.79</td></tr>
<tr><td rowspan="2">法国</td><td>地中海线</td><td>350</td><td>Cu-0.5Mg</td><td>150</td><td>25.0</td><td>0.71</td><td>1.92</td></tr>
<tr><td>瓦朗斯-马赛</td><td>350</td><td>Cu-0.2Sn</td><td>15.0</td><td>25.0</td><td>0.71</td><td>1.92</td></tr>
<tr><td>日本</td><td>山阳新干线</td><td>300</td><td>Cu-0.3Sn</td><td>170</td><td>20.0</td><td>0.68</td><td>2.06</td></tr>
<tr><td>中国台湾</td><td>台北-高雄</td><td>300</td><td>Cu-0.3Sn</td><td>170</td><td>20.0</td><td>0.72</td><td>2.25</td></tr>
</table>

注：β=行车速度/接触线波动传播速度。

近年来，我国在“863”计划的支持下，高速轨道交通接触线材料开发取得了一些成绩，国家标准中已有Cu-Ag、Cu-Sn合金线产品。锡铜合金线的强度为360.8 MPa、电导率为70.0%IACS，可以适应200km/h的速度。为进一步提高接触线性能，还要在合金设计、添加微量合金元素、改进工艺装备以适应大批量热处理等方面做大量工作。

接触线的断面形状，见图7-13。铜接触线生产的技术关键为高性能合金设计及制备、葫芦状断面成型及其尺寸保证。铜接触线的生产方法根据供坯方式主要有三种：连铸连轧法、上引连铸-拉伸法和上引连铸-连续挤压-拉伸法。

在连铸连轧法中，葫芦状断面成型是靠专门设计的型辊将圆棒坯轧制而成的。上引连铸-拉伸法则由上引线杆经过几组过渡模逐渐将圆棒坯拉伸而成的；而连续挤压法则是将上引圆形线杆采用连续挤压的方式挤压到基础形状和尺寸后，再经成品模拉伸而成的。

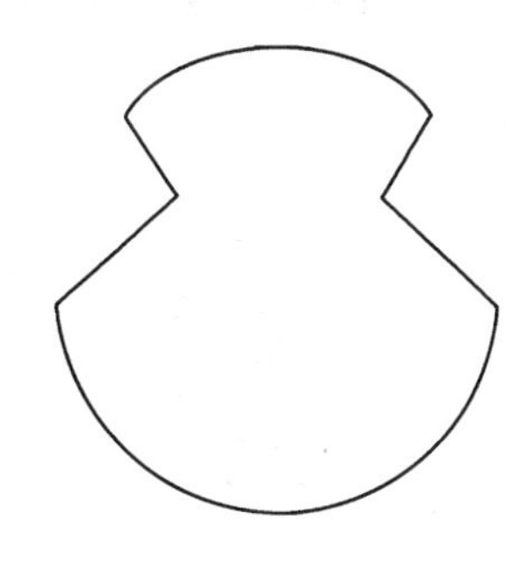

图7-13　接触线断面示意图

从接触线内部组织和性能看，连铸连轧法和上引连铸连续挤压拉伸法的产品最好；从生产效率看，连铸连轧法效率高、产能大（尤其重要的是它能使铸杆中的粗晶得以破碎而成为细晶组织）；从生产成本看，上引连铸拉伸法流程短、成本低。

随着高速轨道交通的发展，要求接触线的抗拉强度达600MPa以上，电导率达80%IACS以上，高强度、高导电性和高耐软化性能是接触线发展的必然趋势。长期以来，在铜接触导线研究方面，一直存在高强度和高电导率之间的矛盾。一般来说，要保持铜的高电导率，则强度往往不足；而要提高强度，则需加入合金成分，那样又会很大程度上降低铜材的电导率。目前，国内高速电气化铁路所用铜合金接触线多为进口，开发高强高导铜合金接触线具有重要的意义。国内外对于高速轨道交通用接触导线进行了长期研究，主要是向铜合金中添加一些高熔点、高硬度、低固溶度的金属，如Cr，Nb，Ag等，以及碳纳米管（CNTs）等非金属，借助合金质点的纤维状排列，在不影响电导率的前提下来增加铜线材的强度和耐磨性。近年来，借助高性能引线框架铜合金研究成果，在接触线用高性能铜合金上也取得了相当的成就，形成了Cu-Ag-Cr、Cu-Ag-Zr、Cu-Cr-Zr、Cu-Cr-Zr-Ce等接触线合金，性能基本达到或接近理想技术要求。如Cu-0.1Ag-Cr电导率为83%IACS，抗拉强度为595MPa；Cu-Cr-Zr电导率为82%IACS，抗拉强度为620MPa；Cu-Cr-Zr-Ce电导率为78%IACS，抗拉强度为642MPa。但上述接触线的理想合金，目前还没有实现产业化，还需要在前期研究的基础上进一步优化成分，并从中选择适合于工业化生产的合金、生产方法及工艺路线。此外，一些科研机构还在进行原位生长复合强化、塑性变形自生复合强化以及人工加入金属氧化物或非金属纤维作为增强体的复合强化的研究。

7.2.3　接触网线夹零件

7.2.3.1　接触网线夹的种类及材料的特性

接触网用零件较多，不同零件的使用条件与作用不同，对材料的种类、形状、结构、性质、性能等都有不同的要求。接触网用零件主要有固定线夹、吊悬线夹、锚结线夹、接触线连接线、接触线接头线夹等，见图7-14。主要使用材料的牌号及化学成分见表7-18；主要使用的产品种类及性能见表7-19。

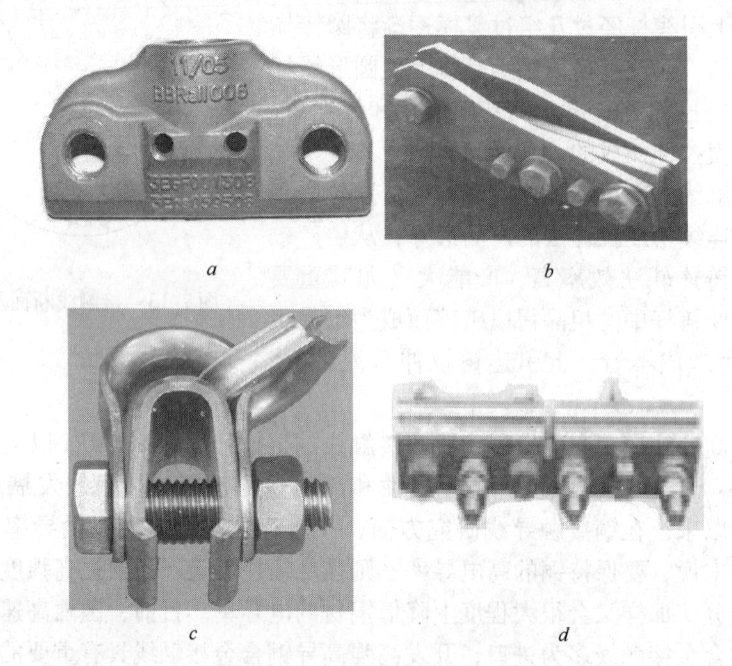

图7-14　主要接触网线夹零件

a— 定位线夹；*b*— 中心锚结线夹；*c*— 吊悬线夹组合；*d*— 接触线结头线夹

表7-18　接触网用零件材料的牌号及成分（质量分数）　（%）

牌　号	Si	Ni	Mn	Fe	余量
QSi1-3	0.6～1.1	2.4～3.4	0.1～0.4	≤0.1	Cu
QSi3-1	2.7～3.5	0.2	1.0～1.5	0.3	Cu
CuNi2Si	0.4～0.8	1.6～2.2	≤0.1	≤0.1	Cu
QAl9-4	Al：8.0～10.0	0.5	0.5	2.0～4.0	执行国标

表 7-19 接触网零件使用的 CuNi2Si 材料的品种、状态及性能

零件名称	材料品种	规格/mm	状态	力学性能			后续成型工艺
				R_m/MPa	A/%	硬度 HB 或 HV	
固定线夹等	棒材	ϕ18 ~ 28	Y	≥380	≥10	≥100	热锻及热处理
吊悬线夹等	板、带材	2.0、3.0	Y	≥470 ~ 580	≥15	≥100	冲压、弯曲成型
销钉等	棒材	16.5	Y	≥600/510①	≥10	HB≥165	机加工

① 材料的屈服强度。

使用棒材生产的接触网零件（如固定线夹）的生产工艺为：

棒材（母材）→锯切下料→加热→热锻（零件毛坯）→淬火→切边→时效

使用板材生产的接触网零件（如吊弦线夹）的生产工艺为：

板材（母材）→冲制下料→180°弯曲（弯曲半径 3mm）→（时效）→成品

目前，国外在接触网零件用材料上又推出了新的材料，即 CuNi3Si 合金。而我国全面推广使用 CuNi2Si 才刚刚开始。

7.2.3.2 接触网线夹材料加工方法

棒材的加工方法，目前采用传统的棒材生产方法，其工艺流程为：

熔铸→锯切铸锭→加热→挤压（淬火）→拉伸→（退火→拉伸）→成品退火→精整→包装→入库

由于该棒材用户在加工过程中主要采用热锻、固溶、时效的生产工艺，为了满足时效后零件的性能要求，保证零件第二相析出效果是非常重要的。因此，提供成分合格、组织致密、晶粒细小均匀的棒材母料是保证用户加工及热处理后零件性能合格稳定的关键。而采用水封挤压的方式可有效保证热加工晶粒的细小。

板带材的加工方法，根据镍硅青铜的时效析出强化特征，采用的生产工艺流程为：

铸锭→锯切→加热→热轧→在线淬火→铣面→冷轧→退火→精轧→时效→精整→包装→入库

对于镍硅青铜材料的加工来说，生产的关键在于解决加工过程中的热应力，包括铸造应力、热加工应力等，避免在加工过程中出现轧制开裂和挤压开裂，这就需要在铸造时采用红锭铸造的方法，降低冷却强度。同时，在铸锭加热时采用缓慢加热、适当延长加热时间，以保证铸锭加热的均匀。对于板带生产来说，生产的关键在于在线淬火的均匀性、稳定性及淬火的总体效果。如果在淬火过程中由于淬火温度过低、淬火不均匀等造成固溶组织不均匀，则在后续的时效处理时，会影响析出效果，进而影响材料的最终性能和性能均匀性。因此，在产业化生产过程中在线淬火的温度不得低于 750℃。

7.3　自行车用铜材

自行车作为无动力交通工具，具有轻便、价格低廉、不消耗能源、对道路要求简单等特点，被称为绿色交通工具。由于自行车兼有锻炼身体的功能，因此不但在欠发达国家成为短途主要交通工具，而且在发达国家也获得广泛的使用，受到人们的推崇。我国是自行车大国，在城镇几乎每户都有 1 ~2 辆自行车。据统计，2008 年我国自行车产量为 2188 万辆，比上一年增长 7.6%。全国自行车总保有量约为 1.3 亿辆。

自行车专用铜材主要有两种产品：自行车条帽线和气门芯棒线。每辆自行车平均需要上述两种产品约 0.4kg，包括修理在内，再加上三轮车、电动车、轻型摩托车，全国年消费量在 2000t 以上。

自行车条帽是张紧车条、调节车轮圆度和平面度的零件。自行车条帽采用截断的铜合金棒线，先将其一端冷镦出大于棒线直径的“帽子”，再在另一端车出带有内螺纹的孔。

自行车条帽线通常选用 H62 黄铜，直径 ϕ3.8 ~6.0mm，半硬状态，其抗拉强度应为 460 ~580MPa，伸长率为 10% ~20%。

自行车条帽线的生产采用水平连铸线坯扒皮拉伸的方法。条帽线的冷镦性能控制是关键环节。通常，金属材料半硬状态的性能既可以用拉拔加工率来控制，也可以用成品退火制度来控制。根据经验，如果退火炉温度控制精度高，应尽可能采用成品退火制度来保证半硬态性能。一方面可以保证性能，另一方面可以消除残余应力。相反，退火炉温度控制精度很差，会造成材料软硬不均，则应依靠加工率来保证性能。因为，在中间退火完全再结晶基础上控制加工率相对容易。采用加工率控制，应注意消除材料的残余应力，防止产品在冷镦时开裂。

自行车气门芯通常有两种，一种采用 H62 黄铜线，规格为 ϕ1.20 ~1.50mm，另一种采用 HPb59-1 线，规格为 ϕ3.8 ~5.2mm，多用于三轮车或摩托车，它们均采用水平连铸线坯扒皮冷拉的方法生产。

8 铜材在海洋工程中的应用

地球表面的三分之二是海洋。由于人口的增长和陆地资源的枯竭，人们为寻找新的资源和生存空间，早就把目光投向了海洋和太空。

海洋工程主要包括海洋运输、海洋采矿、海水淡化、潮汐发电、海洋养殖、海洋旅游等。

我国是世界上海岸线最长的国家之一，海岸线长约3.2万千米，其中大陆岸线约1.8万千米，岛屿岸线约1.4万千米，是世界海洋大国。我国有悠久的利用海洋的历史，著名的郑和七次下西洋，在世界航海史上占有重要地位。改革开放以来，我国的海洋事业突飞猛进，取得了巨大成就。进入新的历史时期后，制订了新的中长期发展规划，相信我国的海洋工程将得到更好的发展。

铜材与普通碳钢及铝、镁、锌等有色金属相比，有较好的耐蚀性，因而在海洋工程中应用较多。但随着海洋工程大型化、高速化，追求高效率、低成本和更加环保，期待研发出更加耐蚀的高强耐磨铜合金。与此同时，进一步研究各种腐蚀行为及其机理、寻找有效的保护方法和措施也是必要的。

8.1 铜材在海洋运输中的应用

8.1.1 海洋运输的发展状况

随着世界经济一体化进程的加快，与航空运输、公路运输、铁路运输相比，作为最廉价的运输方式——海洋运输得到了迅速发展。

我国是能源和资源严重短缺的经济大国，其中，40%的石油（2009年上半年为9000万吨）、近50%的铁矿石（2008年为44356万吨）、70%的铜精矿（2008年为1240万吨，含精炼铜和废杂铜）、50%的木材（2008年为5120万立方米）和每年3000~5000万吨粮食利用海洋运输进入国内。我国是新兴的发展中国家，每年从国外进口大量先进仪器、设备，重达数亿吨，其中90%依靠海运。

出口贸易是我国经济发展的三大动力之一。我国已经成为世界第二大出口国，从机电产品到服装、玩具，每年数万亿元的物资出口到世界各国，其中大部分依靠海洋运输。2011年我国规模以上港口吞吐量完成90.7亿吨。

值得欣慰的是，伴随我国经济发展和科技实力的提高，我国船舶制造业也实现了跨越式的发展。我国造船产量已经连续 11 年（2008 年承接造船订单量占世界市场份额的 24.4%）居世界第三位，于 2009 年达到 1900 万载重吨，超过日本，位居世界第二。2010 年我国年造船能力约为 2100 万载重吨。

铜材在船舶制造上主要用作螺旋桨、冷却系统中的冷却器、通水管路、船壳、泵体、阀门等部件。

8.1.2　铜材在舰船上的应用

8.1.2.1　螺旋桨

螺旋桨是舰船推进器的主要部件，它由桨轴和安装在桨轴上的螺旋叶片组成。舰船依靠高速转动的螺旋桨叶片与海水之间产生的推力推动舰船航行。由于叶片长期工作在腐蚀介质–海水之中；叶片既受到海水巨大的反作用力，又受到水流及泥沙的长期磨损。因此，叶片材料应当具有耐海水腐蚀、高强度、耐磨的特性。

二战前，锰黄铜是舰船螺旋桨的主要材料。但是随着舰船大型化、高速化发展，开发了性能更好的镍铝青铜和镍锰青铜。我国从 20 世纪 70 年代初开始研制高锰铝青铜，到 80 年代初实现了工业规模生产。表 8-1、表 8-2 分别列出螺旋桨用主要铜合金的成分和性能。

表 8-1　螺旋桨用主要铜合金的化学成分

合金代号	主要成分(质量分数)/%							杂质含量(不大于)/%				
	Cu	Mn	Al	Fe	Ni	Zn	Sn	C	Si	Pb	Sb	杂质总和
ZQAl14-8-3-2	余量	13.5 ~ 15.0	7.8 ~ 8.8	2.8 ~ 4.0	1.8 ~ 2.5	<0.3	—	0.10	0.15	0.02	—	1.0
ZQAl12-8-3-2	余量	11.5 ~ 14.0	7.0 ~ 8.5	2.5 ~ 4.0	1.8 ~ 2.5	<0.3	—	0.10	0.15	0.02	—	1.0
ZHAl67-5-2-2	67 ~ 70	2.0 ~ 3.0	4.5 ~ 6.0	2.0 ~ 3.0	—	余量	<0.5	—	—	0.50	0.1	1.0
ZHMn55-3-1	55 ~ 59	3.0 ~ 4.0	<0.6	0.5 ~ 1.5	—	余量	<0.5	—	—	0.50	0.1	2.0
ZQAl9-4-4-2	余量	1.0 ~ 2.5	8.5 ~ 10.0	4.0 ~ 5.0	4.0 ~ 5.0	—	—	0.10	0.15	0.02	—	1.0

表 8-2　螺旋桨用主要铜合金力学性能

合金代号	铸造方法	R_m/MPa	$R_{p0.2}$/MPa	A/%	硬度 HB
ZQAl14-8-3-2	S	≥75	≥38	≥15	≥170
ZQAl12-8-3-2	S	≥66	≥28	≥20	≥160

续表 8-2

合金代号	铸造方法	R_m/MPa	$R_{p0.2}$/MPa	A/%	硬度 HB
ZHAl67-5-2-2	S	≥62	≥25	≥15	≥160
ZHMn55-3-1	S	≥48	≥19	≥20	≥100
ZQAl9-4-4-2	S	≥65	≥28	≥18	≥160

现代海洋运输舰船大型化达到了空前规模，30 万吨级以上油轮、集装箱船成为主力船型。我国大连推进器厂为丹麦奥登希船厂制造的 6 叶螺旋桨直径达 8.95m，总质量达 98.4t，比 30 万吨油轮螺旋桨还重 25t。图 8-1 所示为我国制造的世界上最大的铜合金螺旋桨。

中小型螺旋桨叶片一般采用模锻的方法生产，大型和特大型叶片则多用铸造成型的方法生产。

舰船螺旋桨之所以选择铜合金而很少用强度更高、耐蚀性和耐磨性更好的钛合金，是因为铜合金成本低，且易于生产（目前由于技术原因，人们很难制成单片几十吨的钛合金叶片），同时，铜合金具有抑制海洋生物附着的特性，可以有效地减少因海洋生物附着而增加的航行阻力。

图 8-1 世界上最大的铜合金螺旋桨

8.1.2.2 冷凝器

冷凝器是舰船冷却系统中最重要的部分，按冷却介质的不同，可分为海水冷凝器、海水淡化冷却器、空气冷却器、润滑油冷却器、燃油冷却器、液压油冷却器等。这些冷却器大多是管壳式结构（参见本书第 4 章换热设备部分）。由于铜合金兼有高导热、耐海水腐蚀及易加工的特点，船用冷凝器大多用铜合金作为冷凝器管材，据估计，我国每年船用铜合金冷凝管的消费量近 6 万吨。

早期船用冷凝管采用锡黄铜 HSn70-1（被称为海军黄铜）、铝黄铜 HAl77-2。但 HSn70-1 易发生脱锌腐蚀，经改良，加入少量砷（As）形成 HSn70-1A，有效地抑制了因脱锌腐蚀而发生大面积腐蚀泄漏的事故。20 世纪 90 年代，在 HSn70-1A 的基础上添加微量 Mn、Ni 和稀土元素，进一步提高了冷凝管的耐蚀性。

事实证明，铁白铜 BFe30-1-1 和 BFe10-1-1 具有更好的耐海水腐蚀的能力，因而在舰船上得到了广泛的应用。近年来，对铁白铜的研究表明，适当提高铁的含量（如将 BFe10-1-1 中的 Fe 提高到 1.5% 以上，将 BFe30-1-1 中 Fe、Mn 分别提高到 2%），不但可以提高材料的力学性能，而且有利于促进在合金管材表面形成保护层，提高防腐蚀能力。目前，发达国家（如美国、日本、俄罗斯）都投入大量资源研究新型耐蚀铜合金，基本方向是复杂铝黄铜和高铁高锰铁白铜。

8.1.2.3　通水系统

通水系统（俗称管路）是舰船推进保障系统、发电机组保障系统、辅助系统（如消防系统、生活保障系统等）的重要组成部分。通水系统根据水质可分为海水管路和淡水管路两类。

根据介质不同，管路选用材料也不同。淡水系统（如饮用水、洗漱用水系统）和陆地一样，采用紫铜类管材。而海水系统（如冷却水、消防水等）管路原先也采用磷脱氧铜 TP2。但 TP2 耐冲刷腐蚀能力较差，在高流速或海水中固体物过多时腐蚀速度加快。因此，目前采用更加耐冲刷腐蚀的 B10 或 BFe10-1-1 等铁白铜。

图 8-2　连接法兰

连接管路的三通、弯头、波纹胀缩节、连接法兰（见图 8-2）都是用铜合金制造的。三通、弯头、波纹胀缩节和连接管材采用同一种铜合金管，法兰则可用高锰铝青铜（如 QAl9-4）或白铜（如 B10）。

8.1.2.4　船壳、泵、阀

船壳的耐蚀和防止海洋生物附着和生长是亟待解决的问题。采用铜合金包覆船壳，彻底防止了海洋生物附着和生长，减小航行阻力，提高了行船速度；同时，采用各种喷涂铜合金粉末的方案也在研制试验中。为防止磁性鱼雷的攻击，在船壳上设置铜质线圈进行去磁处理是十分有效的，其用铜量也十分可观。

船用泵、阀门等由于考虑到强度和耐蚀性而选择铝青铜、硅青铜、硅黄铜、锡青铜等铜合金。如截止阀阀体、阀瓣可采用高锡青铜 QSn10-2，阀杆多采用铝青铜 QAl9-2、QAl9-4，阀杆螺母则多采用铝青铜 QAl10-3-1.5。

随着海洋资源如石油、结核锰矿、碳冰等的逐步开发，海上钻井平台等海上大型作业平台也日益增多。海上作业平台也可以看做是一个巨大的不动船体，除了没有推进系统外，其他设施应有尽有。如发电、供电、用电系统、通讯和控制系统、供热和通风系统、海水淡化系统、生活系统等。因此，船用铜材同样适用于海上作业平台。

8.2 海水淡化

8.2.1 海水淡化发展趋势

世界上淡水资源不足，已成为人们十分关注的问题。有人预言：“19世纪争煤，20世纪争油，21世纪可能争水”。虽然有点危言耸听，却道出了问题的紧迫性。

我国水资源状况不容乐观，正常年份我国缺水400亿立方米，全国600个城市中有400个城市缺水，其中108个城市严重缺水，水资源短缺或水危机是影响我国可持续发展的主要瓶颈之一。

作为水资源的开源增量技术，海水淡化已经成为解决全球水资源危机的重要途径。到2006年，世界上已有120多个国家和地区在应用海水淡化技术，全球海水淡化日产量约3775万吨，其中80%用于饮用水，解决了1亿多人的供水问题。

“向海洋要淡水”已经形成了方兴未艾的产业。在西亚盛产石油的国度，往往土地“富得流油”，却打不出一口淡水井。水比油贵的现实，使海水淡化工厂如雨后春笋般出现在西亚的海岸线上。1983年，西亚第一大国沙特阿拉伯在吉达港修建了日产淡水30万吨的海水淡化厂；科威特现在每天可以生产淡水100万吨。波斯湾沿岸地区，有的国家的淡化海水已经占到了本国淡水使用量的80%~90%。

到2007年底，我国已建海水淡化工程的日产水能力达到16万吨，天津、大连长海、青岛、黄岛、河北沧州等沿海地区多个日处理10~20万吨的大型海水淡化项目相继启动。

我国是水资源贫国，而东部沿海发达地区集中了大部分大型电站和石油化工装置，年工业冷却水需求淡化海水约420亿立方米，其中电力行业占90%。

未来20年内，国际海水淡化市场将有近700亿美元的商机。中国未来会有几十亿美元的市场。过去海水淡化产业关注的热点在中东地区和欧洲西班牙等地，但现在英国、法国、新加坡、丹麦、日本等国家的海水淡化企业纷纷来到中国，从事技术、投资和建设活动。目前，中国成为国外海水淡化产品、装备制造集团的重要战略市场。

向大海要水（海水淡化）是解决沿海（近海）地区淡水资源短缺的有效途径，具有重大的现实意义和战略意义。根据全国海水利用专项规划，到2010年，中国海水淡化规模达到每日80~100万吨，2020年中国海水淡化能力将达到每日250~300万吨，尤其是国家积极支持海水淡化产业。自2008年1月1日起，企业的海水淡化工程所得将免征所得税。中国海水淡化产业发展前景广阔。

目前，海水淡化有两种方法，即反渗透法和多级闪急蒸馏法（MSF）。反渗透法于1953年问世，这种方法利用半透膜来达到将淡水与盐分离的目的。1957年以后，反渗透法迅速发展。在新兴的反渗透法研究方兴未艾的时候，古老的蒸馏法也重新焕发了青春。传统的蒸馏法只考虑了通过升高温度获得水蒸气的方式，耗能甚巨。而新的方法是将气压降下来，把经过适当加温的海水，送入真空蒸馏室中，海水中的淡水会在瞬间急速蒸发，全部变成水蒸气。许多这样的真空蒸馏室连接起来，就组成了大型的海水淡化工厂（闪蒸室的个数称为级数，最常见的装置有20～30级，有些装置可达40级以上）。如果海水淡化工厂与热电厂建在一起，利用热电厂的余热给海水加温，成本就更低了。多级闪急蒸馏法具有设备简单可靠、防垢性能好、易于大型化、操作弹性大以及可利用低位热能和废热等优点。因此，一经问世就得到广泛应用和迅速发展，成为海水淡化的主流技术，日产60000t淡水的单机已投入商业运行，日产160000t淡水的装置正在设计中。图8-3所示为大型海水淡化装置。

图8-3　大型海水淡化装置

按照我国蒸馏法占40%、装机日产淡水1万吨需要铜合金管材220～400t计算，2010年我国每年新增海水淡化装置需要铜合金管材8000～12800t。预计到2020年，新增海水淡化装置和检修更换需要铜合金管材约40000t。

8.2.2　铜材在海水淡化中的应用

海水淡化多级闪急蒸馏装置的主要设备是负压（真空）蒸发器，需用大量的铜管，主要采用紫铜TP2、TU1、铝黄铜HAl77-2和白铜BFe10-1-1、BFe30-1-1。其规格主要为ϕ15.88mm×0.6mm×12192mm、ϕ23mm×1.2mm×29265mm、ϕ25.4mm×1.02mm×8140mm、ϕ25.4mm×0.7mm×8140mm、ϕ28.6mm×0.7mm×18288mm等，状态为软态（M）。

1991 年，我国天津大港发电厂从美国引进了 2 套 3000t/d 多级（39 级）闪蒸海水淡化设备，使用的镍白铜管（C70600）的规格：ϕ15.875mm×0.889mm×18390mm；数量为 12600 根，重约 500t；管材工作环境：海水含盐量为（3～5）$\times 10^{-2}$g/L，工作温度最高为 110℃；水压试验压力：管侧 1.35MPa，壳侧 0.15MPa。铜管两端采用胀接方式与管板连接，中间安装若干块支撑板作支撑。

目前，我国海水淡化用铜材尚未列入国家标准，可以参照美国 ASTM B552《海水淡化工厂用无缝和焊接铜镍管》和 ASTM B111《铜及铜合金无缝冷凝管及管口套件》执行。

闪蒸法海水淡化设备-真空蒸发器用铜管一般都超过 12m，最长的近 30m。而一般铜管以前一直用直条拉伸法生产，受挤压锭坯长度和退火炉及酸洗槽长度限制，成品管材长度一般不超过 10m。为了满足市场需求，20 世纪末洛铜、海亮集团先后开发了用盘拉法生产中小白铜管的工艺，为海水淡化用超长白铜管生产提供了保障。当然，近年来管材直条串联拉伸技术的推广，也为超长管生产提供了另一种工艺选择。

8.3 海水养殖

8.3.1 我国海水养殖前景

我国拥有约 32000km 长的海岸线和 $300\times 10^4 km^2$ 的辽阔海域，海域面积居世界第四位。邻接中国内地的渤海、黄海、东海和南海，跨越热带、亚热带和温带三大气候带，蕴藏着丰富的渔业资源。水深在 200m 以内适宜于渔业生产的大陆架面积为 $227\times 10^4 km^2$，沿海滩涂宽广，适宜于养殖的面积很大，为海洋渔业和海水养殖业的发展提供了极为有利的条件。

由于过度捕捞对海洋资源的破坏，世界各国开始朝水产养殖方向发展。中国政府在 1985 年就确定了“以养为主”的指导方针，并在 90 年代实现了养殖超过捕捞的佳绩，成为世界上第一个也是唯一一个养殖产量超过捕捞产量的国家。

国家政策的支持推动了水产养殖业的大力发展。而产出率的综合优势决定了海洋养殖业的快速发展。21 世纪以来，海洋养殖产量的复合增长率为 6.2%，而淡水养殖为 5.7%。《全国渔业发展第十一个五年规划》提出，到“十一五”末期，我国水产品养殖产量达到 4550 万吨，养捕产量之比达到 76：24。规划还确定了其他一些主要发展指标：水产品总产量达 6000 万吨、年均增长 3.3%，人均水产品占有量 44kg、人均水产品消费量 12kg；渔业总产值 5700 亿元，年均增长 6.4%。我国渔业具有养殖生产规模大、技术先进、劳动力资源丰富、加工能力强等优势。预计海洋养殖的增速会继续超过淡水，并保持在 7% 左右的发展速度。

8.3.2　铜材在海水养殖中的应用

8.3.2.1　铜材在鱼池温度控制中的应用

北方近海养殖需要解决冬季海水温度低，如何保持鱼池适当水温的突出问题。通常选择滨海火力发电厂余热利用，靠换热器将海水加热引入鱼池。

过去热交换器采用高级不锈钢254和354、钛合金。两者价格高，且加工难度大，而一般不锈钢又不耐高氯离子腐蚀环境，寿命短，易发生泄漏。

国际铜业协会（中国）与洛铜、北京京海换热器公司合作，于2008年推出了新型高效耐蚀铜质板式换热器（见图8-4），其换热系数可达7000W/(m^2·K)，结构紧凑，1m^3容积内的换热面积可达160～330m^2，流动阻力小，负荷适应性强，耐蚀性能好，已在近海养殖、地热采暖及近海船只上得到应用。实际表明，该板式换热器可以代替不锈钢用于高氯离子场合，并具有广阔的应用前景。

图8-4　铜合金高效板式换热器

上述高效板式换热器主要采用新开发的铝黄铜和白铜，板材厚度为0.6mm，其主要力学性能的要求比较严格。同时由于板式换热器的换热板是换热器的关键零件（见图8-5）。其波纹形状复杂，经冲压而成。由于冲压变形量大，要求板材必须有优良的深冲性能，这是板材生产时工艺控制的重点所在。

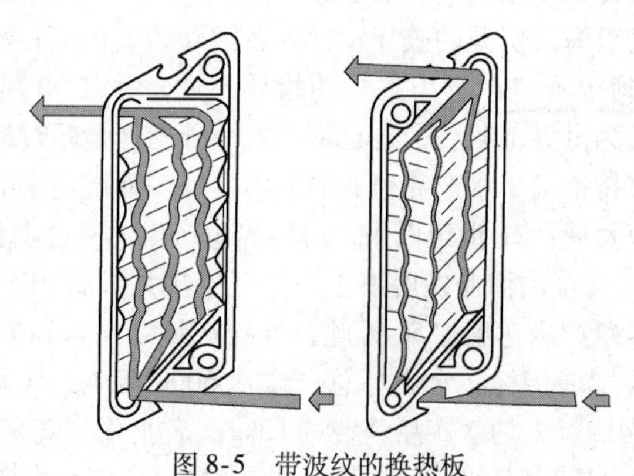

图8-5　带波纹的换热板

8.3.2.2　养殖网箱

网箱养殖是在自然水域条件下，利用合成纤维网片或金属网片等材料装配成一定形状的箱体，把鱼类高密度地养在箱体中，借助箱内外不断的水交换，维持箱内适合鱼类生长的环境，利用天然鱼饵和人工鱼饵进行鱼类养殖的方法。网箱养殖比鱼池养殖具有更接近自然水域环境，有利于养殖高附加值水产品，而且可以避免温度调节等优点，因而受到人们的重视，是国家正在开发和重点发展的渔业项目。

传统小型网箱只设置在湖、海岸边几十米或几百米的地方，容积为 2～5m^3。网箱材料大多用尼龙和工程塑料（多为合成纤维材料，包括多种聚乙烯或聚酰胺材料）。这些有机材料普遍存在易老化的问题，特别是海生物（如藤壶、贻贝、海鞘、水螅、藻类等）很容易在这些材料上附着、滋生，如不及时清理就会堵塞网眼，使网内成为死水，造成缺氧，滋生寄生虫和病原体，水质变坏从而导致鱼、贝生病、死亡。同时，这些附着生物大大增加网箱自重，降低网箱抗风浪能力。而清理附着在网箱上的海洋生物十分费时费力，使得养殖成本大幅度升高，甚至得不偿失，因而极大地限制了网箱养殖业的发展。

由于铜质网箱具有阻止海洋生物附着、生长和深水防污能力强、抗风能力强、可回收利用等特点，它是最为理想的网箱材料。在欧洲英格兰与威尔士，1979 年金属网箱养殖虹鳟鱼的渔获量为 2900t；1980 年，在爱尔兰大马哈鱼的渔获量为 21t，虹鳟鱼的渔获量为 122t，鲽鱼、鳗鱼、比目鱼及贝类（如牡蛎、扇贝）实现规模化网箱养殖。实际应用表明，铜合金网箱具有抗风浪能力大等特点，能够抵抗 2.5m 高的风浪，在 1m/s 流速情况下网箱没有损坏和明显变形。

近年来，我国已开始进行铜质网箱养殖，并开始逐步取代传统的合成纤维水产养殖网箱。

水产养殖网箱分为离岸网箱和近岸网箱。图 8-6 所示为一离岸网箱。预计，2011～2015 年，铜网会分别以每年 5% 和 0.5% 市场占有率替换现有离岸和近岸合成纤维渔网箱。表 8-3 为离岸网箱铜消费潜力分析表，表 8-4 为近岸网箱铜消费潜力分析表。据资料介绍，铜合金网箱外形一般为长 15m、宽 15m、高 4～8m 的长方体；或者为直径 15m，高 4～8m 的圆柱形；离岸网箱配套铜网用铜量为 3.2t/只，近岸网箱配套铜网用铜量为 0.4t/只。据此估算，我国每年增加用铜量为 2500t 左右。

表 8-3 离岸网箱铜消费潜力分析表

年 份	2009	2010	2011	2012	2013	2014	2015
离岸网箱数量/只	3400	3468	3537	3608	3680	3754	3829
铜网箱替代率/%	0	0	5	5	5	5	5
铜网箱替代数量/只	0	0	180	175	179	183	186
铜消费量/t	0	0	577	560	573	584	596

表 8-4　近岸网箱铜消费潜力分析表

年　份	2009	2010	2011	2012	2013	2014	2015
近岸网箱数量/万只	100	100.1	100.2	100.3	100.4	100.5	100.6
铜网箱替代率/%	0	0	0.50	0.50	0.50	0.50	0.50
铜网箱替代数量/只	0	0	5015	4995	5000	5005	5010
铜消费量/t	0	0	2006	1998	2000	2002	2004

图 8-6　威海地区离岸网箱

目前国际铜业协会（中国）正在同有关方面合作，在我国舟山群岛开展一项铜质网箱养殖深水海鱼的试验，旨在进一步推广应用铜合金网箱。

8.4　制　　盐

8.4.1　盐业发展趋势

食盐是人类生活必不可少的重要物资，人类一日三餐离不开盐。盐又是生产烧碱、氯碱等化工材料的原料。据统计，我国生产“两碱”消耗的盐约占盐总消费量的 72.5%。

我国已是世界上第一制盐大国和第二盐消费大国。目前，我国沿海有 10 个省市生产海盐，12 个中西部省区生产井盐、5 个西部省区生产湖盐。根据 2004 年的数据，总产量为 4328 万吨，其中海盐占 57.8%、湖盐占 9%、井矿盐占 33.2%（见图 8-7）。

2006 年我国原盐总产量达到 5407 万吨，与 2005 年相比，增幅达 12.6%。1999 ~2006 年，我国原盐产量年均增幅高达 15%。受双碱等下游工业的强劲需求拉动影响，我国原盐未来需求量将会保持稳步增长。2006 年我国原盐消耗总量达到5628万吨的历史高位，其中两碱用盐量达到4320万吨，占全年原盐总消耗量的76.76%。“十一”五期间，我国双碱产量保持8%以上的速度稳步增长，为中国原盐工业发展带来新的前景。

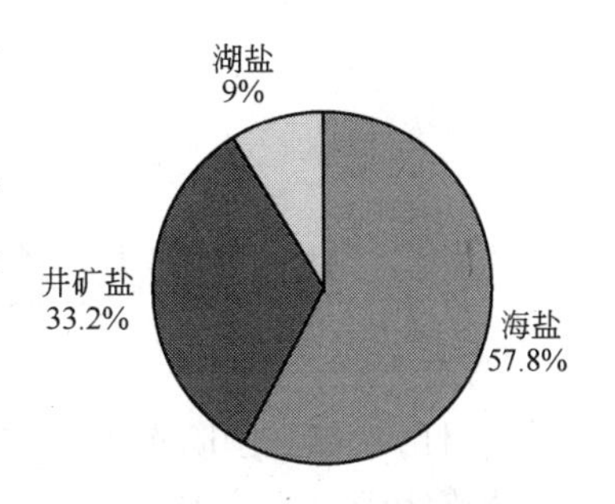

图8-7　盐分类饼状图

8.4.2　铜材在盐业中的应用

井盐的生产流程：抽取井下卤水→蒸煮卤水→收集。

海盐和湖盐主要采用晒盐法。其流程为：纳潮（将海水或盐湖水引入盐池）→制卤→结晶→收盐→集运。其中制卤和结晶主要靠太阳照晒（见图8-8）。这种方法已延续千年，简单易行，成本低。但它基本上是“靠天收”，一般只能在春秋两季生产，雨季和寒冷的冬季都无法进行。因而现代海盐和湖盐生产多采用天然照晒和加热结晶法相结合的方法。

图8-8　盐池晒盐
（左：晒时盐池，右：收时盐池）

海盐生产中海水加热器曾经使用过碳钢钢管，但碳钢耐氯离子腐蚀性能很差，管材寿命只有1年左右，有的仅仅数月就因加热管泄漏而频繁停机检修。改用紫铜管后寿命虽提高到3～5年，但仍时有泄漏发生，特别是在法兰等接口附近。改用BFe10-1-1合金后寿命延长至10年以上。虽然初期增加了一次性投资，但大大降低了维护和运行成本，因而得到了迅速推广。典型规格是ϕ38mm×2mm×8000mm、ϕ45mm×2.2mm×8500mm。

9 铜材在国防军工中的应用

铜材历来都是国防军工（包括国家高新科技工程）的关键材料，是国家的重要战略物资。从枪弹兵器到战车、坦克，从飞机到卫星、飞船，从火箭到巡航导弹，从驱逐舰到核潜艇，从加速器到对撞机，所有这一切都离不开铜材。

和其他应用领域一样，铜材在国防军工中的应用可以分为两大类：一类是公共通用部分，如电工和电讯导线、输变电设备、自动控制设备及元器件、热交换器等；另一类是军工专用或某些领域特殊用途部分，如火箭发动机喷嘴、多级火箭分离螺栓、导波用波导管、穿甲弹板和雷管带等。

本章只对军工专用部分铜材进行简单介绍。

9.1 铜材在兵器中的应用

兵器曾是国防军工中使用铜材最多的领域，各种枪弹和炮弹弹壳都是用深冲性能极好的铜合金——H62 黄铜制造的（见图 9-1）。它们是作战和训练中的消耗品，需求量巨大。但是，目前我国的弹壳几乎全部采用专用低碳钢制造。国际上则采用专用低碳钢和覆铜钢板两种材料。

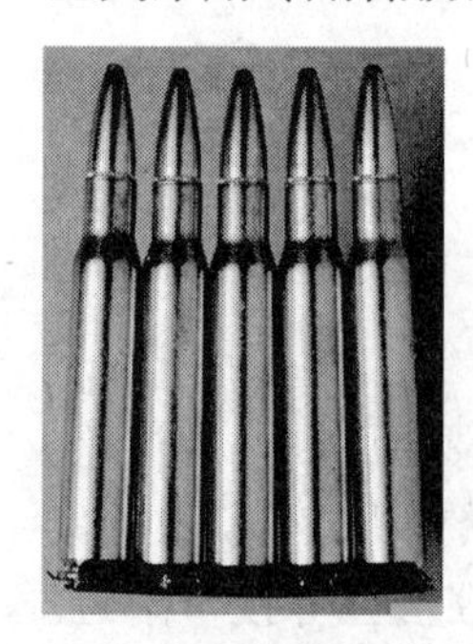

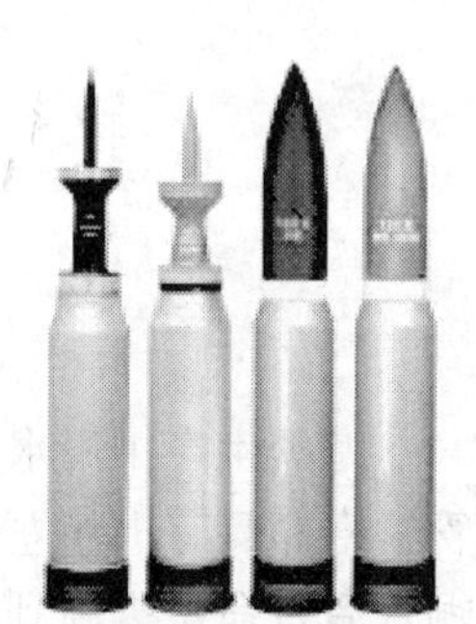

图 9-1 各种枪弹、炮弹

9.1.1 穿甲弹专用铜板

步兵装甲化是现代部队建设的必然趋势，它不但使步兵更加快速机动，而且可以得到有效的保护。有盾就有矛，穿甲弹（或破甲弹）就是在打破装甲神话中发展起来的。图 9-2 所示为穿甲弹穿透钢板的情形。

图9-3为破甲弹结构示意图。主要由弹体、聚能炸药和引信三部分组成。它装入发射器发射击中装甲目标后，引信引爆高能炸药，在爆炸的瞬时高温高压下使装甲破坏。

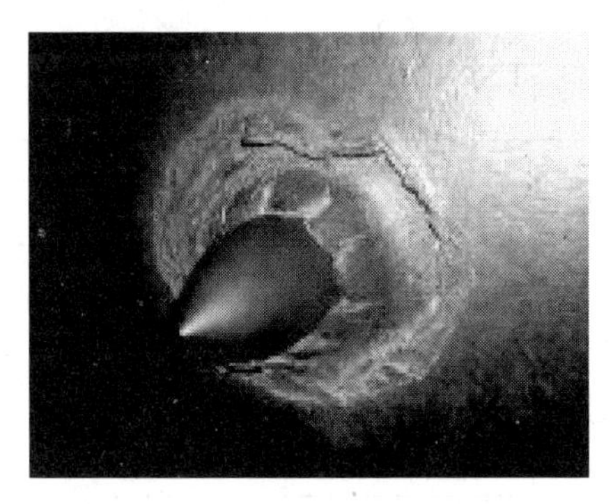
图9-2 穿甲弹穿透钢板情形

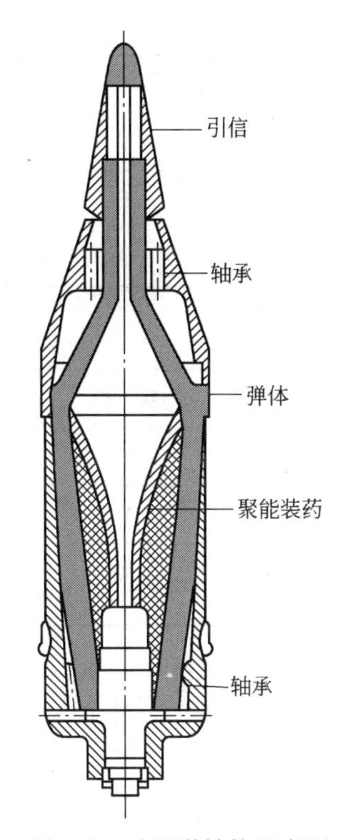

图9-3 破甲弹结构示意图

穿甲弹（或破甲弹）的引信部分则由药型罩、雷管和炸药组成。其中药型罩既是装载起爆引信药物的锥形容器，又是整个弹体的前端。它由铜板冲制旋压而成。

目前，国内外穿甲弹用铜板大体上都是紫铜或改进型紫铜，它们的代号、状态和规格见表9-1。其中C1100x的化学成分见表9-2。目前最厚的穿甲板达到11.0mm。板材需要进行横向力学性能测试，并应符合表9-3中的规定值，软态板材需要进行杯突试验，且杯突值应符合表9-4中的规定。

穿甲弹板采用熔铸-轧制法生产，具体的生产工艺流程为：

（1）C1穿甲弹板：熔炼铸造扁锭→加热→热轧→铣面（酸洗）→冷轧→退火→（酸洗）→剪切→检查→包装入库。

表9-1 穿甲弹用铜板的代号、状态和规格

代　号	状　态	厚度/mm	宽度/mm	长度/mm
C1100、T2	M	0.3～10.0	200～650	600～1600
C1100x	Y	4.0～8.0	200～400	500～1200

表 9-2　C1100x 的化学成分

牌号	化学成分（质量分数）/%												
	主成分		杂质（不大于）										
	Cu+Ag	P	Bi	Sb	As	Fe	Ni	Pb	Sn	S	Zn	O	杂质总和
T2A	≥99.92	0.001～0.01	0.001	0.002	0.002	0.005	0.005	0.005	0.002	0.005	0.005	0.007	0.079

表 9-3　板材的力学性能

代　号	状　态	R_m/MPa	$A_{11.3}$/%	硬度 HRF
C1	M	≥205	≥42	
Cx	Y	295～355	≥5	86～93

表 9-4　软态板材杯突试验值

代　号	状　态	厚度/mm	杯突深度（不小于）/mm（冲头半径为 10mm）
C1100、T2 C1100x	M	0.3～0.55	8.0
		>0.55～1.0	9.0
		>1.0～1.5	11.5
		>1.5～2.0	12.0

（2）Cx 穿甲弹板：熔炼铸造扁锭→加热→热轧→酸洗→冷轧→剪切→检查→包装入库。

对于较厚的穿甲板由于采用块式法生产，在热轧和退火后进行酸洗，以去除氧化皮。该方法如果在热轧后氧化皮去除不彻底，可能会造成冷轧时氧化皮压入，而产生表面缺陷。较薄的穿甲弹板采用带式法生产，退火采用钟罩炉或展开式气垫炉退火。

试验表明，软态板材晶粒度对破甲效果有一定影响，希望晶粒度控制在 0.010～0.03mm 以内。另外，板材的织构对穿、破甲效果也有显著影响，不希望存在单一的加工织构。因此，应选择适当的退火制度，使板材最终形成均衡的加工织构与退火织构组合。这对消除和减少冲盂制耳、提高材料利用率也有益处。

9.1.2　雷管用铜带

雷管是引爆炸药的装置，在国防军工、采矿和建筑工程中有广泛的用途。雷管带则是制造雷管的专用铜带。

雷管带的合金牌号、状态和规格见表9-5，力学性能要求见表9-6。

表9-5 雷管带的合金牌号、状态和规格

合 金 牌 号	状 态	厚度/mm	宽度/mm
T2、T3、H68、H90、B19	软（M）	0.05～1.35	20～300

表9-6 雷管带的力学性能

合金牌号	厚度(不小于)/mm	R_m(不小于)/ MPa	A(不小于)/%
T2、T3	0.35	196	30
H68	0.40	265	35
H90	0.45	294	40
B19	0.28	294	32

雷管带采用熔铸-轧制法生产，具体的生产工艺流程为：

铸造扁锭→加热→热轧→铣面→冷轧→退火（→冷轧→退火）→剪切→检查→包装入库

黄铜、白铜类雷管带生产流程与紫铜类相仿，只是它们的塑性不及紫铜，在冷轧中间需要安排多次中间退火。

由于需要进行杯突试验，因此控制带材的组织织构非常重要。在带材加工过程中应设计合理的工艺流程及工艺参数，防止出现过强的或单一的加工织构。

9.2 航空航天专用铜材

9.2.1 航空用铝青铜棒

铝青铜因含有铁、镍、锰等合金元素而具有很高的强度和优异的耐磨、耐蚀性能，在航空承力结构件和耐磨件中有广泛应用。如：摇臂、衬套、轴套、齿轮、接管嘴、支架、叉形件、法兰盘、泵杆、助力器滑块、凸轮、燃油分配活门、止动活门、调节器、导阀、导向螺杆，等等。它们大都由铝青铜棒模锻或机加工而成。

在航空铝青铜合金中，QAl9-2、QAl9-4、QAl10-4-4性能良好，而经过改性的QAl10-5-5合金（8.0%～11.0% Al，4.0%～6.0% Fe，4.0%～6.0% Ni，Mn ≥2.5%，余量为Cu）性能更好。它与QAl10-4-4性能比较见表9-7。

表 9-7　QAl10-5-5 与 QAl10-4-4 性能比较

合金牌号	直径/mm	R_m/ MPa	$R_{0.1}$/ MPa	A_5/ %	硬度 HB
QAl10-4-4	10 ~ 29	>69	—	>5	170 ~ 240
	30 ~ 120	>635	—	>6	
	120 ~ 160	>590	—	>6	
QAl10-5-5	<101	>694	>386	>15	179 ~ 255
	>101	>648	>308	>15	

铝青铜冷、热变形性能很好，但加工时变形抗力较大。QAl10-5-5 铝青铜棒通常采用挤压或挤压-拉伸的方法生产。QAl10-5-5 铝青铜在 780 ~ 800℃ 热挤压后，经 950℃ 淬火及 620 ~ 640℃ 回火处理，棒材的实际性能可达：R_m>780MPa，$R_{0.1}$>500MPa，A_5>20%，HB>230。

一些航空耐磨件如高压燃油泵中的滑靴、齿条等也使用复杂黄铜或镍铜合金，如 HMn60-3-1-0.75、HMn62-3-3-0.7、HAl61-4-3-1、NCu30-4-2-1 等。

9.2.2　机载天线用镁青铜线

飞机天线主要分通讯天线、导航天线和雷达天线。其工作频率从长波、中波、短波直到微波波段。飞机天线应体积小、质量轻、强度高，能承受高达数百个 G 的过载和振动、冲击，还要耐高温并考虑冷、热、潮、湿、盐雾的影响，做成流线形或隐蔽式或拱形式，以减小对气动性能的影响。一架现代飞机通常装有一二十种天线。通讯天线因飞行距离远近不同而异。远程飞机采用高频波段，利用电波经电离层的一次或多次反射实现几百至几千千米的超视距无线电通讯，还可以在微波波段借助于卫星中继实现远距离通讯。低速飞机用天线（飞机本身是辐射器），高速飞机用扁平回线天线。近距离通讯天线工作在高频和超高频波段，使用马刀天线或印刷天线。导航天线依不同用途采用各种形式的天线，如环状天线与单极子组成的无线电罗盘天线、空腔天线、V 形振子和平衡式环形天线、半波振子和隐蔽式喇叭天线等。雷达天线采用缝隙阵列、卡塞格林（双反射面）天线、抛物面天线、合成孔径天线和相控阵天线等。

镁铜合金 QMg0.8 天线是飞机天线的一种，一般是由线材经过绕成绞线后使用。化学成分见表 9-8。线材主要规格为 0.34mm、0.37mm，电阻率应不大于 0.035Ω · mm^2/m，力学性能应符合表 9-9 中的要求。

表 9-8　QMg0.8 化学成分（质量分数）　　(%)

Mg	Cu	Bi	Sb	Fe	Ni	Pb	Sn	S	Zn	杂质
0.70 ~ 0.85	余量	≤ 0.002	≤ 0.005	≤ 0.005	≤ 0.006	≤ 0.005	≤ 0.002	≤ 0.005	≤ 0.005	≤ 0.3

表 9-9 QMg0.8 线材的力学性能

R_m/MPa	A/%	扭转	$\sigma_j/\sigma_b \times 100$
≥784	0.5	≥25	48

注：σ_j为打结抗拉强度，伸长率 $L_0 = 100\text{mm}$ 。

镁铜线可以采用上引铜杆-连续拉伸的方法生产，以盘圆方式交货。其工艺流程为：连铸上引铜杆→连续拉伸→（退火→连续拉伸）→精整→检查→包装入库。

在铜合金熔炼时，由于镁极其活泼，常用作脱氧剂。因此在熔炼向铜液中加入镁之前，应尽可能先脱氧、除渣。否则，加入的镁有相当一部分将作为脱氧剂被消耗，熔体成分将难以保证。同时，由于材料强度高，加工硬化倾向大，因此在拉伸过程中需要多次退火。退火应采用带保护气体的光亮退火。线材表面应光洁，不应有裂纹、竹节、划伤、压扁、硬弯等缺陷；线材内部不应有夹杂、夹灰、缩尾、气孔等缺陷。

9.2.3 航天发动机用铬锆铜材

航天用铬锆铜材是制作大推力火箭发动机推力室的内壁材料。作为推力室内壁材料，要对铜材进行大加工率旋压变形，加工成带有翅片的桶状（或锥状），见图 9-4。由于材料工作条件恶劣，在工作中要承受高温、高压，因此要求材料具有较好的塑性、高导热及较高的高温强度，铜材内部组织应致密，晶粒细小，无气孔、分层、孔洞、疏松、夹杂、裂纹等缺陷，以满足大加工率变形的工艺需要。

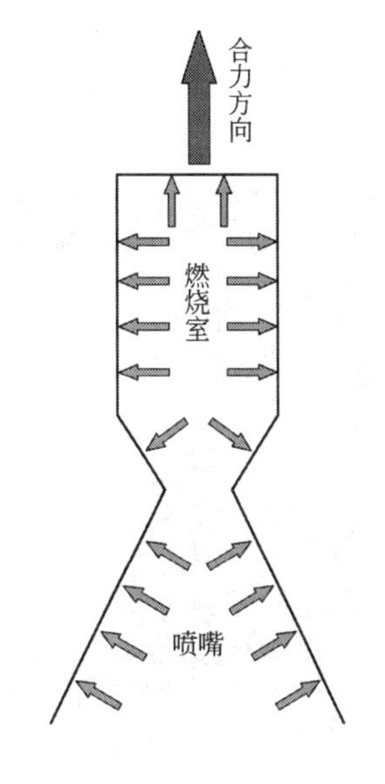

图 9-4 火箭喷嘴示意图

目前，国际上航天发动机用饼材的合金主要是锆无氧铜和铬青铜棒材，所要求的主要性能包括材料的物理性能、化学性能及力学性能，其性能要求比较苛刻，因此对材料的生产制备工艺的要求比较高。

一般而言，铜材的生产方法为铸造-锻压法，如果条件允许，也可采用铸造-轧制法。由于铬、锆都是活泼元素，因此其熔炼一般在真空感应炉内进行。熔炼和铸造过程中使铬、锆在熔体（或铸件）内均匀分布是一大难题，常因铬、锆富集或铬、锆烧损而使材料成分不合。因此，要注意加料方法，铬、锆应以中间合金形式加入，熔炼温度不要过高，要充分搅拌，铸造时应注意覆盖和保护。采用真空自耗炉进行生产可以解决铸锭中铬、锆的富集及铸锭基体的纯净问题，减少铸锭夹杂、夹渣、气孔等的发生。锻件的具体生产工艺流程为：

真空熔炼→（真空）铸造→锯切锭坯→表面车皮→加热→热锻（热轧）→超声波检查→退火→性能检测→包装→入库

锻造时应注意温度不要太高，终锻温度不要太低，锻件应在退火前进行超声波检验，不允许有直径大于1.2mm平底孔当量的缺陷存在。

9.2.4 火箭分离爆炸螺栓用铜材

爆炸螺栓在航天、航空中的用途非常广泛，最重要的用途就是它作为运载火箭助推器分离装置的关键部件之一。图9-5所示为捆绑式运载火箭。在航天器结构中，爆炸螺栓和战斗机配备的座椅弹射器一样，是典型的瞬时驱动器件，平时要求连接牢固、纹丝不动，分离时要斩钉截铁、瞬间断开。

爆炸螺栓，多用于多点连接分离面。每个爆炸螺栓形似普通螺栓，内部装有炸药和点火器。分离时，炸药被引爆，使剪切锁剪断或者沿螺栓削弱槽断开，实现两分离体解锁。

爆炸螺栓品种多，主要有开槽式、剪切销式、钢球式爆炸螺栓和无污染爆炸螺栓等。图9-6所示为剪切销式爆炸螺栓。

图9-5 捆绑式运载火箭

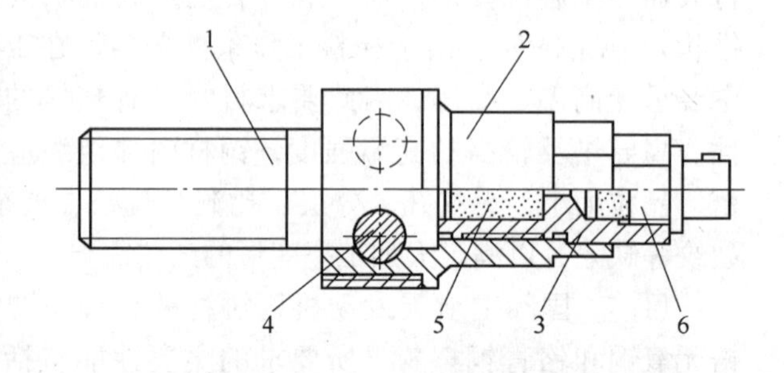

图9-6 剪切销式爆炸螺栓

1—螺杆；2—螺栓体；3—管座；4—剪切销；5—雷管；6—电发火管

这种装置的优点是承载能力大、结构简单、工作可靠、使用方便。不足之处是往往需要多个螺栓，要保证全部螺栓同时断开则困难较大。另外，还要保证螺栓断开时残骸不伤及周围的结构和设备，故必要时应相应地设置保护结构。

大多数爆炸螺栓的外观和普通螺栓相差不多，不同的是在螺栓内部设计有一个空腔，容纳一定数量的起爆炸药和引爆装置。因此爆炸螺栓必须在保证足够的机械强度的同时，也保证非常可靠的爆炸分离。爆炸分离时必须没有或者只有很少的爆炸碎片。为了保证这一点，很多爆炸螺栓在螺栓上压制了应力槽，爆炸时，螺栓就从这些应力槽处断裂。由于特殊的工作环境，爆炸螺栓还必须有比较大的适用温度范围。由于爆炸螺栓为空腔螺栓，为保证非爆炸状态下的稳固可靠，爆炸螺栓必须具有足够的机械强度，同时，爆炸螺栓一般都要求在零下几十摄氏度到零上近百摄氏度的温度范围内可靠工作。由于铅黄铜 HPb59-1 合金具有一定的强度、耐低温性及良好的切削性能，因此它是除合金钢之外的最常用的一种爆炸螺栓材料。

由于爆炸螺栓均为金属拉制棒材经过车削、钻孔等各种机加工而成，因此除应保证力学性能、尺寸公差和表面质量外，还要求铅黄铜棒材有可靠的内部质量：不允许棒材内部有气孔、疏松、夹杂、裂纹等缺陷。除做常规断口质量检查外，还应做超声波无损探伤。

9.3　铜材在军用电子领域的应用

9.3.1　导波用波导管

波导管是用来传送超高频电磁波的电子元件。一般用于厘米波及毫米波的无线电通讯、雷达、导航等无线电领域。脉冲信号通过它能以极小的损耗被传送到目的地。

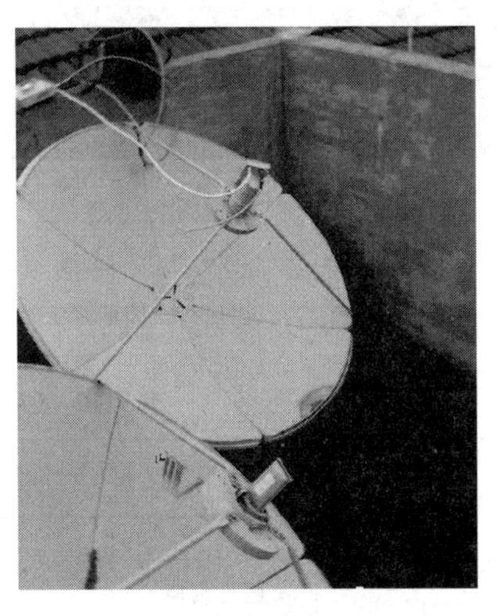

图 9-7　波导管元件

波导管多用高精度专用铜管制造，主要为拉制铜管，有圆形、矩形（扁形和方形），其内径（内孔）尺寸的大小因所传输信号的波长不同而异。波导管对于电磁波，具有高频容易通过、低频衰减较大的特性，这与电路中的高通滤波器十分相像。与滤波器类似，波导管的频率特性也可以用截止频率来描述，低于截止频率的电磁波不能通过波导管，高于截止频率的电磁波可以通过波导管。图 9-7 所示为波导管元件，图 9-8 所示为装有波导管元件的卫星接收装置，图 9-9 所示为波导管用铜合金管。

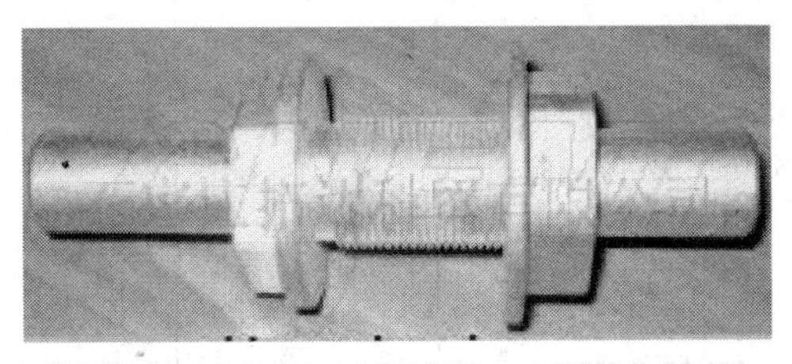

图 9-8　装有波导管元件的卫星接收装置

根据波导管的型号不同，波导管的牌号、规格和状态各不相同。

表9-10所示为波导管的牌号、规格和状态；波导管的壁厚也是根据波导管的型号确定，圆形波导管的壁厚为0.51~4.0mm，矩形壁厚为1.015~2.0mm，中等扁矩形波导管壁厚为1.27~2.03mm，扁矩形波导管壁厚为1.0~2.0mm，方形波导管壁厚为1.27~2.03mm。

对波导管的导波性能而言，“差之毫厘，谬以千里”是真实写照。因此它对波导管精度要求很高，除了尺寸公差、表面质量外，还要求内表面粗糙度不大于0.4μm，圆管的偏心度不允许超过名义壁厚的10%、管材直度不允许大于1mm/m；矩（方）形波导管的垂直度、扭曲度等要经过专门制造的“过规”和“止规”逐根检查。

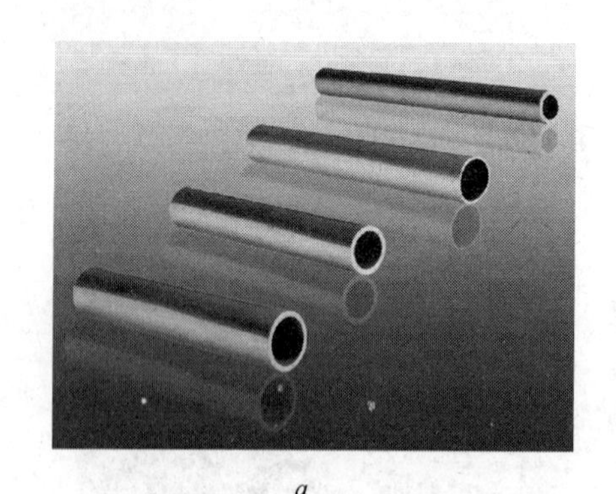

a

b

图9-9　波导管用铜合金管
a—圆形波导管；*b*—矩形、扁形、方形波导管

表9-10　波导管的牌号、规格和状态

牌号	状态	规格/mm×mm×mm				
		圆形内径 *d*/mm	矩（方）形			
			矩形 $a/b≈2$	中等扁矩形 $a/b≈4$	扁矩形 $a/b≈8$	方形 $a/b=1$
T2　TU1 H62 H96	硬（Y）	3.581~149 壁厚：0.51~4.0	4.775×(2.388~165.1)×82.55 壁厚：1.015~2.0	22.85×(5~165.1)×41.3 壁厚：1.27~2.03	22.86×(5~109.2)×13.1 壁厚：1.0~2.0	15×(15~48)×48 壁厚：1.270~2.03

注：*a*、*b*分别为波导管内孔边长。

为满足管材的质量要求，波导管生产中比一般产品增加了较多的辅助工序。因此，工艺流程长，生产效率较低。

波导管的生产工艺流程如下：

铸锭→挤压管坯→轧制管坯→吹风、除油→退火→酸洗→做头→拉伸过渡圆→切头→打毛刺、吹风、除油→退火→酸洗→高压水洗→做头→空拉过渡→成品有芯头拉伸→锯切→打毛刺、吹风、除油→消除应力退火→成品检查→包装→入库

为了保证波导管的尺寸精度，防止出现跳车环等缺陷，波导管成品拉伸一般采用稳定性较好的液压拉伸机。

波导管生产中要特别做好以下关键工序质量控制：

（1）拉制波导管坯料：要求波导管用轧制管坯壁厚允许偏差应小于公称壁厚的6%，高精度波导管应小于5%；管坯表面不应有飞边、金属压入、裂纹、起皮、竹节、划沟等缺陷；管端应切齐，并打毛刺；管坯内孔应清洁，不应有油泥、腐蚀等。

（2）打毛刺、吹风、除油、退火、酸洗：在中断、切制头、成品锯切后都要进行打毛刺、吹风、除油的工作。在拉伸后退火时，必须先将拉伸制头切除掉，打毛刺，并在热水中除油后再进行退火；退火后酸洗时，采用酸洗—冷水洗—高压水冲—热水洗的顺序，以便彻底冲洗掉管材内表面的残酸和铜粉。

（3）拉伸：波导管成品拉伸采用小批量生产，制头后，立即将新鲜的乳液灌入管中，防止内表面污染氧化；对拉伸后的波导管，8h内必须进行清洗，防止残留的乳液腐蚀管材表面。

（4）芯头及其润滑：拉伸芯头一般采用钢制镀铬芯头或硬质合金芯头。成品拉伸的芯头表面质量直接影响着波导管的内表面质量，要经常检查芯头表面，查看有无脱铬、粘铜、角部碰伤等情况，发现后对芯头进行修理或更换；为了保证润滑效果，管内喷射乳液已不能满足芯头润滑的要求，因此芯头的润滑一般采用动物油脂，如牛油、猪油等。

波导管表面质量检查采用人工目测的方法。将管材对着日光灯目视逐根检查内表面，切除划伤、粘铜、裂纹、起皮、氧化腐蚀等缺陷。

9.3.2　高保真单晶铜线

无论是军事对抗中的精确打击，还是航天、航空、航海、气象中的精确定位、测量与导航，还是电视、广播中的音响，都希望信号的高度保真。换言之，都希望信号的衰减和失真程度越小越好。而这些信号的传输离不开导线。铜导线一般都是多晶体，导线内的晶体间存在许多晶界，同时晶界处不可避免地聚集着一些杂质，它们（晶界和杂质）的位相不同，使信号发生不同程度的反射、折

射，因而使传出的信号产生不同程度的失真。为了解决这个问题，开发了单晶铜导线。由于整个导线由一个晶粒（单晶）组成，因而不存在位相不同的晶粒，也就不存在晶界，也不存在杂质，信号在位相相同的晶体中传输，没有反射、折射等干扰，因而不会失真。

在20世纪六七十年代，日本学者大野笃美发明了OCC法制取铜单晶的技术。到90年代，日本达到年产100t的规模。我国西北工业大学在八九十年代开发了多种单晶金属材料，郑州电缆厂在20世纪末首先在我国实现了单晶铜线的产业化规模生产。单晶铜线的铜含量超过99.99%，最小直径为0.05mm，电导率为102% IACS。

单晶铜线的生产流程为：

高纯阴极铜→真空熔炼→OCC法水平连铸ϕ8mm单晶铜线杆→多模圆盘拉伸→光亮退火→成品检验→包装入库

OCC法水平连铸单晶铜线杆的原理、方法和装置的详细情况见本书第2章。

9.4　铜材在加速器和对撞机上的应用

9.4.1　加速器和对撞机

高能物理学，又称粒子物理学或基本粒子物理学，它是物理学的一个分支学科，研究比原子核更深层次的微观世界中物质的结构性质，和在很高的能量下，这些物质相互转化的现象，以及产生这些现象的原因和规律。它是一门基础学科，是当代物理学发展的前沿之一，对了解物质的基本结构、宇宙形成和新能源利用都有极其重要的作用。因此，发达国家都在竞相研究，企图占领这一制高点。

电子对撞机和加速器（见图9-10）是高能物理研究的重要手段之一。

加速器是一种用人工方法把带电粒子加速到较高能量的装置。利用这种装置可以产生各种能量的电子、质子、氘核、α粒子以及其他一些重离子。利用这些直接被加速的带电粒子与物质相作用，还可以产生多种带电的和不带电的次级粒子，如γ粒子、中子及多种介子、超子、反粒子等。目前世界上的加速器大多是能量在100MeV以下的低能加速器，其中除一小部分用于原子核和核工程研究方面外，大部分用于其他方面，如化学、放射生物学、放射医学、固体物理等的基础研究以及工业照相、疾病的诊断和治疗、高纯物质的活化分析、某些工业产品的辐射处理、农产品及其他食品的辐射处理、模拟宇宙辐射和模拟核爆炸等。近年来还利用加速器原理，制成各种类型的离子注入机，以供半导体工业的杂质掺杂而取代热扩散的老工艺，使半导体器件的成品率和各项性能指标大大提高。很多老工艺不能实现的新型器件不断问世，集成电路的

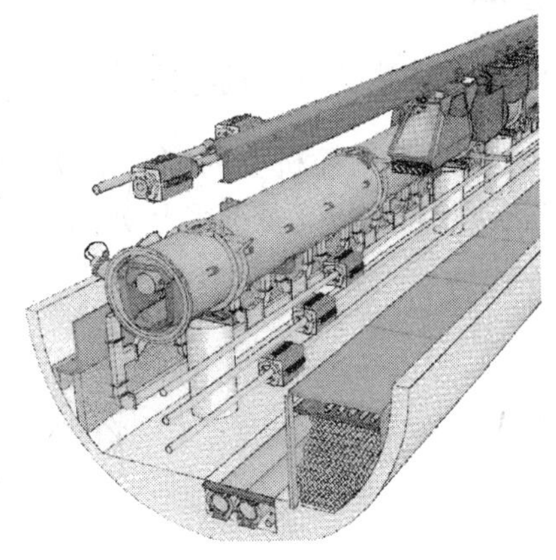

图 9-10 电子对撞机和加速器

集成度因此而大幅度提高。

加速器的种类很多，有回旋加速器、直线加速器、静电加速器、粒子加速器、倍压加速器等。现代高能加速器基本都以对撞机的形式出现。对撞机已经能把产生高能反应的等效能量从 1TeV 提高到 10～1000TeV，这是加速器能量发展史上的又一次根本性的飞跃。

我国加速器的发展始于 20 世纪 50 年代末期，先后研制和生产出高压倍态加速器、静电加速器、电子感应加速器、电子和质子直线加速器、回旋加速器。近年来在我国更加先进的加速器又取得重大进展，北京已建成正负电子对撞机，使我国加速器研制和应用进入了世界先进行列。

目前我国除了有几十台（套）各种大型加速器、对撞机以外，还有成百上千台（套）的小型加速器及其应用系统，如高能辐照系统、工业 CT、离子注入等，刚刚建成的上海新光源工程就是加速器应用的最新成就。

粒子加速器的结构一般包括 三个主要部分 ：（1）粒子源 ，用以提供所需加速的粒子，有电子、正电子、质子、反质子以及重离子等；（2）真空加速系统，其中有一定形态的加速电场，并且为了使粒子在不受空气分子散射的条件下加速 ，整个系统放在真空度极高的真空室内；（3）导引、聚焦系统 ，用一定形态的电磁场来引导并约束被加速的粒子束，使之沿预定轨道接受电场的加速。所有这些都要求高、精、尖技术的综合和配合。

铜材在加速器和对撞机上的应用主要有三种形式：电场和磁场线圈、制冷装置热交换材料和供用电及控制系统的电子、电器材料。

以 1988 年实现正负电子对撞的北京正负电子对撞机为例，它使用的各种铜材就达 1000t 左右。其中为它特别研制的、用于聚焦磁铁、偏转磁铁异形线圈就超过 100t。

9.4.2　外方内圆空心铜导线

加速器和对撞机上的聚焦磁铁、偏转磁铁线圈大都采用异形铜导线（外方内圆空心铜导线），截面形状如图 9-11 所示。尺寸要求见表 9-11，长度要求在 30m 以上。

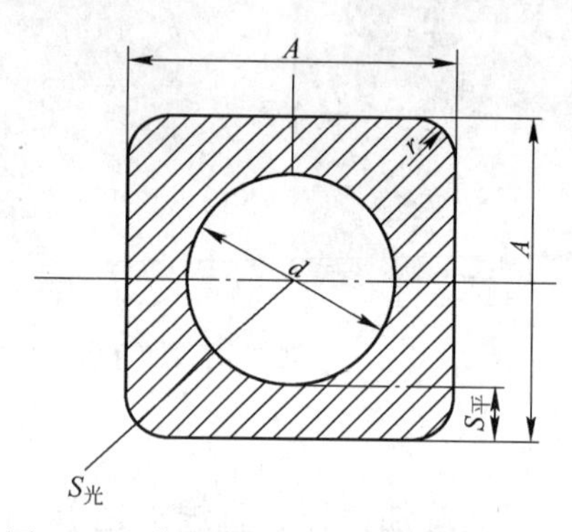

图 9-11　外方内圆空心铜导线截面形状

表 9-11　外方内圆空心铜导线尺寸偏差范围　　（m）

$A \times A/D \times S$	A	D	S	r
9×9/5×2	-0.1	±0.1	±0.1	0.5
8×8/4×2	-0.1	±0.1	±0.1	0.5
7×7/4×2	-0.1	±0.1	±0.1	0.5
5.2×5.2/3.2×1	-0.1	±0.1	±0.05	0.3
5×5/3×1	-0.1	±0.1	±0.05	0.3
15×15/9×3	-0.1	±0.1	±0.1	0.5

采用外方内圆管代替圆形管是由于前者更节省绕组的空间和改变线圈与磁轭、线圈之间的贴实程度；代替矩形管是由于外方内圆管可以避免内方管四角处形成的流体“回流”而降低冷却介质流速的弊端，提高线圈的换热效率。因此，使用外方内圆管既可缩小整体体积，又可提高机组效能。

外方内圆管可采用以下三种工艺流程：（1）直接挤压异形管坯拉伸成型。该方法对于大型异形管是可行的，但对中、小管而言，却受到内径、壁厚、壁厚不均及长度对多道次拉伸的诸多限制。（2）挤压-轧制-拉伸法。1985 年为北京正负电子对撞机生产的外方内圆管就是采用这种方法。该方法在轧管工序采用方形半圆孔型圆芯杆轧制过渡管坯，然后在 ϕ550mm 圆盘拉伸机上拉伸。它对轧管机孔型设计技术要求很高，孔型加工难度很大，成本也高。（3）挤压圆管-拉伸过渡再成型。该方法生产外方内圆管的难点主要在由圆向方的过渡，即由均匀壁厚的圆管向壁厚严重不均的外方内圆管的过渡。为此，应将拉伸分为两个阶段：第一阶段拉制过渡型管材，它的外缘轮廓介于圆和方之间，第二阶段如图 9-12 所示。其主要特点是外缘直线段较短，四角半径较大。如果直线段长且角部半径较小，则拉伸变形时金属很难流动到角部并将其充满。

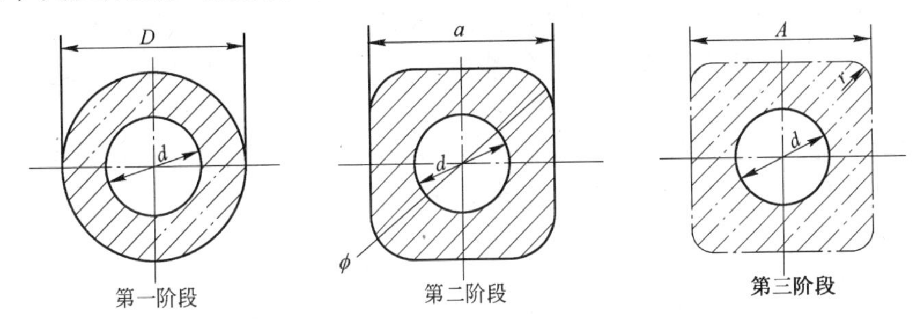

图 9-12 三阶段外方内圆管成型截面图

管坯尺寸选择应遵循以下方法和原则：壁厚 $s=f_1\sqrt{2A-d/2}$，壁厚偏差应不大于名义尺寸的±8%，管坯外径 $D_0=mn+A$，管坯长度 $L_0=L/\mu_{总}+500\text{mm}$，而总延伸系数 $\mu_{总}=[(D_0-s)s\pi]/A^2-0.785d^2$，$n=\lg\mu_{总}/\lg\mu_{均}$。为了有利于 r 角的形成并使形状规整，随着拉伸道次的增加，延伸系数 λ 应逐道次递减，成品道次延伸系数尤应不大于 1.28。

9.5 铜材在舰艇上的应用

9.5.1 舰艇常用铜材概况和趋势

随着争夺海洋资源的趋势不断加剧，各个海洋大国都在争先恐后地发展自己的海军，而海军在海上、海下航行需要各种舰船、舰艇等。建造各类舰船、舰艇需用大量的铜材（占船体自重的 2% ~3%）。大致可分为四类：一是用于电力、电讯方面的，如发电机、电动机和控制系统等，主要有无氧铜、普通紫铜和高铜合金；二是用于管道和热交换方面的，主要有 BFe10-1-1 、BFe30-1-1 白铜和 HSn70-1 锡黄铜、HAl77-2 铝黄铜管材；三是在舰船螺旋桨上的应用；四是用于承力结构件和耐磨件方面的，如泵、阀、衬套、齿轮等，主要有铝青铜和多元复杂黄铜棒材。本章主要介绍纯铜、阻尼材料在舰船上的应用及舰船用大白铜管，而铜材在螺旋桨等方面的应用详见第 8 章。

9.5.1.1 纯铜在舰船（艇）上的应用

作为导线材料，舰船（艇）上使用大量的电线电缆。除一般机电设备、通讯及控制系统使用大量电线电缆外，舰船（艇）上还有一些特殊装备，如防磁性水雷的装置等也使用铜电缆和铜母线。对铁磁船来说，它在船体上设置有三个线圈系统，通过控制线圈中电流的强度和方向，准确补偿由外部磁场改变引起的感应磁化。据报道，一艘大型驱逐舰为此耗用铜线长达 28 英里（1 英里≈1.609km），重约 30t。

为了使舰艇具有更好的机动性和更强的续航能力，未来舰艇将大力发展全电力推进系统（电动机直接带动螺旋桨推动舰船航行）。以英国排水量为 4500t、航速为 30km 的双轴护卫舰所设计的推进动力为例，它的电力推进系统耗铜量约 400t。

激光武器、电磁武器、粒子束武器等新概念武器被引进舰艇将使舰艇的战斗力实现革命性飞跃。这些武器的发射需要功率十分强大的脉冲电流，需要成倍增加舰船电站的容量。如电热化学炮需 2000kW 的功率；中级能量的激光武器需要 100kW 的功率；大型激波武器约需 500kW 的功率。另外，雷达、导弹及其发射器都需要超高频电源。未来的巨型船舶有可能取消螺旋桨推进装置而改为“超导电磁推进装置”。同时，超导雷达、超导扫雷、超导电磁炮等将装备舰艇。超导技术设备需要在超低温（液氮-196℃，液氦-269℃）下仍具有良好的导电、导热性能和力学性能的铜合金。这些发展趋势都为高纯无氧铜、弥散强化无氧铜、铬锆青铜等铜材的应用提供了广阔的用武之地。

9.5.1.2　舰用白铜管

虽然钛合金有优良的耐海水腐蚀性能、很高的强度和低密度（钛合金的密度仅为铜合金的一半，可使设备质量大大减轻）等特点，双相不锈钢的耐海水腐蚀性能优于普通白铜 B30。然而，无论是舰船用冷凝器，还是舰船通水管路，目前首选的耐蚀材料仍然是铁白铜 BFe30-1-1、BFe10-1-1。这是因为：钛和双相不锈钢的导热性能均比白铜差得多，只分别为普通白铜 B30 的 58.4% 和 38%。它们都没有铜合金抗海生物附着生长的能力，需要解决防止海生物附着从而堵塞管路的问题。

舰船用铁白铜 BFe30-1-1、BFe10-1-1 管材的规格很多。冷凝器用管材的直径一般为 10～30mm，壁厚为 0.5～1.25mm。国内各种通水管路用无缝管材内径目前最大可达 310mm。

舰船用铁白铜 BFe30-1-1、BFe10-1-1 管材的生产主要采用挤压-轧制-拉伸的方法。

铁白铜通常采用坩埚式无铁芯中频感应电炉熔炼，炉衬或坩埚需选用碱性耐火材料或黏土石墨坩埚。在熔炼过程中熔体易吸氢增碳，应注意保护。白铜在热加工时对硫十分敏感，极易渗入晶界引起热裂纹。采用脱皮、水封挤压方法可有效减少氧化皮夹杂和管坯表面氧化。铁白铜变形抗力大，在冷加工过程中要进行多次中间退火。冷凝管一般为中小口径管材，采用普通轧制-拉伸方法即可。而大型管路管材（如各种主干管）的口径在 159mm 以上，就需要采用扩径拉伸的方法生产。

由于目前我国铜加工最大的铜材挤压机只有 40MN 挤压力，最大拉伸机的拉伸力只有 2MN，因而，我国生产孔径在 300mm 左右的无缝管也比较困难。例如，生产孔径为 310mm、壁厚 7mm 的管材时，只能选用 ϕ410mm 左右的圆锭，挤成 ϕ280mm 左右的管坯后经过多道次扩径拉伸和中间退火后再拉制到成品管材。规格为 ϕ323.4mm×6.9mm 大口径薄壁管工艺流程大体如下：

ϕ410mm 铸锭→ϕ278×9mm 挤压坯→ϕ275mm 芯头扩径→中间退火→ϕ290mm 芯头扩径→中间退火→ϕ305mm 芯头扩径→中间退火→ϕ320mm 芯头扩径→中间退火→拉伸至 ϕ330mm×7.5mm→拉伸至 ϕ323.4mm×6.9mm

9.5.2 舰艇用高阻尼铜合金

减振降噪对舰艇来说具有重大意义：一方面，可以提高仪器仪表等设备运行的稳定性和工作寿命，改进舰艇人员的工作和生活环境；另一方面，可以增加舰艇的隐蔽性，提高舰艇作战性能。为了实现减振降噪，一般采用装配减振器和利用橡胶等非金属材料的黏弹性来制作减振垫，采用泡沫等低密度消声材料吸声或采用高密度材料隔声。由于这些措施都是将已经发生的振动和噪声在传递过程中加以控制或隔断，因此对于治理大的振动和噪声源效果并不理想。而阻尼合金材料则既具有金属材料的力学性能，又具有非金属材料的减振能力，可用于制造产生振源和噪声源的相应零部件，通过自身的吸收和耗散，达到减振降噪的目的。

20 世纪 90 年代开发的 Cu-Mn50 合金具有很高的阻尼特性、良好的力学性能，可以焊接。它不含贵金属，价格低廉，在齿轮箱、螺旋桨等部件中得到应用，具有很好的推广价值。

Cu-Mn50 合金的成分见表 9-12，Cu-Mn50 合金板的性能见表 9-13。

表 9-12 Cu-Mn50 合金的成分

合金元素	Cu	Mn	Al	Fe	Ni	C	Si
含量（质量分数）/%	余量	48.0~53.0	2.0~4.0	1.0~3.0	1.0~2.0	≤0.10	≤0.20

表 9-13 Cu-Mn50 合金板的性能

R_m/MPa（不小于）	$R_{p0.2}$/MPa（不小于）	A/%（不小于）	a_{kv}/J·cm^{-2}（不小于）	Q^{-1}（不小于）
530	250	15	35	1.0×10^{-2}

注：Q^{-1} 是内耗因子，代表阻尼性能。

Cu-Mn50 合金的高阻尼特性来自于合金材料的排列整齐的孪晶马氏体组织，

该合金在热处理过程中发生固态相变，即由淬火后的亚稳定 γ-Mn，在时效过程中发生“尼耳”有序转变和马氏体相变，产生大量的孪晶组织。这些孪晶界面在交变应力作用下，可以移动或滑移，从而吸收振动能量，实现减振降噪的功能。

Cu-Mn 合金的阻尼特性与合金的成分及热处理工艺有关。Cu-Mn 相图表明，当锰含量大于 80% 时，可在室温以上完成转变，可获得良好的阻尼性能。但是，锰含量大于 80% 的 Cu-Mn 合金无法进行压力加工。而当锰含量为 50% 时，在 400 ~ 600℃温度下存在调幅分解，可使合金出现贫锰区和富锰区，而富锰区在高于室温时就会发生马氏体转变。研究表明，Cu-Mn50 合金在 420℃经过 12h 时效处理，其阻尼性能最佳，力学性能也最好。

Cu-Mn50 合金板材生产工艺流程如下：

熔铸→铸锭铣面→加热→热轧→矫平→淬火→时效→精整→入库

Cu-Mn50 合金材料的生产有一定难度，主要是在浇铸时熔体流动性差，易造渣，易产生夹杂和挂疤。熔铸时还应特别注意对有害杂质 C、S 的控制。Cu-Mn50 合金可采用中频感应炉熔炼，以炉子—中间包—漏斗—结晶器的方式铸造，注意对熔体的保护和结晶器的润滑。Cu-Mn50 合金在 750 ~ 800℃时有一个高温塑性稳定区，宜在此温度下热轧。淬火时效后的板材（厚 20mm）实际性能如表 9-14 所示。

表 9-14　Cu-Mn50 合金板材（厚 20mm）实际性能

R_m/MPa	$R_{p0.2}$/ MPa	A/%	a_{kv}/J · cm^{-2}	Q^{-1}	冷弯 50°
603.3	363.3	29.2	50.3	1.73×10^{-2}	不裂

注：Q^{-1}是内耗因子，代表阻尼性能。

10 装饰和艺术铜合金的应用

由于铜及其合金具有良好的耐蚀性、易加工成型性及其光泽庄重典雅、丰富多样等特性，自古以来，在装饰和艺术领域始终占有重要地位。

10.1 铜及其合金的装饰和艺术价值

10.1.1 装饰和艺术对材料的要求

俗话说“爱美之心人皆有之”，从远古时代起，随着人类社会的进步，人们就不断地美化自己、美化生活。于是就产生了迄今令人赞叹的各种精美的石器、陶器、玉器、青铜器、金器、银器、瓷器、木器、漆器、水晶、玻璃、珐琅……，用它们装饰人们的衣食住行，不但极大地丰富了人们的物质生活，同时也极大地丰富了人们的精神生活，即生活被艺术化了。

从某种意义上说，人类的文明史也是一部发现和创造各种装饰材料并将它们的作用发挥到极致的历史。

金属作为装饰和艺术材料的历史相当悠久，留下了许许多多丰富多彩的装饰和艺术精品，成为国之瑰宝。许多具有当今时代特征的新的装饰和艺术应用正在创造和开发之中，有理由期待将创造新的辉煌。

金属作为装饰和艺术材料应当具有以下一些特点：

（1）独特的色泽，能够给人以某种特殊的视觉享受、美感和联想。视觉冲击力首先来自物体的色彩，其次才来自形状或图案的艺术感染力。

（2）耐蚀性（抗变色性）、长期保持性。除了一些即时性装饰和艺术品（如冰雕、表演）所需材料多为一时之用，不追求其长期保持性外，一般都希望其永好如初，使之传承久远。即使是生活中的日常装饰用品，也希望它们耐用耐看，有一定的寿命期。

（3）易成型、好加工。除了少数极品不计代价外，对绝大多数金属装饰和艺术品而言，都希望金属材料能够方便地、如人所愿地制作成各种形态的物体或加工成各种图案。

只有集上述特点于一体的金属才是好的装饰和艺术材料。

10.1.2　铜及其合金的装饰作用

10.1.2.1　铜及其合金的色泽

在所有的金属中，只有铜及其合金具有色泽的多样性。如铝及其合金、钛及其合金、镁及其合金和钢铁材料，色彩都比较单一。而铜及其合金却有变幻多彩的色泽。如纯铜为紫红色，铜锌合金为黄色，铜镍合金为白色，其他合金为不同程度、各种层次的青色。而且，随着合金元素加入量的多少，其色泽也随之发生变化。如普通黄铜，当锌含量在10%以下时基本为浅紫色，当锌含量大于15%时即为棕黄色，当锌含量达到30%以上时即为金黄色，当锌含量达到40%以上时即为浅黄色。

中国人很聪明，很早就以铜的色泽将铜及其合金系分为紫、黄、青、白四大类，直至今日仍为我们所沿用。

铜及其合金的色泽很符合人们的审美观念和情趣，如纯铜的紫红色给人以非常端庄、典雅、朴实、厚重的感觉，因而纯铜被称为“太古铜”。黄铜H65、H68的黄色如同18K金，黄灿灿、金闪闪，给人以华丽、高贵的感觉。而白铜B30、B19、BZn15-20则浑白如银，鲜亮、光洁，甚至有些冷艳清辉。铜及铜合金经过不同的腐蚀工艺处理，还可形成更多具有艺术气息的色彩，如古铜色等。正是因为铜及其合金这些天然、美妙的色泽而被人们所青睐，广泛地被用作装饰和艺术材料。

10.1.2.2　铜及其合金的耐蚀性

铜及其合金在普通大气和弱碱性条件下具有非常优异的耐蚀性（详见本书第1章），因而铜工艺品可以在诸多环境气候下被保存很久，这也正是铜被选用制作装饰和工艺品材料的主要原因。

10.1.2.3　铜及其合金的工艺成型性

纯铜、普通黄铜、普通白铜和许多青铜都具有很好的铸造性能，能够用型模直接铸造成各种形状的艺术品，如钟、鼎、像等；铜及铜合金还具有良好的加工性，可以承受锻压、轧制、挤压、拉伸、弯曲、冲压等加工变形，可以承受80%以上的加工率，可加工成各种板、带、箔、管、棒、型、线、丝。几乎所有铜合金都具有良好的切削加工性能，经过车、铣、刨、镗、钻、磨等机械加工的表面十分光洁。铜合金还具有良好的焊接性能，可以方便地进行钎焊、氩弧焊，焊缝牢固。

正是铜及其合金具备了这些优异的特性，几千年来，没有任何一种金属比铜及其合金在装饰和艺术领域使用得更多、更广泛。无论是金碧辉煌的魏汉佛像，还是音韵绕梁的楚国编钟；无论是锋芒不减当年的越王利剑，还是精美绝伦的商汤宝鼎，它们都跨越几千年的时空，仍旧保持着初时的风光。而当代世人，更把铜及其合金作为装饰和艺术材料应用到无以复加的程度：大到屋顶、幕墙，小到拉链、纽扣，无所不有。更为突出的是将铜材的装饰性、艺术性与实用性相结合，浑然天成，这也是今后铜材作为装饰与艺术材料应用开发的根本原则。

10.2　古代装饰与艺术用铜合金

通过对古代遗存的研究发现，早在几千年前，作为一种身份、地位的象征，我们的祖先就开始使用铜及其合金制作生活器皿及装饰用品，从而开创了灿烂的青铜文化，将铜在装饰和艺术领域的应用推向前所未有的高度，留下了许多美仑美奂、至今仍令人称绝的稀世珍品。如汉代“马踏飞燕”（见图10-1），它构图大气、造型矫健俊美，制作精细流畅，出土时完好如初，被选定为中国旅游标志。又如“越王勾践剑”（见图10-2），此剑埋藏2000多年，依然锋利无比，当时有记载说：“拔剑出鞘，寒光闪闪。毫无锈蚀，刃薄锋利，试之以纸，二十余层一划而破。”专家检测结果表明，该剑为夹杂有少量铝、铅、镍、硫的铜锡合金。

图10-1　甘肃武威出土的汉代“马踏飞燕”

古代铜艺术与装饰中最具代表性的有像、钟、鼓、镜及币等（见图10-3～图10-7），经过对国内外最知名和最具代表性的青铜器文物测定，它们的化学成分分别见表10-1～表10-5。从测定的成分可以看出它们大都是铜锡铅合金。人们注意到了这一现象，究其原因认为可能是：添加较多的锡和铅可以大大降低熔炼温度，可以提高铜液的流动性，这对古代的型模铸造是非常有利的。添加相当数量的锡可以大大提高铸件的耐蚀性和耐磨性。因此青铜受到了古人的推崇。但是古代金属锡比较稀少，因而青铜器只有皇家王侯才能享用，而民间大量使用的只是黄铜。由于我国封建时期很长，因而这种现象一直沿袭到20世纪初。

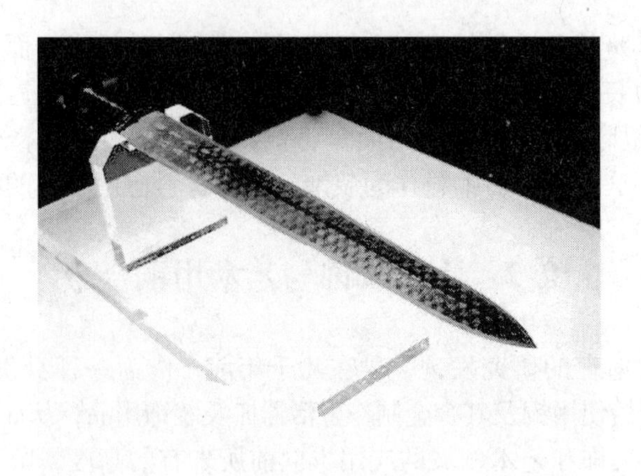

图 10-2 湖北江陵出土的“越王勾践剑”

图 10-3 铜像

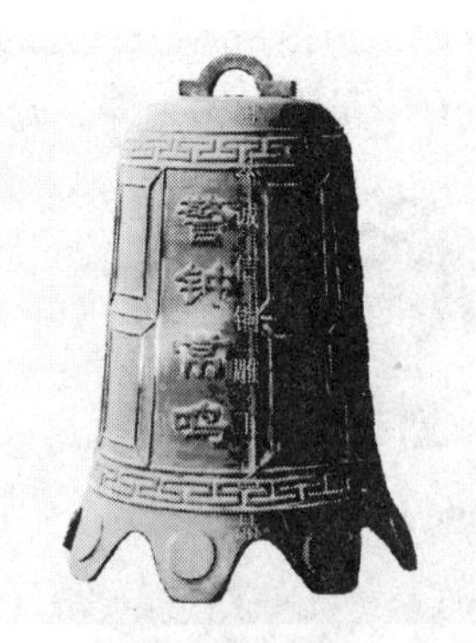

图 10-4 铜钟

图 10-5 铜鼎

a

b

图 10-6 铜镜

a—朝鲜古墓出土的青铜镜；*b*—在日本发现的中国古代铜镜

图 10-7 铜钱币

表 10-1　古代著名铜像（佛）的化学成分（质量分数）　（%）

名　称	Cu	Sn	Fe	Ni	Zn	Pb
希腊古铜像	84～88	9.0～14.3	0.4～1.2	0.34	—	—
罗马古铜像	72～80	7.3～9.0	0.3～1.2	0.35	—	10～19
日本奈良大佛	91～95	1.46～2.46	0.95～1.43	0.28	—	—

表 10-2　我国古代铜钟的化学成分（质量分数）　（%）

钟名及文献	Cu	Sn	Pb	其　他
《考工记》钟鼎之齐	83.4	16.6	—	—
永乐大钟	80.54	16.4	1.12	—
《天工开物》钟条	93	8.5	—	Au、Ag 少量
《明实录》朝钟制度	81.2	5.4	—	Fe：13.4%，Au、Ag 少量

表 10-3　我国古代铜镜的化学成分（质量分数）　（%）

年　代		Cu	Sn	Pb	Fe	其他
战国以前	1	66～71	19～21	2～3	—	—
	2	66.33	21.99	3.36	—	—
	3	71.44	19.62	2.69	—	—
	4	74	25	1	—	—
汉魏时代	1	73	22	5	—	—
	2	70	23.25	5.18	—	1.0
	3	68.82	24.65	5.25	—	—
	4	69.24	22.94	6.48	—	—
	5	67.82	22.35	6.09	—	4.15
	6	70.50	26.97	1.65	—	0.88
	7	72.64	24.16	2.06	—	1.14
隋唐时代	1	69.55	22.48	5.86	—	—
	2	68.95	23.65	6.08	—	—
	3	70	25	5	—	—
宋代以后	1	69	12	14	5	—
	2	69	8	15	6	—

表 10-4 我国古代铜鼓的化学成分（质量分数） （%）

出土地点	Cu	Sn	Pb
石家坝	87.95～95.63	4.64～6.87	—
石寨山	77.45～85.43	—	0.37～4.00
冷水冲	62.43～74.03	6.88～14.96	14.50～27.41
遵义	66.90～84.06	6.33～7.10	7.30～19.50
北流	61.78～70.45	6.16～14.24	9.94～23.0
灵山	60.12～70.56	8.84～12.80	7.60～19.76
麻江	63.85～82.73	9.22～13.16	0.73～6.90
西盟	70.12	2.22	23.36
容县	82.05	7.36	5.8

表 10-5 我国古币的化学成分（质量分数） （%）

年 代	名称	Cu	Sn	Pb	Zn	Fe
战国	布币	70.42	9.92	19.30	—	—
	齐刀	55.10	4.29	38.60	—	1.00
	明刀	45.05	5.90	45.82	—	2.00
新莽	大泉五十	86.72	3.41	4.33	4.11	0.13
	货泉	77.53	4.55	11.99	2.03	1.46
	小泉直一	89.27	6.39	0.37	2.15	1.50
	大布黄千	89.55	4.71	0.62	1.48	3.56
	货布	83.41	6.86	6.54	0.84	0.47
	契刀五百	81.13	6.96	6.17	1.01	1.39
西汉	吕后八铢	61.23	9.83	25.49	1.55	1.54
	文帝四铢	92.66	0.27	0.43	2.82	0.28
	文帝四铢	70.77	8.19	12.50	2.66	2.80
	文帝四铢	93.97	0.16	0.57	3.85	0.05

10.3 现代艺术与装饰铜合金

随着现代采矿和冶金技术的发展，铜的应用迅速扩大。紫铜由于具有庄重古朴的紫红色、特别容易加工及其优良耐蚀性的特点，被广泛用于现代装饰与艺术材料。装饰与艺术用紫铜主要为 T2、T3、TP2 三种（它们的成分和性能见本书第 1 章），常用于制作雕塑、铜版画、大型浮雕、景泰蓝和镶嵌装饰品的胎胚、装饰幕墙等。

随着科学技术的进步和人们审美观念的转变，现代艺术与装饰用铜合金呈现多样性，开发了新的艺术与装饰用铜合金。一是具有银白色且特别耐腐蚀的白铜的大量使用，如白铜餐具、奖杯（章）和城市雕塑（铸造艺术白铜的成分见表10-6，加工白铜的成分见本书第1章）；二是具有金黄色、价格低廉的黄铜，特别是铝黄铜、铝青铜等仿金铜合金的开发，在牌匾、饰物、纪念碑、大型铜像中得到广泛应用。艺术和装饰用铸造黄铜和开发的仿金铜合金的化学成分见表10-7和表10-8。

表10-6 铸造艺术白铜的化学成分（质量分数） （%）

合 金	Cu	Ni	Zn	Sn	Pb	Fe	Mn	Si
ZCuNi12Zn20Pb10	余量	11~14	17~25	1.5~3.0	8~11	1.5	0.5	0.15
ZCuNi16Zn16Sn3Pb5	58~61	15.5~17	余量	2.5~3.5	4.5~5.5	1.5	0.5	—
ZCuNi20Zn5Sn4Pb4	余量	9~21.5	3~9	3.5~4.5	3.0~5.0	1.5	1.5	0.15
ZCuNi25Zn2Sn5Pb2	余量	24~27	1~4	4.5~5.5	1.0~2.5	1.5	1.5	0.15

表10-7 艺术用铸造黄铜的牌号和化学成分（质量分数） （%）

合 金	Cu	Zn	Sn	Al	Pb	Mn	色泽
ZCuZn6Al0.5P	余量	4~8	—	0.4~0.7	0.1~0.3/P	—	金黄
ZCuZn12	87~89	余量	—	—	—	—	
ZCuZn12Al	87~89	余量	—	1.0~2.0	—	—	
ZCuZn24SnPb3	70~74	余量	0.5~1.5	—	1.5~3.5	—	
ZCuZn27Mn3Pb2Sn	余量	25~30	0.3~0.5	—	2.0~3.0	2.5~4.0	
ZCuZn30	68.5~71.5	余量	—	—	—	—	
ZCuZn33Mn2Pb	余量	32~34	0.3~0.5	—	0.5~1.0	1.5~2.7	
ZCuZn35SnAl	64~66	余量	0.5~1.5	0.2~0.4	—	—	
ZCuZn38SnPbAl	58~64	余量	0.5~1.5	0.5~1.0	0.8~1.5	—	
ZCuZn38AlMn	57~62	余量	—	0.25~0.5	—	0.1~1.0	银
ZCuZn20Mn20SnAl	55~61	17~23	0.5~2.5	0.25~3.0	—	0.1~2.0	

表10-8 世界上较典型的仿金铜材料

序号	材料名称或来源	名义组成（质量分数）/%	特 性	备注
1	俄仿金材料	Cu-14.5Zn-0.5Al	18K金色泽抗变色性与加工性较好	
2	中国仿金材料1	Cu-(8~20)Zn-(0.6~2.0)Sn	18K金色泽抗变色性与加工性较好	少量In、Ce
3	中国仿金材料2	Cu-(5~30)Zn-(2~10)Al-(1.5~10)Ni	24K金色泽抗变色性与加工性良好	少量Si、Re
4	德国，马克币	Cu-10Zn-9Ni	淡金黄色、抗变色性与加工性较好	
5	英国，20先令币	Cu-6Al-2Ni	金黄色，抗变色性与加工性较好	

续表 10-8

序号	材料名称或来源	名义组成（质量分数）/%	特　性	备注
6	德国，专利	Cu-(1~7) Al-(1~7) Sn	金黄色、抗变色性与加工性较好	
7	中国装饰铜	Cu-8.24Al-0.8Co-0.28Ni	淡金黄色，抗变色性与加工性较好	
8	日本，专利	Cu-6.6Al-3.7Ni-1.9Mn-(0.4~3.3) Cr	金黄色，抗变色性与加工性较好	

铝青铜表面有一层致密的三氧化二铝（Al_2O_3）保护膜，且能自动修复（“自愈”），故其耐蚀性优于一般青铜和黄铜。铝是铝青铜系列仿金材料的基本调色元素。当铝含量小于4%时，合金呈红黄色；当铝含量为4%~6%时，合金呈金黄色；而当铝含量大于6%时，合金呈黄绿色。合金元素In属于强阴极活性元素，易形成致密的In_2O_3，可以大大提高合金防表面变色能力。根据以上研究分析，洛铜集团在20世纪90年代率先开发出仿金材料“18合金”，具有重要意义，其色泽可与18K金相媲美，并成功地用于四川雅安红军长征纪念碑和浙江普陀山观音大佛（见图10-8），后者像高（含莲花底座）20m、重约70t。像高99m、重约1000t的九华山大佛也同样采用仿金材料“18合金”（见图10-9）。其主要成分见表10-9，合金的主要性能见表10-10。

图 10-8　普陀山观音铜像

图 10-9　九华山地藏菩萨铜像

表 10-9 新型仿金材料的主要成分（质量分数） （%）

合 金	Cu	Al	Sn	Zn	Ni	In
18 合金	余量	3.0～5.0	—	—	1.5～2.5	0.2～1.0
QAl5-5-1	余量	4.0～6.0	0.5～1.5	4.0～6.0	—	—

表 10-10 18 合金的性能

项 目	数 值
密度/kg·m^{-3}	8130
固相线温度/℃	1046
液相线温度/℃	1065
质量热容/J·(kg·℃)$^{-1}$	380
线膨胀系数/℃$^{-1}$	18.5×10^{-6}
抗拉强度/MPa	230～300
伸长率/%	24～50
硬度 HRC	73
3.5%NaCl（25℃，全浸）的腐蚀速率/g·(cm^2·a)$^{-1}$	7.26（锡青铜为 9.32）

硬币仍然是现今社会不可缺少的流通和支付货币之一，铜合金仍然是其主要选择对象。广泛流通的欧元硬币（见图 10-10）采用 5% Al、5% Zn、1% Sn 的铜合金（由洛铜集团首先成功地完成工业化规模的带材生产，合金牌号为 QAl5-5-1，在世界上有重要影响），具有持重的、略微偏红的金黄色，耐蚀性良好。该合金冷加工性能良好，但铸造时熔体易吸气、流动性差，铸造应力大，需采用红锭缓冷的铸造方法。

图 10-10 欧元硬币

QAl5-5-1 的高温性能见表 10-11。热轧板性能见表 10-12。

表 10-11 QAl5-5-1 的高温性能

温度/℃	R_m/MPa	$R_{p0.2}$/MPa	A/%
室温	272	107	64
500	102	75	6.0
550	92	72	6.5
600	70	65	5.0
650	52	45	19
700	34	31	22
750	28	26	50

续表 10-11

温度/℃	R_m/MPa	$R_{p0.2}$/MPa	A/%
800	20	19	77
850	18	17	60
900	11.5	10.5	80
950	7.5	6.5	75

表 10-12 QAl5-5-1 热轧板的性能

状 态	规格/mm	R_m/MPa	$R_{p0.2}$/MPa	A/%
R	12.0	445	—	55

参考文献

[1] 钟卫佳，马可定，吴维治，等．铜加工技术实用手册［M］．北京：冶金工业出版社，2007.

[2] 田荣璋，王祝堂．铜及铜合金加工手册［M］．长沙：中南大学出版社，2005.

[3] 马可定．铜合金材料开发的热点与趋势［R］．中国铜加工业发展论坛报告，2008，(4)．

[4] 娄花芬．中国铜板带生产现状及未来发展前景［J］．世界有色金属（特刊），2009.

[5] 中国有色金属加工协会．中国铜加工产业发展论坛文集［C］．2009，(5)．

[6] 中国有色金属加工协会．第四届中国铜加工行业研讨会文集［C］．2009，(5)．

[7] 中国有色金属加工协会．中国有色金属连续挤压装备与技术应用推广会文集［C］．2007，(6)．

[8] 中国有色金属加工协会．中国首届铜铝加工精整技术装备研讨会文集［C］．2007，(4)．

[9] 韩卫光，等．铜材在电气化高速铁路上的应用及发展［J］．世界有色金属（增刊），2009.

[10] 国际铜业协会（中国）．第二届铜与太阳能热利用高峰论坛文集［C］．2009，(11)．

[11] 中投顾问．2009～2012年中国海水淡化产业投资分析及前景预测报告［R］．2008.

[12] 上海交大太阳能发电与制冷工程研究中心．中国工业领域太阳能热利用现状及前景调研报告［R］．2009，(7)．

[13] 尹志民，等．微合金化高强高导铜合金材料研究进展［J］．铜加工，2007，(2)．

[14] 朱国梁．我国盐业现状、规划和发展趋势［R］．中国氯碱论坛，2005.

[15] 张智强，等．铜合金在舰船上的应用［J］．铜加工，2007，(2)．

[16] 张文芹，等．舰船用高阻尼铜合金板材的研制［J］．材料开发与应用，2009，(2)．

[17] 郭莉，等．冷凝管生产技术［M］．北京：冶金工业出版社，2007.

[18] 范志康，等．高压电触头材料［M］．北京：机械工业出版社，2004.

[19] 大石惠一郎，等．铸造、锻造和切削用无铅铜合金（Cu-Si-Zn系）的开发［J］．蒋修治，译．铜加工，2007，(2)．

[20] J. 塔丁特，等．电器、电子和机械用的新型铜合金［J］．党守洁，译．铜加工，2003，(4)．

[21] 吉村泰治，等．新型无镍白色铜合金的开发［J］．蒋修治，译．铜加工，2005，(2)．

[22] 姚若浩，等．铜基仿金材料开发中的问题和措施［J］．铜加工，2004，(2)．

[23] 梁福生，等．飞机天线工程手册［M］．北京：中国民航出版社，1997.

[24] 黄国兴．特殊发动机用铬青铜工艺研究［M］．铜加工，2006，(2)．

[25] 孙水珠，等．探讨3G移动通信与射频电缆带生产［J］．世界有色金属（特刊），2009.

[26] 张亚平，等．微热管在电子器件冷却中的应用［J］．国外电子元器件，2008，(04)．

[27] 赵学龙，等．紫铜外方内圆导线管的工艺研究［J］．铜加工，2005，(3)．

[28] 胡正寰，等．阳极磷铜球斜轧生产技术及应用［C］．中国钢加工技术与应用论坛文集，

2010，(6)．
[29] 李宏磊，等．铜加工技术问答［M］．北京：冶金工业出版社，2008.
[30] 娄花芬，等．铜及铜合金熔炼与铸造［M］．长沙：中南大学出版社，2010.
[31] 刘刚，等．电解用异型超长导电板的研制［J］．铜加工，2009，(2)．
[32] 狄大江，等．海水淡化装置用铜合金无缝管研制［J］．铜加工，2009，(2)．
[33] 江钟．铜铝复合接触线的研制与开发［J］．铜加工，2009，(2)．
[34] 钱高祥，等．高强度 QSn10-0.3 锡磷青铜带材的生产［J］．铜加工，2009，(3)．
[35] 张修庆，等．铜基复合材料的制备方法与工艺［J］．材料热处理，2007，(6)．
[36] 娄花芬．铜及铜合金板带生产［M］．长沙：中南大学出版社，2010.
[37] 中国有色金属加工协会．首届中国（铜陵）铜基新材料产业发展论坛文集［C］．2012，(11)．
[38] 中国航空材料手册编辑委员会．中国航空材料手册（第2版）第四卷［M］．北京：中国标准出版社，2001.